AF565464

C·H·Beck

PAPERBACK

Die Entdeckung war eine Sensation – Romeo und Julia in der Steinzeit konnten durchaus verschiedenen Spezies angehören! Die Romanze, die Genetiker bereits 2010 angekündigt hatten, konnte von Paläoanthropologen anhand von Fossilienfunden 2015 bewiesen werden: Es war auf europäischem Boden zu einer Mischung der Kulturen und der Gene der verschiedenen Spezies gekommen, und zwar immerhin über einen Zeitraum von mehr als 5000 Jahren hinweg.

Aber wer ist der Neandertaler? Weniger ein Affe als vielmehr ein Rothaariger mit heller Haut? Weniger ein Aasfresser als ein genialer Jäger, der sprechen konnte und bereits seine Toten würdig bestattete? Ja, könnte es gar sein, dass er noch irgendwie unter uns ist? Vor dem Hintergrund des Vordringens ganz neuer Methoden verändert sich das Bild unserer Frühgeschichte sehr schnell, was mit erheblichen Überraschungen in der ganzen Breite einhergeht. In der vorliegenden faszinierenden Untersuchung entwerfen eine Paläoanthropologin und ein Wissenschaftsjournalist auf der Grundlage neuester Forschungen ein aktuelles Porträt unseres seltsamen Vorfahren und überprüfen die verschiedenen Hypothesen über sein angebliches Verschwinden. Dabei werfen sie auch die Frage nach unserem eigenen «Erfolg» in der Evolution auf – ein Erfolg, der sich angesichts dessen, was uns tagtäglich umgibt, zunehmend relativiert.

Silvana Condemi ist Paläoanthropologin und Forschungsdirektorin am Centre national de la recherche scientifique. Sie selbst forscht über die Neandertaler und unsere *Sapiens*-Vorfahren an der Universität von Aix-Marseille. Sie und *François Savatier*, der als Journalist für das Magazin «Pour la Science» tätig ist und einen Arbeitsschwerpunkt im Bereich der Prähistorie entwickelt hat, haben gemeinsam dieses Buch geschrieben, das in Frankreich mit dem GRAND PRIX DU LIVRE D'ARCHÉOLOGIE ausgezeichnet worden ist. Im Verlag C.H.Beck ist ferner von beiden lieferbar «Denisova. Die Entdeckung einer neuen Menschenart» (2025).

Silvana Condemi & François Savatier

DER NEANDERTALER, UNSER BRUDER

300 000 Jahre Geschichte des Menschen

Aus dem Französischen von
Anna Leube und Wolf Heinrich Leube

Illustrationen von Benoît Clarys

C.H.BECK

Mit 26 Schwarzweißabbildungen und Karten
sowie 8 Farbabbildungen in einem Tafelteil

Titel der französischen Originalausgabe:
«Néandertal, mon frère. 300 000 ans d'histoire de l'homme»,

Der Verlag Flammarion dankt Xavier Müller
für seine Mitarbeit an der französischen Ausgabe.

Die erste Auflage der deutschen Ausgabe erschien 2020.

2., aktualisierte Auflage. 2026
Originalausgabe
Für die deutsche Ausgabe

Wilhelmstraße 9, 80801 München, info@beck.de

www.chbeck.de
Umschlaggestaltung: Kunst oder Reklame, München
Umschlagabbildung: Science Photo Library/Smetek
Satz: C.H.Beck.Media.Solutions, Nördlingen
Druck und Bindung: GGP Media GmbH, Pößneck
Printed in Germany
ISBN 978 3 406 75076 2

verantwortungsbewusst produziert
www.chbeck.de/nachhaltig
produktsicherheit.beck.de

Inhalt

Einführung

Ein Sommertag im Jahr 2010. Es ist dreizehn Uhr. Im *Café Madame* warte ich auf Silvana. Ich kenne sie noch nicht. Als Redakteur bei *Pour la Science* habe ich für meine Zeitschrift über ihre Forschungsarbeit geschrieben. Gemeinsam mit zwei Kolleginnen entdeckte sie drei Untergruppen der Neandertaler, jede mit einer typischen Morphologie. Eine davon, die mediterrane, lebte an den Südrändern Europas.

Als Wissenschaftsjournalist genieße ich das seltene Privileg, Zugang zu Forschern zu haben, und nutze das aus, um mich mit ihrer Hilfe weiterzubilden. Wann immer möglich, versuche ich, mich mit ihnen zu treffen und sie zu befragen. Heute bin ich nun mit Silvana verabredet, und ich freue mich ganz besonders auf sie, denn die Paläoanthropologie, mein Thema bei *Pour la Science*, fasziniert mich schon seit meiner Kindheit.

Während ich auf Silvana warte, denke ich an diese herrlichen Berge im Département Var in der Provence, an deren Fuß ich das Glück hatte, aufzuwachsen. Dort gibt es jede Menge Höhlen, die zu den verschiedensten Zeiten bewohnt waren. In einer dieser Höhlen, tief versteckt in einem bewaldeten Tal, wurden in den 1970er Jahren Ausgrabungen vorgenommen, und als Kind schlich ich mich damals immer wieder heimlich dorthin. Drei Meter unter dem Abdeckgitter bestaunte ich neugierig in den tiefen Grabungsabschnitten die in den Wänden eingebackenen Tierknochen, Holzkohlereste und Werkzeuge aus Feuerstein.

Ich kannte mich in der Urgeschichte schon ganz gut aus und fragte mich, ob diese Steinwerkzeuge aus dem Moustérien, Aurignacien oder Gravettien stammten. Die Antwort war: aus allen drei Epochen, doch das erfuhr ich erst dreißig Jahre später, als ich endlich auf einen Artikel über die betreffende Höhle stieß. Ich war sprachlos: Ganz unten am Boden der Höhle, in den ältesten Schichten, befanden sich Werkzeuge aus dem Moustérien, Klingen und Schaber, die ein mediterraner Neandertaler vor 200 000 Jahren, lange vor der letzten Eiszeit, unter dem grandiosen Gewölbe aus rotem Fels mit Rauchspuren von Feuern gegenüber dem mir so vertrauten Tal geformt hatte.

Daran muss ich denken, während ich die Gäste mustere, die das *Café Madame* betreten. Ist sie vielleicht schon eingetroffen? Am Telefon hatte Silvana nur gesagt, sie habe die typischen Merkmale des Neandertalers: blaue Augen und eine eher kleine Statur. Sollte sie so gedrungen sein wie ein Neandertaler? Dank dieser Beschreibung werde ich sie bestimmt gleich erkennen!

Obwohl ich schon seit Jahren in meiner Redaktion für die Urgeschichte zuständig bin, bin ich an dem Tag, an dem ich Silvana begegnen werde, einigermaßen nervös. Die Fortschritte in den Kenntnissen über den Neandertaler, die innerhalb nur einer einzigen Generation erzielt wurden, haben eine Art wissenschaftliche Explosion bewirkt, die mich verunsichert. Ich habe tausend Fragen.

Während ich also die ‹Neandertalerinnen› taxiere, die das *Café Madame* betreten, kehre ich in Gedanken ans Ende des 20. Jahrhunderts zurück, um den Weg zu ermessen, den die Wissenschaft inzwischen zurückgelegt hat. Damals, vor gar nicht langer Zeit, glaubten die Paläontologen, das Wesentliche über die Entwicklungsgeschichte der Menschheit und damit auch über die Geschichte des Neandertalers, das heißt der Spezies *Homo neanderthalensis,* begriffen zu haben. Diese menschliche Spezies, unser Vorläufer in Europa, galt als von der Spezies *Homo sapiens,* also der unseren, ausgelöscht. *Homo sapiens,* dieser vor ca. 100 000 Jahren aus Afrika gekommene Eroberer, betrat europäischen Boden, etwa 40 000 Jahre bevor ich im *Café Madame* auf eine Paläoanthropologin mit angeblich neandertalerähnlichen Zügen warte.

Die Vorstellung, die Gene der Neandertaler erforschen zu können, galt bis vor kurzem noch als Science-Fiction. Die Kultur des prähistorischen *Homo sapiens* konnte natürlich nur überlegener, also komplexer und effizienter gewesen sein als die des Neandertalers. Wie anders sollte man sich auch das Offensichtliche erklären: Bei der Ankunft des modernen Menschen ist der Neandertaler plötzlich verschwunden.

Seit dieser mittlerweile überholten Sicht der Dinge kamen Schlag auf Schlag neue Informationen über den Neandertaler zutage. Seine Welt war komplex, das steht fest. Kann man jedoch wirklich das Leben einer Bevölkerung rekonstruieren, die uns praktisch nichts als ihre Nahrungsabfälle und gebrauchten Werkzeuge hinterlassen hat? Es fällt uns ja schon schwer, das Ägypten der Pharaonen zum Leben zu erwecken. Wie also kann man sich einbilden, diese prähistorische schriftlose Welt auferstehen zu lassen? Je mehr ich über diesen frühen Bewohner Europas erfahre, desto mehr habe ich das Gefühl, dass dessen Welt weit komplexer war als jene, die sich der kleine Junge damals vorstellte, als er unten in einer Grube Feuersteinabschläge aus dem Moustérien untersuchte. Und das irritiert mich: Ich dachte, ich würde den Neandertaler kennen, ich war ihm ja mitten in meinem Wald begegnet. Deshalb möchte ich mit Silvana darüber sprechen, die, das weiß ich, so gut wie alle bekannten Neandertalerfossilien gesehen hat: damit ich verstehe, warum die Bezeichnung «Neandertaler» – üblicherweise der Inbegriff eines ungeschlachten Rohlings – in mir diese Vorstellung gar nicht mehr erweckt.

Warum mich das vor allem irritiert? Es wurde mit der Zeit immer klarer, dass Neandertaler und *Homo sapiens* sich begegnet sein müssen und zweifellos miteinander verkehrt haben. Sämtliche Paläoanthropologen, so glaubte ich jedenfalls (ich war damals noch nicht ausreichend informiert), waren der Überzeugung, dass die beiden Spezies sich nicht miteinander vermischt hatten – so sollte es die Sequenzierung der mitochondrialen Neandertaler-DNA Ende der 1990er Jahre bewiesen haben. Aber wenn der Neandertaler und der *Homo sapiens* sich begegnet waren, wie konnte man dann daran zweifeln, dass Ersterer etwas zur genetischen Ausstattung des Zweiten beigetragen haben musste?

Zumindest dachte ich das, denn wie auch den meisten Biologen damals schien es mir unmöglich, dass eine so fragile und lange Struktur wie die Kern-DNA über Zehntausende von Jahren hinweg überdauert haben könnte. Tatsächlich ist die Mitochondrien-DNA mit ihren 16 569 Basenpaaren winzig klein; mit ihren 3,2 Milliarden Nukleotidpaaren ist die DNA in den menschlichen Zellkernen dagegen riesengroß. Wie hätte man sich vorstellen können, dass Jahrtausende nach dem Tod eines Organismus, und nachdem sein Körper den Ansturm von Millionen nekrophager Organismen und Boden-Organismen über sich hatte ergehen lassen, immer noch genügend Zellkern-DNA übrig sein sollte, um sie wiederherzustellen? Undenkbar, absolut undenkbar, und jetzt, im Jahr 2010, sitze ich im *Café Madame* und kann es nicht fassen …

Und doch geschah das Undenkbare: Im Juni 2010 veröffentlichten die Paläoanthropologen des Teams von Svante Pääbo vom Max-Planck-Institut in Leipzig 60 Prozent der nukleotiden Neandertaler-DNA! Verblüffenderweise hatten sie eine Methode entwickelt, mit der sie Mikrofragmente der Neandertaler-DNA aufspüren konnten, die im Knochen durch den Zerfall zurückgeblieben waren; diese Fragmente konnten sie auslesen und anschließend zusammensetzen. Darüber hinaus hatte dieses Wunder der Wissenschaft eine unerwartete Erkenntnis geliefert: Jeder Bewohner Eurasiens – insbesondere der Europäer – trägt ein bis vier Prozent Neandertalergene in sich. Auch die Neandertaler zählen zu unseren Ahnen!

Das heißt, die beiden verwandten Spezies sind sich tatsächlich begegnet. Über diese neue sensationelle Erkenntnis wollte ich reden, als ich im *Café Madame* eine Dame erwartete … Als ich aufblickte, sah ich eine dunkelhaarige Frau mit blauen Augen. Waren nicht die Neandertaler zumeist rothaarig oder blond? Silvana, haben Sie mich angeschwindelt?

Und dann fingen wir an, über all die falschen Vorstellungen zu sprechen, die man sich von den Neandertalern machen kann. Das dauerte so lange, dass wir unsere Gespräche im *Café Madame*, im *Poulidor* und auch noch anderswo immer weiter fortführten.

Ich wollte so viele Dinge ganz genau wissen, aber Silvana beantwortete nicht einfach meine Fragen. Sie wollte und konnte nur ihre Zweifel beschreiben, ihre, aber auch die ihrer Kollegen sowie die Zweifel, welche diese nicht hatten, aber ihrer Meinung nach hätten haben müssen, denn die Ergebnisse seien … zweifelhaft. Schließlich wurden mir die Bedeutung, die Details, die Formen und Facetten aller nur denkbaren Zweifel klar, die man in Bezug auf die Neandertaler hegen kann, auch wenn man noch so viel über sie weiß. Ich begriff: Keine Zweifel hinsichtlich der Neandertaler zu haben und immer noch zu glauben, sie seien nichts als brutale Burschen gewesen, hieße, sie völlig zu verkennen.

Paradoxerweise entstand, ausgehend von all diesen Zweifeln, vor meinem geistigen Auge ein immer genaueres und lebendigeres Bild des Neandertalers. Ich entdeckte ein fremdartiges Wesen, denn in vielen Punkten unterscheidet sich der Neandertaler tatsächlich von uns; zugleich entdeckte ich einen Menschen, der im Wesentlichen unseren Vorfahren so nah, so vergleichbar mit ihnen ist, dass er als ein menschlicher Bruder erscheint. Diesem Bruder, unserem Bruder, stehen wir viel näher, als wir wissen, und im Übrigen kannte dieses Familienmitglied unsere Vorfahren sehr gut und hatte zwangsläufig großen Einfluss auf sie.

Und so entwickelte sich aus unseren vielen Gesprächen über die Neandertalerforschung nach und nach eine Diskussion. Allmählich bekam ich eine Ahnung von der Bedeutung der einzelnen Informationen über die Neandertalerin und den Neandertaler, über die wir heute verfügen. Schritt für Schritt kamen wir auf selten behandelte Fragen und stellten fasziniert fest, dass wir auf manche von ihnen eine Antwort hatten. Wirklich sicher wussten wir natürlich nichts. Die Jahre gingen ins Land, und es gab immer wieder neue Entdeckungen; im Lauf der Zeit gingen wir die gesamte Neandertalerforschung durch, was uns zum Nachdenken darüber brachte, was das über uns selbst, den *Homo sapiens*, aussagt.

Kurzum: Bevor wir dieses Buch schrieben, haben wir es uns erzählt. Es ist ein Geflecht aus Zweifeln, doch wenn man es geduldig liest, erhält man ein dem Stand der Wissenschaft entsprechendes, zweifellos zuverlässiges Porträt unseres Bruders, des Neandertalers.

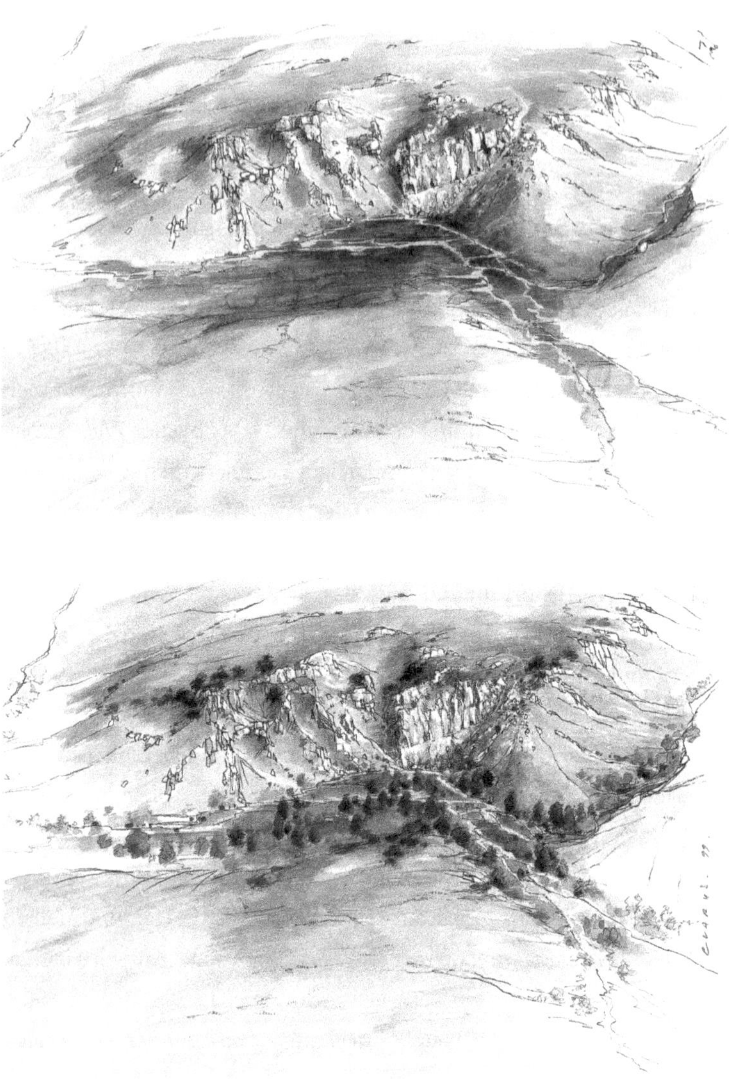

Abb. 1.1: In Europa wechselten Eiszeiten und Zwischeneiszeiten ab. In der oberen Zeichnung ist die Umgebung der Neandertalerhöhle von Goyet in Belgien während einer Kaltphase dargestellt, und zwar im Sommer, denn im Winter lag der Bereich unter tiefem Schnee; das untere Bild zeigt dieselbe Stelle zu Beginn einer Zwischeneiszeit, während der der Galeriewald streckenweise zurückkehrt.

1 | Neandertaler, Kind Europas und der Kälte

«Die Zeit ist weise, sie offenbart alles.» *Thales von Milet*[1]

Sie hat rotes Haar und grüne Augen. Man nennt sie Rotbraut, seit sie in dem Alter ist, in dem sie einen Partner haben kann. Sie kauert fröstelnd vor einem Feuer, das das Innere des Unterschlupfs aus Zweigen und Fellen nicht wirklich erwärmt, und versucht sich abzulenken, indem sie dem Heulen des Schneesturms lauscht, als plötzlich von außen Schritte zu hören sind. Starr, nun nicht mehr vor Kälte, sondern vor Angst, greift sie lautlos nach ihrem Speer und hebt ganz sacht das Stück Fell, das die Öffnung verschließt. Durch das Schneegestöber erkennt sie einen … Höhlenbären. Was macht denn der hier?, fragt sie sich, denn jetzt, mitten im Winter, müsste er schlafen. Sie zieht ihre Schuhe an und will gerade hinausstürzen und zum Fluss hinunter fliehen, als der Bär sich auf einmal in einen blutverschmierten jungen Mann verwandelt, der lachend auf einem Fell herumtanzt.

Nordmann ist lebend zurückgekehrt. Er hat einen Bären erlegt, er ganz allein!

Die beiden jungen Neandertaler, die wir hier vorstellen, hätten während der Eiszeit leben können, die Europa vor 50 000 Jahren mit extremer Kälte überzog. Vielleicht hausten sie in dem Wald, der noch heute den Ort Vergisson unweit von Mâcon umgibt. Dort befinden sich Neandertalerfundstätten, die Silvana erforscht. In einer der zahlreichen Höhlen dieser Gegend überraschte Nordmann einen Höhlenbären im Winterschlaf und erlegte ihn, um an sein kostbares Fell zu kommen. Die beiden jungen Leute entstammten zwei benachbarten Clans und folgten möglicherweise einer Tradition der Neandertaler: Beim Eintritt in das Erwachsenenalter stand es den Jungen frei, zwischen den Clans zu wechseln und sich mit einem oder einer aus dem anderen Clan für eine Zeit lang zu paaren … vorausgesetzt, es gab benachbarte Clans. Nachkommen aus solchen Verbindungen mit gemischten Genen waren dem Clan hochwillkommen, denn sie steigerten seine Vitalität. Auch in Rudeln lebende Wildtiere wie der Wolf zeigen ein Reproduktionsverhalten, das den Genaustausch zwischen den Rudeln begünstigt. Funktionierte das bei den Neandertalern vielleicht genauso?

Allerdings war es nicht das Hauptproblem des Neandertalers, sich fortzupflanzen. Sein schlimmster Feind, gegen den er bei Tag und bei Nacht zu kämpfen hatte, war zweifellos die Kälte. Wenn wir die Überlebenstechniken der Neandertaler in der Kälte beobachten könnten, würden wir uns wundern und könnten bestimmt vieles von ihnen lernen. Doch ihr Geschick allein kann ihre Widerstandskraft gegen die Kälte nicht erklären: Auch ihr Körper war daran angepasst, Wärme zu speichern. Die Neandertaler ertrugen die Kälte eindeutig besser als unsere Vorfahren, die Ersten der Spezies *H. sapiens*, die aus Afrika kamen.

Woher wir das wissen? Als unsere Ahnen den ersten Neandertalern im Nahen Osten begegneten,[2] erforschten sie nicht etwa den Kontinent, der sich vor ihnen erstreckte, nämlich Europa, sondern wandten sich direkt nach Osten. Auf ihrem Weg Richtung Asien[3] gelangten sie nach Australien, bevor sie weiter nach Norden vordrangen, wobei sie für die 5000 Kilometer, die sie von Europa trennten, länger brauchten als für die 15 000 Kilometer Wüste, Wälder, Gebirge, Ebenen und Meere, die sie bis Australien zurücklegen mussten. Warum? Weil sie ‹tropische› Menschen waren.

Freilich gibt es noch heute Vertreter des *H. sapiens*, die unter polaren Bedingungen leben – zum Beispiel die Inuit –, aber das Überleben dieser Völker der Kälte war nur dank einer langen Anpassung ihrer Ahnen an das Klima in Nordasien möglich. Wie lernten die ersten Ankömmlinge, in der Kälte zu überleben? Gewiss durch *trial and error*, aber wahrscheinlich auch durch Nachahmung der Neandertaler.

Es ist anzunehmen, dass die ersten Clans des *H. sapiens*, die sich in Richtung Norden wagten, die Neugier der Neandertaler erregten. Ein Clan, der sich in der Weite einer unermesslichen Natur verliert, in der man sich nur mühevoll fortbewegen kann und nur selten anderen Menschengruppen begegnet, ist natürlich froh, auf eine andere Horde zu treffen, und auch wenn es sich um einen Clan des *H. sapiens* handelt, überwiegen doch die Neugier und das Interesse an Austausch – nicht zuletzt der Gene. Kein Wunder, dass der *H. sapiens* früher in Australien als in Europa ankam: Er musste sich erst langsam an die Kälte gewöhnen, aber vor allem auch an diejenigen, welche ihr bereits zu trotzen verstanden.

Denn der Neandertaler war ein Mensch der Kälte. Wenn der *H. sapiens* ihm im Nahen Osten begegnet sein konnte, dann nur deshalb, weil sich die Neandertaler vor ungefähr 120 000 Jahren[4] während einer gemäßigten Phase, in der Nahrung im Überfluss zur Verfügung stand, stark vermehrten und ihre europäische Wiege verließen. Sie erweiterten ihr Territorium bis nach Mesopotamien und Zentralasien. Davor lebten die Neandertalerpopulationen im Westen Eurasiens, auf der europäischen Halbinsel, wo sie entsprechend dem Rhythmus der Kalt- und Warmzeiten umherzogen.

Eine Klarstellung vorab

Die Entwicklungsgeschichte der Neandertaler ist also eine lange und europäische: Ihre Spezies hat sich diversifiziert und während der letzten 400 000 Jahre des Pleistozäns gelebt, also der geologischen Phase, die vor 2,6 Millionen Jahren begann und vor 12 000 Jahren endete. Damals haben sich alle Lebensformen den Bedingungen ihres Habitats angepasst, die somit für die Selektion ausschlaggebend sind. Daher kann man die Biologie und die Lebensweise der Neandertaler und ihrer Vorfahren nicht verstehen, ohne die europäische Umwelt während mindestens der letzten Million Jahre in den Blick zu nehmen.

Das allmähliche Auftauchen der Neandertalerlinie und dessen, was sie auszeichnet, ist in der Tat ein spektakuläres Beispiel dafür, wie das Klima die Lebewesen prägt. Das europäische Klima am Ende des Pleistozäns war nicht stabil: Während der etwa 20 000 Generationen, um die es hier geht (zwanzig Jahre je Generation, womöglich weniger), also während 400 000 Jahren, lösten sich drei große Zyklen von Kalt- und Warmzeiten mit rapiden Klimaveränderungen ab, die sich auf den Lebensraum der Neandertaler auswirkten. Von dieser Klimageschichte kennen wir im kontinentalen Maßstab heute nur die groben Linien. Selbst wenn wir nach 160 Jahren Forschung diese fossile Menschengruppe am besten kennen, gibt es nur wenige, unvollständige, zeitlich über das ganze späte Pleistozän verteilte und über den gesamten europäischen Kontinent verstreute Neandertalerfossilien. Es lassen sich demnach keinerlei Schlüsse ziehen, wenn man sie nicht zeitlich korrekt einordnen kann. Das verweist uns auf das Kernproblem der Urgeschichte, nämlich die Datierung der Fossilien und der Ereignisse der Klimageschichte. Wie geht man dabei vor?

Um Ereignisse zu datieren, die die Klimageschichte unseres Planeten während der 400 000 Jahre der Entwicklung der Neandertaler bestimmten – das heißt während der Periode, in der man den Evolutions- und Adaptionsprozess nachvollziehen kann, der den Neandertaler hervorgebracht hat –, verwenden die Paläontologen heute die Isotopenchronologie. Diese Methode verwendet die marine Sauerstoff-Isotopenstufe, die man mit dem Kürzel MIS (*Marine Isotopic Stage*) bezeichnet. Mit Hilfe dieses Verfahrens konnte die Klimageschichte jeder Region des Planeten, angefangen bei Europa, zurückverfolgt werden.

Die Zeiten sind lange vorbei, als ein Professor und seine Studenten, ein Amateur oder ein Heimatforscher eine Fundstätte ausgegraben und allein nach der Stratigrafie – nach den Schichtfolgen des Bodens – und der ihr zugeordneten Fauna datiert haben. Heutzutage ähnelt eine urgeschichtliche Grabung einem Bienenstock, in dem sich alle möglichen Spezialisten betätigen. Diese entnehmen den Sedimenten Pollen, Kohlen, Artefakte, Fossilien usw., die sie selbst untersuchen oder in manchmal weit entfernten Laboratorien untersuchen lassen, die über die erforderlichen Präzisionsinstrumente verfügen. Dies betrifft insbesondere die Datierung und die Mikroorganismen, die über Klimageschehen Auskunft geben.

So weit zu gelangen war allerdings gar nicht so einfach, denn der Gedanke, auch das Klima könnte eine eigene Geschichte haben, blieb den Gelehrten bis ins 19. Jahrhundert fremd. Vergessen wir nicht, dass bis dahin die Zeitrechnung der Bibel galt, der zufolge unser Planet kaum älter als 4000 Jahre ist. Als die Wissenschaftler schließlich anerkannten, dass sich die Erde seit der Sintflut geändert hatte, entwickelten sie eine Skala zeitlich aufeinanderfolgender Perioden: die alpine Chronologie. Allgemeingültig bis um das Jahr 1970, findet sie bis heute noch so oft Verwendung, dass wir ihre Entstehung und danach ihre verspätete Ablösung durch die Isotopen-Chronologie kurz darstellen wollen.

Vorsintflutliche Geschöpfe

Jacques Boucher de Perthes, der französische Vater der Urgeschichte, hat als Erster begriffen, dass die Erde eine geologische Geschichte hat. Als er, ein Zollinspektor, um 1828 mit der Erweiterung eines Lokalmuseums beschäftigt war, wurde er auf mächtige sedimentäre Ablagerungen im Tal der Somme aufmerksam. Darin stieß man auf merkwürdige Stücke aus Feuerstein in Form großer symmetrischer Tropfen. Boucher de Perthes besaß die Kühnheit, die Ansicht zu vertreten, diese Steine, die heute als Faustkeile bezeichnet werden, seien von «vorsintflutlichen Menschen» geformte Werkzeuge. Er verteidigte seine Auffassung beharrlich und behauptete sogar, diese Menschen hätten zur Zeit der großen ausgestorbenen Tiere wie des Mammuts gelebt. Kein Wunder, dass er sich mit einer so verwegenen Aussage – noch dazu als Amateur – den Zorn der Männer der Wissenschaft zuzog, von denen einige ihn sogar vor Gericht bringen wollten.

Andere hingegen unterstützten Boucher de Perthes, denn die Vorstellung von einem hohen Alter der Erde leuchtete ihnen mehr ein als das Gegenteil. Und tatsächlich hatte der deutsche Geologe Johann von Charpentier im Jahr 1818 die These aufgestellt, dass die Alpengletscher einst möglicherweise eine weit größere Ausdehnung gehabt hatten. Dieser Gedanke brachte zwei seiner Zeitgenossen auf eine Idee: den deutschen Botaniker Karl Friedrich Schimper und seinen Freund, den Schweizer Geologen Louis Agassiz. Gemeinsam erarbeiteten diese Wissenschaftler die allererste Theorie der Vergletscherung und formulierten die Hypothese, dass die Moränen und andere Ablagerungen von steinigem Schutt in den Alpentälern von verschiedenen Gletschern zu verschiedenen Zeiten geformt worden waren.

Auf dieser Grundlage erstellten um 1909 die deutschen Geologen Albrecht Penck und Eduard Brückner die alpine Chronologie. Sie unterschieden zwischen vier großen Zyklen der Vergletscherung in den Alpen, die sie nach den alpinen Donauzuflüssen Günz, Mindel, Riss und Würm benannten. Ihnen entsprachen drei Interglazialzeiten: Günz-Mindel, Mindel-Riss und Riss-Würm. Die Günz-Vergletscherung liegt zeitlich zwischen 600 000 und 540 000, die der Mindel zwischen 480 000 und 430 000, die der Riss zwischen 240 000 und 180 000 und die der Würm zwischen 120 000 und 10 000. Obwohl immer noch vielfach in Gebrauch, ist diese Chronologie ungenau, denn bei jeder Vergletscherung überlagern die Gletscher teilweise die in den Alpentälern hinterlassenen Spuren der vorherigen Kältephasen. Und kann man überhaupt ein chronologisches System, das auf Beobachtungen im Hochgebirge beruht, auf die Ebene von Rom anwenden, wo das Klima durch das nahe Meer gemildert wird? Erst in den 50er Jahren des 20. Jahrhunderts räumten die Paläohistoriker langsam ein, dass die alpine Chronologie weit entfernt von den Alpen nur bedingt aussagekräftig ist.

Einige Paläoanthropologen hatten indes das Problem schon längst erkannt. Um 1944 hatte der berühmte italienische Paläoanthropologe Sergio Sergi zum Beispiel versucht, den ersten vollständigen Schädel eines Neandertalers zu datieren: ein Fossil, das 1929 in Saccopastore bei Rom entdeckt wurde und das Silvana in allen Einzelheiten untersucht hat.[5] Sergi stellte fest, dass der Neandertaler von Saccopastore nach der alpinen Chronologie in einer kalten Klimaperiode hätte leben müssen, dass aber die Blütenpollen und die Fauna, die bei ihm gefunden wurden, eindeutig auf ein gemäßigtes Klima verweisen. Um diesen Widerspruch zu lösen, machte er auf die astronomische Klimatheorie von Milutin Milanković aufmerksam, die, weil sie 1941 und auf Deutsch veröffentlicht worden war, nicht die verdiente Anerkennung gefunden hatte.

Drei Parameter, das ist alles

Diesem hervorragenden Wissenschaftler, der zugleich Ingenieur, Mathematiker, Geophysiker, Astronom und Klimaforscher war, kam während seiner Haft in den Gefängnissen des Habsburgerreiches, wo häufig serbische Nationalisten eingesperrt waren, der Gedanke, dass die Vergletscherungen und der Gletscherrückgang jeweils von den zyklischen Schwankungen des Erdumlaufs verursacht werden. Drei Rhythmen bestimmen diese Schwankungen: eine lange und unbeständige Periode zwischen 413 000 und 100 000 Jahren und zwei kürzere, 40 000 und 21 000 Jahre vor heute. Weil sie den Abstand zwischen Sonne und Erde verändern, variieren diese Rhythmen die Stärke der Sonneneinstrahlung, so dass die Kenntnis dieser drei astronomischen Parameter – der Milanković-Parameter – ausreicht, um die Sonnenenergie zu berechnen, die auf die eine oder andere Region der Erde im Lauf der geologischen Zeitalter traf.

Somit wird in Zeiten schwacher Sonneneinstrahlung auf der Nordhalbkugel die Bildung von Eiskappen begünstigt (Inlandeis). Sind diese riesigen Gletscher erst einmal entstanden, speichern sie immer mehr Niederschläge. Aufgrund ihrer thermischen Trägheit entlassen sie das

Wasser erst mehrere Tausend Jahre nachdem durch die Änderung der Parameter der Erdumlaufbahn wieder erhöhte Einstrahlung die Erde erreicht. Die Stärke der Sonneneinstrahlung wird auch dadurch beeinflusst, dass die Eiskappen, die sich auf einer Erdhalbkugel gebildet haben, den größten Teil der Sonnenstrahlen ins All reflektieren. Außerdem hat die thermische Trägheit zur Folge, dass es vieler Jahrhunderte bedarf, um eine kilometerdicke Eisschicht zum Abschmelzen zu bringen.

Die Komplexität der astronomischen Klimatheorie erklärt, warum sie erst Anfang der 1980er Jahre vorbehaltlos akzeptiert wurde, als dank der Arbeiten von Cesare Emiliani die Schwankungen der durchschnittlichen Erdtemperatur bestätigt wurden. Ende der 1940er Jahre emigrierte der italienische Geologe in die Vereinigten Staaten, um dort die Chemie der Isotopen zu erforschen, diese Versionen ein und desselben Atoms, die unterschiedliche Atommassen aufweisen. Dank der Sauerstoffisotope (O^{18} und O^{16}) konnte er nachweisen, dass im Lauf der vergangenen 400 000 Jahre die Oberflächentemperatur des Karibischen Meeres entsprechend den Vorhersagen von Milutin Milanković schwankte.[6]

Und schließlich wurden die Zyklen der durchschnittlichen Erdtemperatur durch die Erforschung einer anderen bedeutenden Komponente der Klimamaschine nachgewiesen: der Meeresströmungen. So befördert der Golfstrom zum Beispiel Wärme aus dem Golf von Mexiko bis zur Westflanke Europas, was dazu führt, dass die Winter in Frankreich gemäßigt sind, in Kanada, das auf demselben Breitengrad auf der anderen Seite des Atlantiks liegt, dagegen frostig. Durch den Zufluss großer Mengen an Süßwasser im Zuge des Abschmelzens der nordamerikanischen Eisschilde kam es im Lauf der Zeit zu erheblichen Schwankungen in der Meereszirkulation. Diese Schmelzphasen, Heinrich-Ereignisse genannt, sind in den Meeressedimenten in Form charakteristischer Ablagerungen aus von Eisbergen verschleppten Materialien nachweisbar.

Heute hat sich die astronomische Klimatheorie durchgesetzt, ergänzt durch die Erforschung der Schwankungen der Temperatur und der Meeresströmungen in der Vergangenheit. Die sechzehn MIS-Ereignisse innerhalb der Zeitspanne, die uns hier interessiert, das heißt der letzten 700 000 Jahre, gestatten uns nun, sowohl die der Neandertalerlinie vorausgehenden Fossilien (älter als 400 000 Jahre) als auch die der Präneandertaler (ab 400 000) und der Neandertaler (von 200 000 bis 40 000) einer geologischen Periode und einem Klima zuzuordnen. Entsprechend können die physischen Merkmale dieser Menschen besser verstanden werden, indem wir sie mit dem Selektionsdruck ihrer jeweiligen Umwelt in Zusammenhang bringen. So können wir auch eher ermessen, inwieweit niedrige Temperaturen und deren Folgen für den Lebensraum die lange Geschichte der Neandertalerlinie geprägt haben.

Der Neandertaler, Kind seiner geologischen Zeit und des Klimas

Um die Umweltbedingungen zu rekonstruieren, die in Europa im Lauf der verschiedenen MIS-Isotopenstufen herrschten, analysieren die Prähistoriker genauestens den Boden der Standorte, die jeweils einer dieser Perioden zugeordnet werden: Sie sieben die Sedimente auf der Suche nach feinen Knochen, winzigen Zähnen (von kleinen Säugetieren, Fischen und Vögeln), nach Pollen und Sporen. Das Vorhandensein oder das Fehlen dieser Mikrofossilien, verbunden mit der Analyse der Makrofauna, liefert präzise Hinweise auf die klimatischen Bedingungen des Standorts und seiner Umgebung. Mithilfe einer Gesamtschau aller dieser Daten erfuhr man nach und nach, wie unser Kontinent in der Eiszeit aussah. Steigen wir in eine Zeitmaschine und machen einen Ausflug in das Europa des Neandertalers.

Ein interglaziales Paradies …

Das Klima in Europa veränderte sich während des Pleistozäns ständig und brachte in den Glazialen Tierwelten und Landschaften hervor, die sich von denen der Interglazialen deutlich unterschieden. In den Zwischeneiszeiten wurde das Klima wärmer und oft auch feuchter. Die Natur wurde üppiger, der Wald breitete sich wieder aus; der Meeresspiegel stieg an, die Küsten wurden überflutet.

Im Übrigen wurde auch die Wanderung der fernen Vorfahren der Neandertaler von Afrika nach Europa vor ungefähr 500 000 Jahren durch eine Zwischeneiszeit begünstigt. Nur wenige Vertreter des *Homo heidelbergensis* gelangten nach Europa und verbreiteten sich auf einem riesigen Territorium, in dem es nahezu keine menschlichen Konkurrenten gab. Unser Kontinent war damals – und das gilt für jedes Interglazial – durchaus vergleichbar mit dem Europa von heute, wenn wir uns die Autobahnen, den Beton und die Felder wegdenken und uns vorstellen, dass der Wald wieder alles bedeckt und Wölfe, neben einigen Großkatzen (wie Löwe, Panther und Luchs), Hyänen und Bären, das Terrain beherrschen.

Entlang der Flüsse hielten Auerochsen, Nashörner und Elefanten große Bereiche von Vegetation frei, in denen die Clans der Jäger den Großteil ihres Bedarfs an Wildbret deckten. Die Menschen teilten sich den Lebensraum mit dem Hirsch, dem Megaloceros (ein Riesenhirsch mit gigantischem Geweih), dem Reh, dem Damwild und dem Wildschwein. Der Bison, die Saiga-Antilope, das Wollhaarnashorn und das Rentier kamen im Mittelmeerraum nicht vor, sie hatten sich weiter nach Nordeuropa und nach Sibirien zurückgezogen.

Nutzbare pflanzliche und tierische Biomasse war reichlich vorhanden, befand sich jedoch vor allem in den dichten, gefährlichen und schwer zugänglichen Wäldern. Zwar nutzten die Menschen in den Warmphasen zweifellos mehr pflanzliche Ressourcen als in den kalten Perioden, doch sie sammelten Essbares vor allem auf Lichtungen und entlang der Flüsse. Meistens genügten das Sammeln und gelegentliche Jagd zum Überleben, und sie konnten sich vermehren, sich auf größere Gebiete ausbreiten und sogar einen Teil Asiens besiedeln.

… gefolgt von einer frostigen Hölle

In den Eiszeiten dagegen gingen die Bevölkerungszahlen aufgrund des rauen Klimas zurück: Die Gletscher des Nordens breiteten sich aus, und bewohnbares Gelände wurde knapper, wohingegen die Steppe, die Tundra, die Taiga und ganz allgemein offene Landschaften südlich der Eismassen vorherrschten. Gleichzeitig sank der Meeresspiegel. Nordfrankreich zum Beispiel sah wohl häufig aus wie die heutige kanadische Arktis. Für die Jäger wurden die Lebensbedingungen hart, jedoch keinesfalls unerträglich. Die Rückkehr der Kälte führte zu entscheidenden Umweltveränderungen. Gräser, Flechten und Moose gewannen an Boden gegenüber den bewaldeten Flächen; die Tundra-Steppe breitete sich über weite Gebiete aus und schuf eine für die Entstehung von Herden großer Pflanzenfresser und eine Zunahme der tierischen Biomasse günstige Situation.

Trotz der niedrigen Temperaturen wimmelte es in den Steppen um die Eismassen von Bisons, Pferden, Mammuts, Wollhaarnashörnern, Moschusochsen und Rentieren. Für die Jäger und Sammler waren diese Herden eine leicht zu jagende, reichlich vorhandene und in der offenen Landschaft unschwer auszumachende Ressource.

Mit dem Sinken des Meeresspiegels tauchten beträchtliche Teile der kontinentalen Randbereiche auf (die sich heute unter Wasser befinden). Waren sie weit genug von den Eisschilden entfernt, konnten sie sich bald in Tundren verwandeln, und das lockte die Herden und deren Fressfeinde an, darunter auch die Jägergruppen. Auf dem Höhepunkt der Vergletscherung waren die Nordhälfte Europas sowie die Pyrenäen und die Alpen von Eis bedeckt. Südlich der (nördlichen) Gletscher dehnten sich riesige Steppen aus, und um das Mittelmeer herum wuchsen wieder die Wälder.

Während der Eiszeiten bildete das heutige Vereinigte Königreich mit Frankreich zusammen lange Zeit eine Landmasse, so dass der Vorfahr

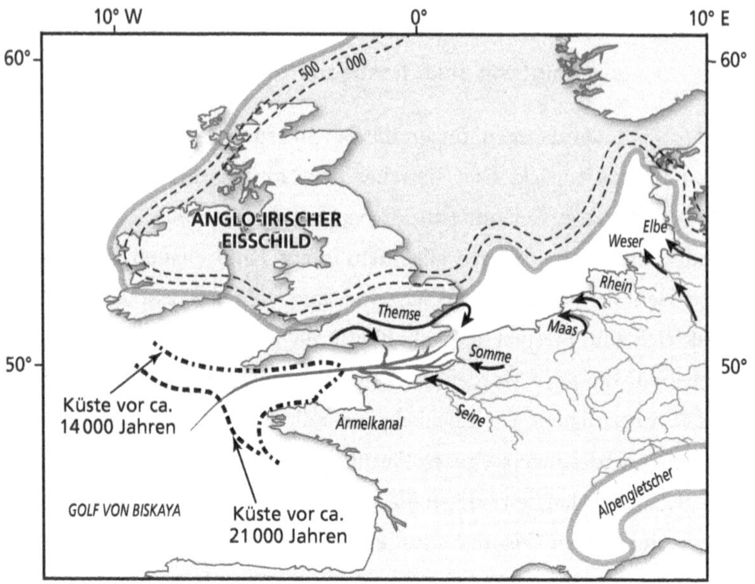

Abb. 1.2: Vor der Öffnung des Ärmelkanals und der Gletscherschmelze wurde Europa durch ein System von Flüssen entwässert, die alle in einen großen Fluss im Westen mündeten: in den Ärmelkanal. Das mehrere Kilometer dicke Inlandeis bedeckte die Gebiete, die später die Britischen Inseln und Nordeuropa wurden.

der Neandertaler, der *Homo heidelbergensis*, und der Präneandertaler dorthin vordringen konnten. Vor über 200 000 Jahren, im mittleren Pleistozän, gab die natürliche Barriere der Hügel nach, die die Süßwassermassen aufgestaut hatte, die sich nach jeder Schmelze an der Stelle der Nordsee angesammelt hatten.[7] Nach einer katastrophalen Überflutung bildete sich ein mächtiger Strom – der Ärmelkanal –, der von da an bei jeder Gletscherschmelze Westeuropas das Wasser über die Themse, den Rhein, die Elbe und andere Flüsse ableitete (vgl. Abb. 1.2). Nach dieser Katastrophe gelangten immer seltener Neandertaler in dieses Land, das einmal England werden sollte.

Ein Gebiet im Rhythmus der Vergletscherungen

Dieses kalte oder gemäßigte, glaziale oder interglaziale Europa der Neandertaler existierte während des ganzen mittleren und späten Pleistozäns, das heißt der Periode von 781 000 bis 11 700. Nicht weniger als acht Eiszeiten, jeweils gefolgt von Zwischeneiszeiten, lösten einander ab. Während des Auftauchens der Neandertaler, also im Lauf der letzten 400 000 Jahre, fanden drei dieser Zyklen statt. Die Rückkehr der Kälte verkleinerte jeweils das bewohnbare Territorium, denn weite Teile Europas waren von Eis bedeckt. Es entstanden Gletscher in höher gelegenen Gebieten, insbesondere in den Alpen, den Pyrenäen, im Zentralmassiv; die kontinentalen Gletscher Nordeuropas konnten sich auf über die Hälfte des heutigen Europa ausbreiten.

Die verschiedenen Eis- und Zwischeneiszeiten sind heute gut unterscheidbar und zeitlich eingeordnet durch die MIS-Isotopenstufen. Seit diese entschlüsselt sind, konnten viele Körpermerkmale der Neandertaler, wie beispielsweise ihre stämmige Figur oder die Morphologie ihres Gesichts, mit dem zeitlich bestimmbaren Selektionsdruck der Umwelt in Zusammenhang gebracht werden.

Greifen wir etwas vor und weisen darauf hin, dass die Eis- und Zwischeneiszeiten nicht alle die gleichen Auswirkungen auf die Evolution des Neandertalers hatten. Schnell sind die Klimawechsel nur in geologischen Zeiträumen. Auch wenn sie im Lauf einer Generation (bei den Neandertalern höchstens 20 Jahre) oder sogar von hundert Generationen (also 2000–2500 Jahre) nicht wahrnehmbar sind, stellten sie dennoch für die Humanpopulationen tiefe Einschnitte dar. Der Anstieg oder das Sinken der Durchschnittstemperatur und die Verkleinerung oder Zersplitterung des bewohnbaren Territoriums, verursacht durch kurzfristige Klimawechsel, änderten das Leben eines Clans von Jägern und Sammlern, der zu seiner Anpassung allein auf die Ressourcen seiner Kultur und seiner Umgebung angewiesen war, grundlegend.

Der langsame Klimawandel (in unserem Fall die Eiszeiten), der sich in geologischen Zeiträumen abspielt, also in tausend Generationen (20 000 bis 25 000 Jahre), übt einen nachhaltigen Selektionsdruck aus. Die fossilen Skelette und Zähne weisen deutliche Spuren davon auf. Im Laufe der Generationen werden Organismen mit vorteilhaften Mutationen selektiert, denn sie sind an das Klima besser angepasst. Dieses spielt denn auch eine entscheidende Rolle in der Evolution menschlicher Kulturen, denn von ihm hängt die Größe der Population und damit die Anzahl derer ab, die zu ihrer Kultur beitragen, es entscheidet also über Stagnation und Innovation.

Es sind vor allem die niedrigen Temperaturen der Glazialperioden, denen die Neandertaler trotzten, sowie deren Folgen für die Zersplitterung ihres Lebensraums und den Rückgang ihrer Population, die den Neandertalern ihre besonderen physischen Merkmale verliehen. Diese werden wir jetzt näher betrachten.

Abb. 1.3: Drei Ansichten der Schädelkalotte des ersten, 1856 entdeckten Neandertalers. Die Darstellung ist dem Artikel von Dr. C. Fuhlrott (Johann Carl Fuhlrott), «Menschliche Überreste aus einer Felsgrotte des Düsselthals. Ein Beitrag zur Frage über die Existenz fossiler Menschen»; in: *Verhandlungen des Naturhistorischen Vereins der preußischen Rheinlande und Westphalens*, Band 16, 1859, S. 131–153, vorangestellt.

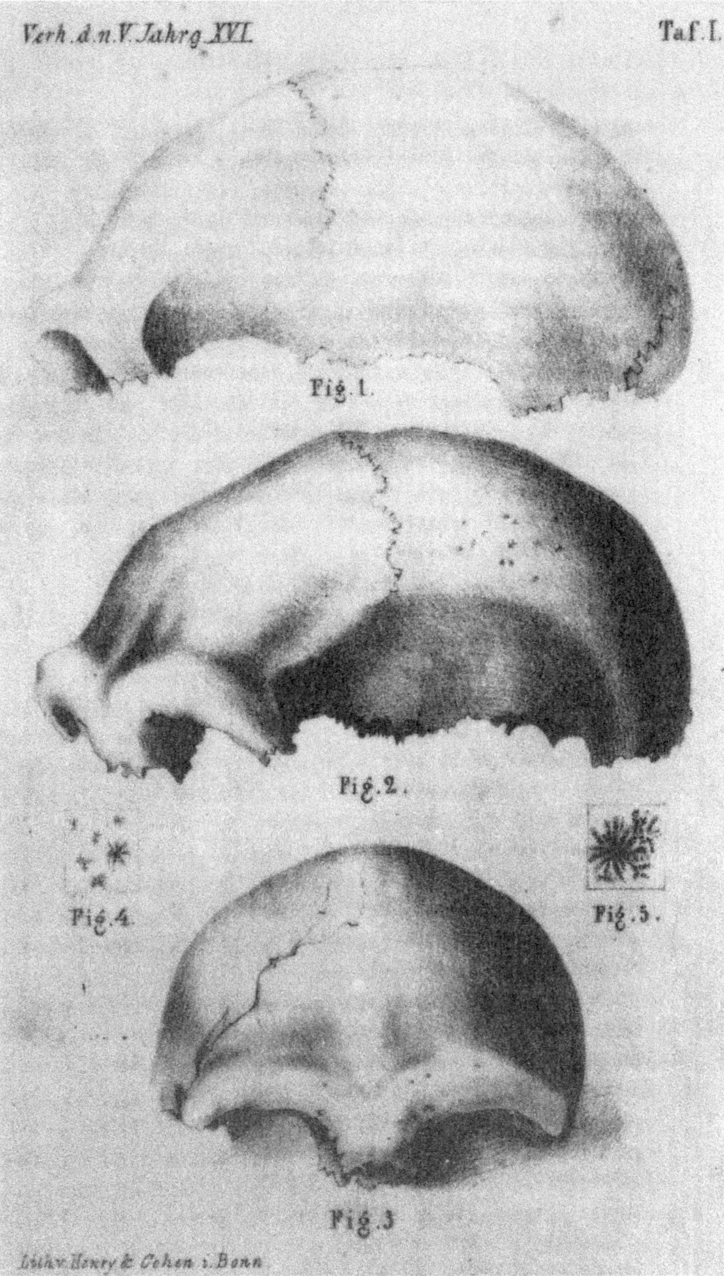
Verh. d. n. V. Jahrg. XVI.
Taf. I.
Fig. 1.
Fig. 2.
Fig. 4.
Fig. 5.
Fig. 3
Lith. v. Henry & Cohen i. Bonn

Abb. 2.1: Der Faustkeil war so etwas wie das Schweizer Taschenmesser der prähistorischen Menschen. Zwei Neandertaler bei der Herstellung dieses Werkzeugs.

2 | Der Neandertaler betritt die Bühne der Geschichte

«Die Menschen [pflanzten sich] in einem früheren Zeitalter […] nicht miteinander fort. […] Im Laufe der vielen Jahre ist aber manches davon verblasst, anderes wird da und dort stückweise erzählt, ohne den Zusammenhang mit dem Übrigen.»
Platon[1]

Die Clanmitglieder nennen sie Medizinfrau. Neben dem Feuer, das die Dunkelheit und die beißende Kälte vertreibt, bereitet sie mit einem Faustkeil eine Mischung aus getrockneter Leber und Blaubeeren. Daraus wird eine Medizin gegen Schnupfen. Ein Mädchen mit dem Namen die Stille sitzt neben ihr. Sie sagt kein Wort, verfolgt aber aufmerksam die Handbewegungen der Heilerin. Die Medizinfrau zieht heiße Kiesel aus dem Feuer, wischt sie ab und lässt sie in den Topf gleiten, eine einfache Mulde aus Lehm im Boden. Einer der Steine ist so heiß, dass man ein Zischen hört.

«Woher kommen die Menschen?», fragt die Stille plötzlich wissbegierig.

«Das kommt auf den Clan an. Wir sind Bären, die vor sehr langer Zeit beschlossen haben, aufrecht zu gehen.»

«Warst du schon geboren, als das geschah?»

Die Medizinfrau lacht schallend und sagt:

«Nein, mein Kind. Das ist schon so viele Jahre her, wie es Bisons in der Ebene und Haare auf diesen Bisons gibt.»

Die Stille kneift die Augen zusammen und versucht, sich diese Zahl vorzustellen.

Wer waren die Ahnen der Neandertaler? Menschen, die geradewegs aus Afrika kamen, der Mutter Erde aller menschlichen Spezies, oder vielmehr eine Art, die es schon vorher in Europa gab? Europa ist die Wiege des Neandertalers, aber sind er und seine direkten Vorfahren die Ersten gewesen, die den Boden unseres Kontinents betreten haben? Die Paläontologen sind sich heute sicher: Die ersten Europäer stammten zweifellos aus einer oder mehreren Wellen von Einwanderern (*Homo ergaster* und/oder *Homo erectus*), die vor über einer Million Jahren aus Afrika kamen. Die ältesten Fossilien aus dieser Zeit wurden in Dmanisi[2] (Georgien) entdeckt, also am Tor zu Europa. Zwar weiß man wenig über die Ausbreitung dieser Pioniere innerhalb Europas, doch kann man sie anhand der grob behauenen Kiesel verfolgen, die ihnen als Werkzeuge dienten. Diese Kieselsteine in «Abschlagtechnik» wurden an verschiedenen Stellen unseres Kontinents, insbesondere im französischen Zentralmassiv, gefunden.

Mehrere Wanderungswellen folgten der ersten in den Levante-Korridor. Davon zeugen die 1,3 Millionen Jahre alte Fundstätte von 'Ubeidiya[3] im Nahen Osten im Jordantal und der Fundort von Kocabaş[4] in der Türkei, der auf ein Alter von etwa einer Million Jahre datiert wird.

Diese frühen Menschen breiteten sich rasch aus, denn man hat Fossilien vergleichbaren Alters in Atapuerca gefunden, einem Grabungsort, dessen zahlreiche Fossilien so aufsehenerregend sind, dass er ein bedeutendes Forschungszentrum für Paläoanthropologie wurde (vgl. Textkasten auf S. 31). Eine noch anrührendere Entdeckung: Vor etwa 780 000 Jahren hat eine Gruppe dieser ‹Afrikaner› im Schlamm einer Flussmündung bei Happisburgh in England zwölf Fußabdrücke hinterlassen.[5] Diese ältesten jemals in Europa entdeckten Fußspuren verraten

Atapuerca, eine Hochburg der Neandertaler-Paläontologie

Wir verdanken unser Wissen über die Geschichte der Besiedlung Europas dem Bau einer Bahnlinie in den Bergen von Atapuerca in Kastilien im 19. Jahrhundert. Ein Durchstich legte geologische Schichten aus einer Periode frei, die vor über einer Million Jahre begann und vor etwa 30 000 Jahren endete, nicht lange nach dem Verschwinden der Neandertaler. Die fossilhaltigen Ablagerungen von Atapuerca – von der Sima del Elefante («Elefantenhöhle»), der Gran Dolina (nicht direkt an der Bahntrasse, sondern daneben in einer Doline, einer Vertiefung im Kalkboden) und der Sima de los Huesos («Knochenhöhle») – bilden daher die ganze Entwicklungsgeschichte der Besiedlung unseres Kontinents ab, angefangen beim *H. antecessor*, dem allerersten Europäer, über den *H. heidelbergensis* und seinen Nachfahren, den *H. neanderthalensis*, bis hin zum *H. sapiens*. Die von Emiliano Aguirre von der Universität Madrid 1978 begonnenen Grabungen fördern bis heute bedeutende Funde zutage. Wir wissen nicht, ob die zahlreichen Skelette, die die spanischen Prähistoriker in der Gran Dolina (reich an Fossilien des *H. antecessor*) finden, dort hineingeworfen wurden oder zufällig hineingefallen sind wie bei der Sima de los Huesos (der Fundstelle für den *H. heidelbergensis*), aber eines ist sicher: Sie haben uns gezeigt, wie die Entwicklung unserer Neandertalerbrüder in die Gesamtgeschichte der Besiedlung Europas und ihre Klimageschichte einzuordnen ist. Und davon wussten wir vor 20 Jahren noch gar nichts!

Das Ensemble der Funde von Atapuerca ist so bedeutend, dass es zum UNESCO-Welterbe erklärt wurde. Die Nachbarstadt Burgos beherbergt ein wichtiges Museum mit einem internationalen Forschungszentrum, dem CENIEH, das zu einer Drehscheibe der europäischen Erforschung der Menschheitsentwicklung wurde. Atapuerca wird zunehmend einer breiteren Öffentlichkeit bekannt und ist dabei, sogar eine der Etappen für Pilger auf dem Weg nach Santiago di Compostela zu werden.

uns etwas über die Körpergröße dieser Menschen aus den Tropen: Schrittlänge, Tiefe der Abdrücke und Fußgröße weisen darauf hin, dass mindestens neun Individuen zwischen 0,90 und 1,70 Metern in Happisburgh vorbeigekommen sind: Erwachsene in Begleitung von Kindern.

Jedenfalls liefert uns die Reihe der Skelettfragmente von Atapuerca die meisten Informationen über das Aussehen der allerersten Europäer, die die Bezeichnung *Homo antecessor* erhalten haben.[6] Diese ersten Bewohner unseres Kontinents waren nicht die Vorfahren des Neandertalers, haben aber vielleicht ein wenig zu seinem Stammbaum beigetragen. Wie sahen sie aus? Erinnern ihre Körperformen an die der afrikanischen und asiatischen Homininen derselben Periode? Oder doch nicht, weil sie bereits endemisch, also spezifisch europäisch waren? Das ist schwer zu entscheiden, verfügen wir doch nur über ein Dutzend Fossilienfragmente des *Homo antecessor*.

Wie dem auch sei, der wahre Vorfahr des Neandertalers – der *Homo heidelbergensis* – gehört mit Sicherheit zu einer anderen Migrationswelle, die vor etwa 600 000 Jahren während einer Zwischeneiszeit Europa erreichte. Das Auftreten des *H. heidelbergensis* wird bezeugt durch das Auftauchen des Faustkeils in den geologischen Schichten Westeuropas. Dieses ‹paläolithische Schweizer Taschenmesser›, das durch Abschläge von beiden Seiten eines unbehauenen Klotzes gewonnen wird, diente unterschiedlichen Zwecken: dem Aufbrechen von Knochen, dem Schneiden von Fleisch und Pflanzen, dem Abschaben von Häuten u. a. (siehe Tafel V).

Der Faustkeil ist keine Erfindung des *H. heidelbergensis* (vor ca. 1,8 Millionen Jahren stellte schon der *Homo ergaster* in Afrika an den Ufern des Turkana-Sees in Kenia Faustkeile her)[7], aber die Werkzeuge des *H. heidelbergensis* fallen durch ihre sorgfältige Bearbeitung und eine bedachte Wahl des Rohmaterials auf, das oft wegen der Schönheit seiner Färbung ausgesucht wurde. Schon in den 70er Jahren des 20. Jahrhunderts glaubte der französische Prähistoriker André Leroi-Gourhan, in diesen schönen Werkzeugen aus Stein den ersten Ausdruck eines ästhetischen Bedürfnisses bei unseren fernen Ahnen erkennen zu können. Er meint, es sei «den ersten Menschen [...] nicht allein um die Funktion des Objekts, sondern auch um die Schönheit seiner Form» gegangen.[8]

Prachtvolle, von den Vorfahren der ersten Neandertaler aus Feuerstein hergestellte Faustkeile wurden im Tal der Somme ausgegraben und sind im Museum von Abbéville ausgestellt. Das eindrucksvollste Stück allerdings ist ohne Zweifel der Faustkeil aus rosanem und gelbem Granit aus Atapuerca: Von beeindruckender Qualität der Bearbeitung, war er niemals benutzt worden, bevor er vor rund 400 000 Jahren in eine Kalkgrube geworfen wurde, vermutlich zusammen mit einem Verstorbenen. Handelt es sich vielleicht um die älteste Grabbeigabe der Menschheit?[9]

Faustkeile wurden hier und da an verschiedenen Stellen in Europa gefunden, doch der englische Fundort Boxgrove[10] lieferte eine ganz besonders reiche Ausbeute. Über hundert ungefähr eine halbe Million Jahre alte Werkzeuge wurden geborgen, und ihre Datierung ist absolut sicher, denn sie ergibt sich aus der Anordnung der geologischen Schichten.

Nach dem Heidelberger Schloss ... sein Unterkiefer

Was wissen wir über die Evolution des *H. heidelbergensis* in Europa? Wie hat er sich seit seiner Ankunft auf unserem Kontinent verändert? Zur Klärung dieser Fragen verfügen wir über eine ganze Reihe Fossilien aus allen Teilen Europas: 130 Fragmente, die zu 7 oder 8 Individuen gehören, von der Fundstätte von Tautavel in den Ostpyrenäen, 3000 Teile, darunter vollständige Schädel, von mindestens 28 Individuen aus der Sima de los Huesos in Spanien, einen Hinterhauptknochen aus Vértesszőlős in Ungarn, etliche Zähne aus Visogliano, einen Schädel aus Ceprano und einen Oberschenkelknochen aus Venosa in Italien, ein Schienbein aus Boxgrove in England und ... das allererste Fossil des *H. heidelbergensis*, das entdeckt wurde: der Unterkiefer von Mauer bei Heidelberg.

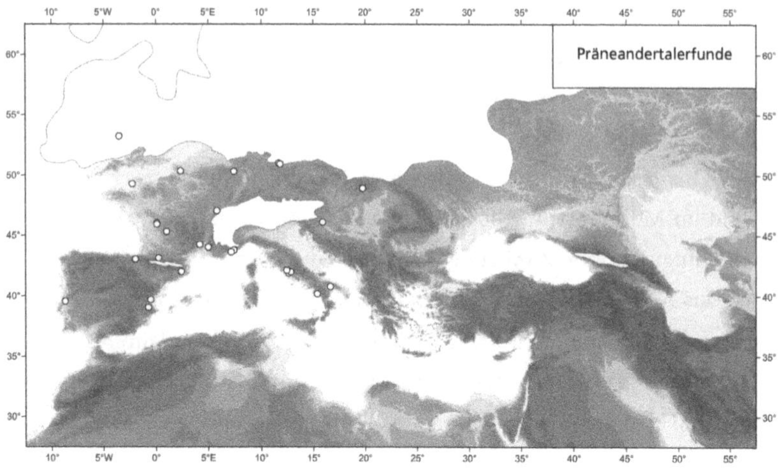

Abb. 2.2: Fundstellen mit Präneandertalerfossilien. Angaben nach O. Jöris, 2014.

Aufgefunden im Jahr 1906 in einer Sandgrube, wurde dieser Kieferknochen von dem Geologen Otto Schoetensack einer neuen Spezies Mensch zugeordnet; er war es auch, der zwei Jahre später die erste Beschreibung verfasste. Von ihm stammt der Name *Homo heidelbergensis* nach der nahe gelegenen Stadt Heidelberg. Bemerkenswert ist der Weitblick von Schoetensack, der anhand eines einzigen Knochens sofort eine neue menschliche Spezies erkannte. Zu Beginn des 20. Jahrhunderts gab es noch keine Methode, mit der das Alter von Knochen bestimmt werden konnte, und es waren erst einige wenige Kieferknochen von Neandertalern bekannt. Schoetensack musste also der Versuchung widerstehen, den Kiefer von Mauer dem *Homo neanderthalensis* zuzuordnen. Das ist umso erstaunlicher, als der Knochen nur wenige archaische Züge im Vergleich zu Neandertalerkiefern aufwies.

Die von Schoetensack ermittelte Spezies wäre bestimmt eine Fußnote in einem Werk über Paläontologie geblieben. Die Entdeckung von Fossilien in Asien (der *Homo pithecanthropus* oder «Javamensch» und der *Homo sinanthropus* oder «Pekingmensch») lieferte nämlich Beweise für andere menschliche Spezies, Abkömmlinge des *Homo erectus,* die älter waren als der *Homo neanderthalensis*, wodurch der Fund von Schoetensack in Vergessenheit geriet. Der *H. erectus* trat nun ins Rampenlicht, und die Vorstellung, es hätte zur selben Zeit eine andere, in Europa lebende Spezies geben können, wurde belächelt.

Aber die 3000 Überreste menschlicher Knochen von Atapuerca mit, unter anderem, vollständigen Schädeln änderten die Lage. Die 28 dazugehörenden Skelette ließen sich in Zeiträume zwischen 350 000 und 450 000 oder sogar 500 000 datieren,[11] und alle tragen archaische Züge. Als die Paläontologen diese Fakten zur Kenntnis genommen hatten, wurde der Kieferknochen von Mauer erneut einer eigenen Spezies des *H. erectus* zugeordnet. Seine im Jahr 2010 gelungene Datierung ergab ein Alter von ungefähr 600 000 Jahren, und damit ist er das älteste Fossil der Neandertalerlinie in Europa.

Um diese von *H. erectus* unterschiedene Spezies zu benennen, wurde der von Schoetensack vorgeschlagene Name aufgegriffen: *Homo heidelbergensis.* Man weiß nicht, ob diese Spezies nach ihrer Ankunft aus Afrika die auf europäischem Gebiet ansässige Population (*Homo antecessor*) gänzlich abgelöst hat oder in ihr aufgegangen ist. Dagegen scheint ihr Auftreten in Europa nicht zugleich ihr Verschwinden aus Afrika bedeutet zu haben. Die meisten auf diesen Zeitraum spezialisierten Paläoanthropologen betrachten den *Homo heidelbergensis* ebenfalls als eine afrikanische Spezies.

Diese Hypothese, dass es eine gemeinsame archaische menschliche Spezies in Afrika und Europa und sogar in Asien gab, ist jedoch sehr umstritten. Deshalb befassen sich etliche Forscher mit afrikanischen Fossilien (*Bodo* aus Äthiopien oder *Ternifine* aus Algerien, beide weniger bekannt als *Lucy* oder *Toumaï*, jedoch ebenso bedeutsam), um den Nachweis zu führen, dass sie sehr wohl derselben Menschenform angehören.[12] Ihre noch unvollständigen Ergebnisse scheinen die Hypothese zu stützen, dass der *H. heidelbergensis* zugleich in Europa und in Afrika präsent war.

So wird angenommen, dass der *H. heidelbergensis* eine Spezies ist, die sich in Afrika aus dem afrikanischen *H. erectus* (also ausgehend vom *H. ergaster*) vor über einer Million Jahre entwickelt hat. Nach ihrer Besiedelung Afrikas hätte sie sich vor etwa 600 000 Jahren während eines Interglazials in Europa und vielleicht auch in Asien verbreitet. Daraus ergibt sich eine wichtige Feststellung: Ein und demselben Vorfahren – dem *H. heidelbergensis* – entstammen sowohl der altafrikanische *H. sapiens* als auch der europäische *H. neanderthalensis.* Der *H. heidelbergensis* ist der «Vater» des *H. sapiens* und des Neandertalers, woraus logisch folgt, dass die Neandertaler unsere ‹Brüder› sind – im paläontologischen Sinne des Wortes. Die Neandertaler sind also sehr nah mit uns verwandt (wir werden sehen, warum sie auch zu unseren Vorfahren zählen). Und deshalb ist der *H. neanderthalensis* alles andere als eine primitivere Menschenform als der *H. sapiens*, von dem wir abstammen, sondern er steht uns nahe. Er entwickelte sich zur selben Zeit wie der erste afrikanische *H. sapiens* und in einem fast so langen Zeitraum wie dieser.[13]

Wagen wir es, einen Neologismus einzuführen. Dafür spricht die Bedeutung, die dem *H. heidelbergensis* in seiner Eigenschaft als Vorfahr sowohl des *H. sapiens* als auch des Neandertalers zukommt. Da sich der Begriff «Neandertaler» im Lauf der letzten hundertsechzig Jahre ausgehend vom Eigennamen Neandertal entwickelt hat, wäre es nur konsequent, die Mitglieder der Spezies *H. heidelbergensis* entsprechend als «Heidelberger» zu bezeichnen. Die Paläoanthropologen benutzen den Begriff zwar nicht, doch uns erscheint er nur logisch als Parallelbezeichnung zum «Neandertaler».

Das fossile Inventar des Heidelbergers

Wie sahen die europäischen Heidelberger aus? Sie waren zweifellos noch Menschen mit ‹afrikanischem› Aussehen, das heißt, sie besaßen einen schlanken Körper, der an ein warmes Klima angepasst war, denn lange Gliedmaßen leiten die Wärme besser ab als kurze. Das bereits erwähnte, 1994 in Boxgrove entdeckte Schienbein legt nahe, dass sein Besitzer ungefähr 80 Kilo wog und etwa 1,80 Meter groß war.[14] Er scheint also nicht dafür gemacht gewesen zu sein, der Kälte zu trotzen, wie die Neandertaler später, sondern eher der Hitze.

Charakteristisch sind die kräftigen Knochen und die gut entwickelten Muskelansatzstellen des Unterkiefers von Mauer, was auf eine starke Kautätigkeit deutet, und dies trotz relativ kleiner Zähne (vergleichbar den beiden bei Boxgrove gefundenen Zähnen). Der Kieferknochen von Mauer passt auch gut zu den dicken, massiven Schädeln aus dem Fundort Sima de los Huesos in Atapuerca in Spanien oder dem von Caune de l'Arago in Tautavel, Frankreich. Der starke Knochenbau all dieser Fossilien findet sich im Übrigen auch bei den Schädelfragmenten, die weiter im Osten zutage gefördert wurden, insbesondere in Ceprano, Visogliano und Fontana Ranuccio in Italien, in Bilzingsleben in Deutschland, in Vértesszőlős in Ungarn oder auch in Petralona in Griechenland. Trotz ihres fragmentarischen Erhaltungszustandes werden diese Fossilien aufgrund ihres Alters dem *H. heidelbergensis* zugeschrieben, obwohl ihre Merkmale eigentlich nicht zum Heidelberger Menschen passen.

Überraschenderweise haben uns die Fossilien von Atapuerca auch Informationen über die Genetik des Heidelberger Menschen geliefert. Wer die enormen Schwierigkeiten der Paläogenetik kennt, wird sich wundern, dass die mitochondriale DNA (einer der beiden DNA-Stränge in der Zelle) des Heidelbergers von Sima de los Huesos entdeckt, rekonstruiert und sequenziert wurde. Das verblüffende Ergebnis: Die Sequenzierung dieser DNA, die nur mütterlicherseits vererbt wird, hat eine Verwandtschaftsbeziehung mit ... dem Denisova-Menschen (vgl. Textkasten S. 163) enthüllt,[15] einer fossilen homininen Spezies, die viel jünger ist als die der Heidelberger, denn sie lebte zur Zeit des Neandertalers und des frühen *Homo sapiens*. Dieses Ergebnis ist umso überraschender, als die Existenz des Homininen von Denisova erst im Jahr 2010 durch die Sequenzierung der DNA ans Licht kam, die in einem einzigen kleinen, 40 000 Jahre alten Fingerglied enthalten war, das in der Höhle von Denisova im Altai-Massiv in Südsibirien entdeckt worden war. Nun hat die Sequenzierung der nukleotiden (im Zellkern befindlichen) DNA der Heidelberger von Atapuerca ergeben, dass sie mit den Neandertalern verwandt sind.[16] Diese beiden Befunde zeigen, dass vor 400 000 Jahren, zur Zeit des Heidelberger Menschen von Sima de los Huesos, die unterschiedliche Entwicklung seiner Spezies und der des Neandertalers bereits stattgefunden hatte.

Das Auftauchen des Neandertalers

Das fossile Inventar des Heidelbergers weist auf eine ziemlich weite Verbreitung vom Atlantik (von England, das damals noch mit dem Kontinent verbunden war) bis jenseits des Rheins im Osten. Die zutage geförderten Skelette muten sehr archaisch an aufgrund der massiven Knochen und des geringen Gehirnvolumens (zwischen 1000 und 1300 cm^3 beim Schädel von Sima de los Huesos; etwa 1100 cm^3 beim Fossil von Caune de l'Arago in Tautavel). Je jünger die Fossilien sind (von 600 000 bis 400 000), desto mehr weisen sie Merkmale der Neandertaler auf, zu Beginn erst vereinzelt, dann immer häufiger, insbesondere im Gesicht und/oder am Nacken. Die ‹Neandertalisierung› ist im Gange!

Was ist die Ursache dieser Veränderung? Ist sie allein auf den Selektionsdruck der europäischen Umweltbedingungen zurückzuführen? Nicht unbedingt, denn aufgrund ihrer Isolierung in Europa befand sich die Gruppe der Heidelberger in einer genetischen Abdrift, das heißt der Erosion ihrer genetischen Diversität. Aus diesem Grund häuften sich manche ihrer Merkmale. Diese Erosion rührt daher, dass durch die genetische Vermischung innerhalb einer zahlenmäßig schwachen Population die Anzahl der Gene in den Individuen unweigerlich abnimmt. In der Tat vererbt eine Person nur die Hälfte ihrer Allele, besonderer Sequenzen von Nukleotiden, die ihre Gene bilden. In einer kleinen Population kann diese Reproduktionslotterie nur dazu führen, dass bestimmte Allele seltener weitergegeben werden, was automatisch die Häufigkeit bestimmter anderer erhöht.

Heutzutage ist dieses Phänomen auf Inseln zu beobachten, deren Bewohner lange isoliert geblieben sind, was beispielsweise auf Island der Fall ist. So hat im Jahr 2009 ein Team unter der Leitung von Agnar Helgason von der Universität Reykjavík nachgewiesen, dass die Gene der isländischen Bevölkerung vor dem Jahr 1000 – die als ausschließlich skandinavisch galt – eine größere Vielfalt aufwiesen als die der heutigen Population.[17] Um dies nachzuweisen, sequenzierten die Forscher einen Strang von 742 Nukleotiden eines ausgewählten Bereichs der mitochondrialen DNA von 73 Isländern, die um 873 bestattet worden waren; anschließend wurde diese genetische Signatur mit der heutiger skandinavischer, schottischer, irischer und kontinentaleuropäischer Populationen verglichen. Dabei zeigte sich, dass die mitochondriale DNA der ersten Isländer derjenigen der Schotten, Iren und Westeuropäer näher stand als die der heutigen Isländer (es stellte sich heraus, dass über 67 Prozent der ersten Isländer von den Britischen Inseln oder aus Kontinentaleuropa stammten). Dieses Phänomen ist schwerlich auf eine Häufung von Mutationen zurückzuführen, denn seit dem Jahr 873 sind kaum mehr als 40 Generationen aufeinander gefolgt. Tatsächlich ist es einer genetischen Erosion anzulasten, die die Häufigkeit bestimmter Allele erhöht hat. Die isländischen Gene verraten, dass die Bewohner der großen Insel aus Feuer und Eis lange Zeit vom europäischen Kontinent isoliert waren.

Die nach Europa eingewanderte Heidelberger-Population befand sich in einer vergleichbaren Lage, denn ihre wenigen Tausend Mitglieder waren über das gesamte bewohnbare Gebiet des Kontinents verstreut. Außerdem verhinderten zweifellos die großen Klimaveränderungen des mittleren Pleistozäns (781 000 bis 126 000) einen kontinuierlichen Genfluss zwischen Europa und Afrika sowie zwischen Europa und Asien. Ähnlich wie die Isländer im Lauf von 1000 Jahren drifteten die Heidelberger über Hunderttausende von Jahren genetisch ab. Zur natürlichen Selektion aufgrund der europäischen Umwelt trat diese genetische Erosion, die zufallsbedingt die Häufigkeit bestimmter Merkmale verringerte und zugleich die manch anderer vermehrte.

So sind manche Charakteristika der Neandertaler wie beispielsweise die verkürzten Gliedmaßen Folge einer Anpassung an die Kälte, zahlreiche andere – wie die relativ lang gestreckte Schädelform oder das vorspringende Gesicht – haben mit Anpassung offenbar nichts zu tun und können eher als Folge der genetischen Abdrift interpretiert werden.

Diese Sicht führte im Lauf der Jahre 1970 bis 1990 zu der allgemeinen Auffassung, dass sich die Neandertaleranatomie durch eine ganz allmähliche Häufung von immer mehr neandertalerspezifischen Merkmalen herausbildete, was die Paläoanthropologen Akkretion (Anwachsen) nennen. Wann und wodurch begann die Akkretion der Neandertalermerkmale?

Eine Wangengrube nach echter Neandertalerart

Zwischen 450 000 und 350 000 tauchen die ersten echten Neandertalermerkmale auf. Da es zunächst nur wenige sind, sind die Paläoanthropologen der Ansicht, dass die Fossilien mit diesen Merkmalen zu Präneandertalern gehören (also zu Formen zwischen dem Heidelberger und dem Neandertaler). Dennoch werden diese Merkmale zum ‹Markenzeichen› der Neandertaler. Manche sind bei einigen Fossilien recht gut zu erkennen, die allerdings oft den Heidelbergern zugeschrieben werden, denn diese sind ihnen in Gestalt und Größe ziemlich ähnlich. Man findet sie vor allem auf den etwa dreißig 400 000 Jahre alten Fossilien von Heidelbergern aus Sima de los Huesos oder auch bei den 450 000 Jahre alten Funden aus der Höhle von Caune de l'Arago (in der Gemeinde Tautavel) in den Ostpyrenäen.[18]

Bei einigen dieser Fossilien weist der Oberkiefer eine Besonderheit auf, die typisch für den Neandertaler werden sollte: eine besonders flache Wangengrube. Die beim modernen Menschen mehr oder weniger stark ausgeprägte Vertiefung auf beiden Seiten der Nase über den Eckzähnen fehlt beim Neandertaler fast vollständig. Dieses Merkmal verleiht dem Gesicht eine spitze, vorspringende Form, die typisch ist für die Spezies, die wir im folgenden Kapitel beschreiben werden.

Beispielsweise erkennt man bei den Kiefern des Menschen von Tautavel eine Verlängerung, die der des Gesichts entspricht. Diese Verlängerung versetzt die Kinnlöcher (kleine Vertiefungen beiderseits des Kiefers) nach hinten. Beim *Homo sapiens* befinden sich diese Löcher unter dem zweiten Prämolarzahn (vorderen Backenzahn), beim Neandertaler und dem *Homo heidelbergensis* von Tautavel unter den hinteren Backenzähnen.

Diese Merkmale finden sich etwa 300 000 Jahre später bei den letzten Neandertalern wieder. Daher sind die meisten Forscher der Ansicht, die Heidelbergerfossilien von Sima de los Huesos oder Cauna de l'Arago seien der Beweis dafür, dass eine Linie, die zu den Neandertalern führe, bereits vor etwa 450 000 Jahren in Europa präsent gewesen sei.[19]

Für die folgenden geologischen Perioden, die die Zeitspanne von 400 000 bis 190 000 umfassen, gibt es leider keine einzige bedeutende Fundstätte großer Fossilienserien wie die von Tautavel oder Sima de los Huesos, sondern nur vereinzelte Entdeckungen. Sie zeugen trotzdem von einer allmählichen Evolution. Die allerersten echten Neandertalermerkmale erscheinen im Gesicht, dann auf der Hinterkopfpartie und im Nackenbereich.

Wie beispielsweise die in Frankreich geborgenen Knochen der Neandertalerlinie zeigen, weisen die weniger als 190 000 Jahre alten Fossilien zunehmend Neandertalermerkmale auf. Die Funde von Biache-Saint-

Abb. 2.3: Das körperliche Erscheinungsbild einer Neandertalerin (links) im Vergleich zu einer anatomisch modernen Frau (rechts). Deutlich unterscheidet sich der stämmige, kompaktere Körper der Neandertalerin vom schlanken, höher gewachsenen der modernen Frau.

Vaast (im Département Pas-de-Calais) oder La Chaise/Suard (im Département Charente) lassen erkennen, wie Nacken und Schläfenknochen die spezifische Neandertalermorphologie bekommen und die Stirn kräftig ausgeprägte Überaugenwülste ausbildet.

Die Fossilien dieser Epoche, deren Gesichtspartie aufgefunden wurde, weisen mehr Neandertalermerkmale auf als diejenigen früherer Epochen, was man an der mehr seitlichen Stellung des Jochbeins und am Fehlen der Wangengrube erkennt. Obwohl all diese abgeleiteten Neandertalermerkmale vorliegen, besteht eine Reihe archaischer Züge fort, besonders ein noch relativ geringes Gehirnvolumen von etwa 1200 cm^3, während es bei einigen Neandertalern bis zu 1600 cm^3 erreichen wird.

Man geht davon aus, dass die Neandertaler vor 120 000 Jahren vollständig entwickelt sind. Der Schädel hat jetzt seine ausgeprägt längliche Form; der duttförmige Vorsprung am Hinterkopf ist gut ausgebildet; auch das Innenohr ist neandertalertypisch. In einem Wort, alle Neandertalermerkmale sind vorhanden, so dass es beim Fehlen stratigraphischer Angaben schwierig wäre, diese über 100 000 Jahre alten Fossilien von denen der letzten Neandertaler zu unterscheiden, die vor 40 000 Jahren lebten.

Neandertaler auf Reisen

Die Geschichte vom Auftauchen des Neandertalers ist eine ureuropäische. Der Beweis dafür war, wie wir gesehen haben, eine großartige anthropologische Entdeckung und das Ergebnis einer Forschungsarbeit, die über ein Jahrhundert dauerte. Die Gewissheit, dass Europa die Wiege der Neandertaler ist, beruht auf drei Erkenntnissen: Zum einen findet man Präneandertaler, also die Vorfahren der Neandertaler, nur auf unserem Kontinent; zweitens kann der Entwicklungsprozess, der den Neandertaler hervorgebracht hat, nur dort verfolgt werden; und schließlich findet man eine größere Anzahl von Neandertalern nur in Europa, auch wenn es ihn, allerdings seltener und später, auch in Asien gegeben hat. Das Fehlen früher Präneandertaler außerhalb Europas legt den Gedanken nahe, dass die Neandertaler Asien und den Nahen Osten von Europa aus besiedelten, nachdem sämtliche Neandertalermerkmale ausgebildet waren. Das Zentrum der ‹Neandertalisierung› befand sich in Westeuropa, und die spezifischen Merkmale scheinen immer weniger ausgeprägt, je weiter man Richtung Osten geht.[20]

Trotzdem weisen die Neandertalerfossilien des Nahen Ostens sowie die von Shanidar im Irak, von Dederiyeh in Syrien, von Amud, Tabun und Kebara in Israel die gleichen Körperproportionen auf wie die ihrer

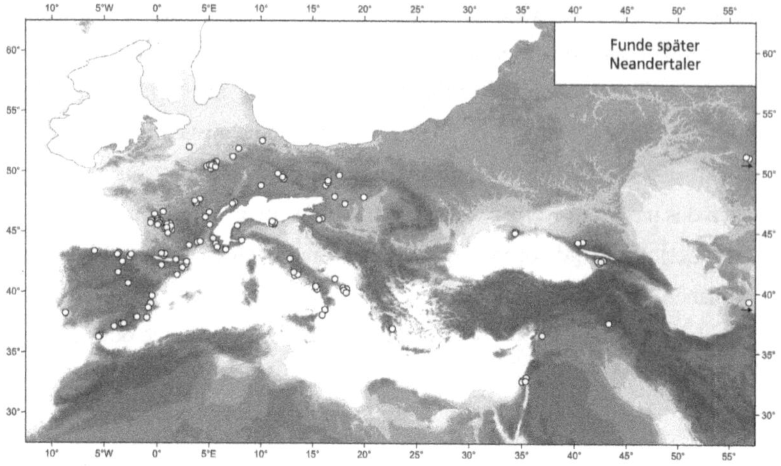

Abb. 2.4: Fundstellen mit Fossilien später Neandertaler, nach O. Jördis 2014.

Artgenossen aus den kalten Regionen. Die Datierungen lassen vermuten, dass die Expansion im Zeitraum von vor 123 000 bis vor 109 000 Jahren[21] während einer gemäßigten Klimaperiode stattfand. Diese Datierung passt zu dem Umstand, dass die Neandertaler des Nahen Ostens einige archaische Merkmale aufweisen, die in Europa nach 120 000 verschwunden sind[22] (vgl. Abb. 2.2, 2.4). Die Ausbreitung der Neandertaler nach Osten wurde auch in Stajnia in Polen festgestellt, wo 90 000 Jahre alte Fossilien gefunden wurden.[23]

Die Ausbreitung der Neandertaler nach Zentralasien fand mutmaßlich ebenfalls in diesem Interglazial statt, das heißt in einer Periode, die wärmer war als unsere heutige. Diese Expansion wird bestätigt durch Fundorte in den großen russischen Tiefebenen, vor allem in Khotylevo an der Desna und in Sukhaya Mechetka an der Wolga. Während dieser Warmzeit trocknete das Kaspische Meer aus, so dass es einen Weg nach Osten südlich des Urals gab, wie die Überreste eines jungen Neandertalers beweisen, die in Usbekistan an der Fundstätte von Teschik-Tasch entdeckt wurden. Weitere, allerdings bescheidenere Neandertalerfossilien wurden noch weiter im Osten in Südsibirien in Okladnikow und in Denisova gefunden.[24] Diese Ausbreitung kann wohl als Ergebnis der ‹Neandertalisierung› betrachtet werden, eines langen Entwicklungsprozesses, der es unseren Neandertalerbrüdern ermöglichte, in riesigen, über Kontinente verteilten Steppengebieten zu leben, verbreiteten sie sich doch bis weit über Europa hinaus.

Abb. 3.1: Die junge Neandertalerin «Rotbraut» weist die neandertalertypischen Überaugenwülste auf, die breite Nase, das hervorspringende Jochbein und das fliehende Kinn. Alle Männer ihres Clans finden sie schön. Ob ihnen wohl auch eine Frau des Typs *Homo sapiens* gefallen hätte?

3 | Ein stämmiger Athlet mit kräftigen Fäusten

«Aber das Menschengeschlecht, das damals noch auf den Feldern lebte, war rauher […], größre und stärkere Knochen befestigten innen den Körper […].» *Lukrez*[1]

Heute sind Nordmann und Rotbraut zu ihrem Clan zurückgekehrt. Die Kinder haben sie von Weitem am anderen Ufer des Flusses kommen sehen. Nordmann setzte konzentriert seine Schritte, in der Hand zwei Speere und über der Schulter seinen Jagdbeutel; Rotbraut trug nur ein Fell um die Hüften, festgebunden mit einem Stück Darm, und ging gebeugt unter der Last eines riesigen Bündels, das gleich die Neugier der Kinder weckte. Als sie an dem großen Baumstamm anlangten, der über den Fluss gestürzt war, warf Rotbraut ihre Last auf die Erde: ein Bärenfell! Sie holte tief Atem. Ihre strammen weißen Beine waren schlammverkrustet; mit ihren ausladenden Hüften und ihrem festen Hinterteil, dem breiten Brustkorb, den kurzen Armen, den Händen mit den langen, runden und kräftigen Fingern wirkt sie außerordentlich robust. Die fuchsroten Haare umrahmen ihr helles Gesicht, ihre großen grünen Augen liegen über einer breiten Stupsnase, darunter volle Lippen und ein ganz kleines Kinn. Ein Gesicht, das die Blicke aller Männer des Clans auf sich zieht. Rotbraut ist eine sehr schöne junge Frau.

Heute können wir uns sehr gut vorstellen, wie die Neandertaler aussahen. In den letzten zwanzig Jahren ist der *Homo neanderthalensis* gleichsam seinem Grab entstiegen, um uns ganz unverhüllt seinen Körper und seine Lebensweise zu zeigen.[2] In diesem Kapitel wollen wir über seinen Körper und darüber sprechen, wie sich sein Äußeres nach und nach in dem Maße verändert hat, in dem ideologische Vorurteile abgebaut, die Funde immer zahlreicher wurden und man Zugang zu neuen bedeutsamen Daten bekam, deren jüngste der Paläogenetik entstammen. Diese neue Wissenschaft hat uns gelehrt, dass die «Halbaffen», als die man sie in den ersten Beschreibungen dargestellt hat, in Wirklichkeit blonde oder rothaarige, hellhäutige Menschen mit blauen Augen waren, die als Nordeuropäer hätten durchgehen können.

Inzwischen ist uns klar geworden, dass uns ein bekleideter Neandertaler, der mit uns in die Metro einsteigen würde, gar nicht besonders fremd vorkommen würde. Das morphologische Spektrum innerhalb der heute lebenden menschlichen Spezies mit ihren sieben Milliarden Erdbewohnern scheint groß genug zu sein, um alle körperlichen Merkmale des Neandertalers am Körper eines unserer Zeitgenossen zu vereinen. In diesem Sinne haben wir alle schon einmal einen Neandertaler gesehen – stückchenweise!

Das Bild des Neandertalers wandelte sich im Lauf der Zeit. Die erste Vorstellung war grob falsch, denn die Arbeiter, die am 4. August 1856 das erste Neandertalerfossil im Steinbruch von Feldhofer im Neandertal entdeckten, hielten den Fund zunächst für die Überreste eines Höhlenbären. Natürlich war keiner von ihnen ein Anatom, auch war der Schädel unvollständig, aber ihr Irrtum ist verständlich, denn dieser vor 29 000 Jahren ausgestorbene Bär unterscheidet sich in der Tat vom Braunbären durch den abgeflachten Schädel und einen enormen Wulst über den Augen. Mit seiner fliehenden Stirn und diesem Torus über den Augenhöhlen ist der Neandertaler einem Höhlenbären gar nicht so unähnlich – zumindest mit einiger Phantasie. Doch es blieb nicht bei diesem einen Irrtum. Als sich Rudolf Virchow, der berühmteste deutsche Pathologe des 19. Jahrhunderts, 1872 zu den ersten Meldungen[3] über den Fund äußerte, glaubte er angesichts des auffallenden supra-orbitalen Wulsts, das Skelett eines Kranken vor sich zu haben[4] …

Um zu unserem heutigen Bild des Neandertalers zu gelangen, bedurfte es einerseits eines umfangreichen Bestands an Fossilien, andererseits jedoch einer Verfeinerung der Untersuchungsmethoden und -instrumente der Paläoanthropologie. Wie wir im Folgenden sehen werden, wurde dadurch die Rekonstruktion eines wichtigen Teils des äußeren Erscheinungsbildes und der Biologie des Neandertalers ermöglicht.

Angeblich ein Affenmensch

Das allererste Neandertalerporträt aus evolutionärer Perspektive stammt aus dem Jahr 1887. Es stützt sich auf die anatomischen Beobachtungen des Zoologen Julien Fraipont und des Geologen Maximin Lohest, die 1886 fossile Neandertalerknochen in der Höhle von Spy in Belgien entdeckt hatten.[5]

Nach Ansicht der Forscher des 19. Jahrhunderts stehen die Fossilien von Spy dem *Homo sapiens* näher, denn «zwischen dem Menschen von Spy (dem dort entdeckten Neandertaler) und den heutigen anthropomorphen Affen klafft noch ein Abgrund». Trotzdem waren die beiden Paläontologen der Meinung, dass «eine so große Anzahl von Affenmerkmalen außerhalb dieser Menschen, die zur ältesten bekannten menschlichen Rasse gehören, nicht zu finden ist». Kurzum, der Neandertaler ist ein Mensch, aber ein affenartiger Mensch.

Das erste nahezu komplette Neandertalerskelett wurde 1908[6] in La Chapelle-aux-Saints im Département Corrèze entdeckt. Marcellin Boule, Professor für Paläontologie am Nationalmuseum für Naturgeschichte, untersuchte und beschrieb seinen Knochenbau systematisch. Boule begann, wie es jeder Anthropologe seiner Zeit getan hätte, mit einer genauen anatomischen Beschreibung des Skeletts; daraufhin legte er die morphologischen Merkmale fest, die es von anderen fossilen Skeletten unterscheiden, mit dem Ziel, alle diese Formen einander gegenüberzustellen und sie in eine Entwicklungsgeschichte einzuordnen. Diese Methode der vergleichenden Anatomie ist in der Paläoanthropologie bis heute grundlegend, auch wenn der direkte Augenschein mit der Lupe und die Vermessung mit dem Lineal und der Schublehre von anderen, effektiveren Techniken abgelöst wurden.

Welche Schlussfolgerungen zog Boule? Dieser Kopf «fällt zuerst durch seine beträchtliche Größe auf, besonders in Hinsicht auf die geringe Körperhöhe seines Trägers. [...] Er überrascht ferner durch sein tierisches Aussehen oder, besser gesagt, durch eine ganze Anzahl äffischer Merkmale. [...] Der Schädel von La Chapelle-aux-Saints zeigt – teilweise in ausgeprägterer Form – die Merkmale der Schädeldecken vom Neandertal und von Spy; das bedeutet, dass die verschiedenen Knochenteile, die an weit voneinander entfernten Orten Westeuropas, aber in der gleichen oder benachbarten Erdschicht gefunden wurden, zweifellos ein und demselben morphologischen Typus angehören.»

Boules Fazit ist erstaunlich. Durch den Vergleich der verschiedenen bekannten Fossilien zeichnet er das Bild einer in ganz Europa verbreiteten Spezies. Dabei verfügte er nur über wenige, über ein Gebiet von Belgien bis Kroatien verteilte Fossilien. Und dennoch hat er sich nicht geirrt: Die zahlreichen inzwischen entdeckten Neandertalerfossilien belegen, dass eine Neandertalerpopulation existierte, die am Ende des mittleren Pleistozäns (von 781 000 bis 126 000) und zu Beginn des jüngeren Pleistozäns (von 126 000 bis 11 700) in ganz Europa vertreten war. Boule verfügte über so wenige Indizien, dass sein wissenschaftlicher Weitblick Respekt abnötigt.

Was uns heutzutage allerdings stört, ist seine damals übliche Praxis der Einteilung der Menschheit in «Rassen». Es genügte offenbar nicht, eine Frühform des Menschen entdeckt zu haben. Nein, der Wissenschaftler musste auch ihren biologischen Wert beurteilen und sie entsprechend einstufen: «Dieser fossile Menschentypus unterscheidet sich vom heutigen und steht unter diesem, denn keine heute existierende Rasse weist so viele Merkmale der Minderwertigkeit, ich meine affentypische Merkmale auf wie der Schädel von La Chapelle-aux-Saints. [...] Morphologisch, und soweit man allein nach einem Vergleich der Hirnschalen urteilen kann, steht er genau zwischen dem Pithecantropus von Java und den untersten heute lebenden Rassen, was natürlich nicht unbedingt heißt, dass ich an direkte genetische Verbindungen glaube. Man muss feststellen, dass diese in Hinblick auf ihre Körpermerkmale so primitive Menschengruppe aus dem mittleren Pleistozän, nach den Befunden der Archäologie zu urteilen, gewiss auch in intellektueller Hinsicht sehr primitiv war.»[7]

Neben einem ganzen Bündel an Vorurteilen, was eine fossile, nichtmenschliche Spezies zu sein hat, verrät diese Beschreibung des *Homo neanderthalensis* auch in krasser Weise die lineare Sicht, die man damals von der Evolution hatte: Die aufeinander folgenden Spezies hätten sich schrittweise[8] zu größerer Perfektion und Leistungsfähigkeit entwickelt, wobei die Letzte stets den anderen «überlegen» gewesen sei. So reihte Boule fast automatisch den Neandertaler in eine Abfolge von Formen ein, die sich vom «Affen zum Menschen» wandelten, wobei der Neandertaler die Rolle einer Zwischenform mit kognitiven Fähigkeiten spielte, die der des modernen Menschen unterlegen war. Man muss Boule allerdings zugute halten, dass er ein Kind seiner Zeit war: Auf seinem Tisch lagen neben dem Schädel eines Schimpansen das Fossil von La Chapelle-aux-Saints und der Schädel eines vor kurzem verstorbenen Zeitgenossen …

Überholte Ansichten

Dieses lineare Verständnis der Evolutionsgeschichte ist heute vollständig überholt. Die Sequenzierung der Neandertaler-DNA hat bestätigt, was das eingehende Studium der Fossilien in den 1980er Jahren bereits nachgewiesen hatte: Die Spezies *Homo neanderthalensis* entwickelte sich parallel zum *Homo sapiens* in Afrika. Das heißt, der Neandertaler ist unser Bruder, insofern er Abkömmling einer gemeinsamen «Mutter-Spezies» ist, jedoch nicht unser Vorfahr!

Die Arbeiten der 1980er Jahre haben noch ein anderes Dogma gekippt: dasjenige des geographischen Ursprungs des Neandertalers. Auch wenn die Bezeichnung *Homo neanderthalensis* ihn mit unserem Kontinent in Verbindung bringt, wurde noch in den 1970er Jahren die Vorstellung, diese Spezies sei ausschließlich europäisch, keineswegs von allen geteilt. Erst der berühmte französische Paläontologe Jean Piveteau, ein Schüler von Boule, kam auf die Idee, dass der Neandertaler sich auf einem begrenzten Gebiet entwickelt haben könnte. Piveteau arbeitete an Präneandertalerfossilien aus der Charente (in der Höhle von La Chaise). Er veranlasste zwei seiner Schüler – Marie-Antoinette de Lumley[9] und Bernard Vandermeersch –, ihre Forschungen auf den geographischen Ursprung der Neandertalerlinie zu konzentrieren. Damit animierte er nicht nur diese beiden Forscher, sich mit der Lösung des Rätsels der Wiege der Neandertaler zu beschäftigen, sondern er änderte auch Silvanas Leben.

Ein Sommer auf der Grabungsstelle

Wenige Jahre später war Bernard Vandermeersch ein bekannter Professor geworden. Er veranstaltete ein Seminar an der Université Denis-Diderot, und Silvana nahm daran teil. Dies machte sie zu der Paläoanthropologin, die sie heute ist. Aufmerksam folgte sie damals dem Vortrag des Professors, der begeistert von den beiden Grabungen berichtete, die er im Nahen Osten und in der Charente leitete. Die Fundstätte in der Levante, Jebel Qafzeh in der Nähe von Nazareth, lieferte die ältesten Exemplare des *Homo sapiens* außerhalb Afrikas.[10] An der zweiten, Marillac-le-Franc in der Charente, wurden Neandertalerfossilien zutage gefördert.[11] Der Bericht überzeugte die damalige Biologiestudentin Silvana, dass die Fossilien uralter menschlicher Spezies das vielleicht größte Geheimnis von allen bargen, nämlich das Geheimnis des Ursprungs der Menschheit. Damals verfiel sie dem Bann der Paläontologie und ihrer ungelösten Fragen. Im Sommer darauf war sie Mitglied im Grabungsteam an der Fundstätte von Marillac-le-Franc.

Dort herrschte ein reger Gedankenaustausch. Abends, unter den romanischen Arkaden des Klosters, in dem das Team untergebracht war, lauschte Silvana den Ausführungen der älteren Wissenschaftler. Prominente Forscher, die zu Besuch kamen, und die von Vandermeersch zusammengestellten Spezialisten kommentierten vor den Studenten die Entdeckungen des Tages. Sie formulierten ihre Hypothesen über den Fundort, diskutierten die aufgetretenen Schwierigkeiten und überlegten, ob die Grabungen ausgeweitet oder eingestellt werden sollten …

Diese lehrreiche Erfahrung machte die Ernüchterung ein wenig wett, die Silvana vor Ort erlebte. Gekommen war sie, um Entdeckungen zu machen und große Rätsel zu lösen. Stattdessen durchsuchte sie ein armseliges Rechteck Erde am Rand der Fundstätte, an dem es praktisch kein archäologisches Material zu finden gab. Sie machte dort ihre Lehre als Anfängerin in der Paläontologie, das war ganz normal, doch die Diskrepanz zwischen ihren Erwartungen und der Realität vor Ort war nicht leicht zu ertragen.

Und doch sah sie in diesem Sommer zum ersten Mal etwas höchst Seltenes: frisch ausgegrabene Neandertalerknochen und -zähne. Sie hatte sie nicht selbst gefunden, sondern erfahrene Ausgräber, denen man die vielversprechendsten Fundstellen anvertraut hatte. So bescheiden diese Fragmente auch waren, sie übten eine unwiderstehliche Anziehung auf sie aus.

In Marillac-le-Franc lernte Silvana eine Menge – die Teilnahme an den Grabungen war schon deshalb für die Studenten lohnend, weil Vandermeersch, dieser begnadete Lehrer, auf alle Fragen stets geduldig und präzise antwortete. In dieser freundschaftlichen Atmosphäre, umgeben von anderen lernbegierigen Studenten, entdeckte Silvana, wie man anhand winziger Merkmale an Knochen, die jeder Laie übersehen würde, zu überraschenden Einsichten in die persönliche Geschichte eines Individuums und die seiner Artgenossen gelangen kann.

Sie lernte auch eine neue Methode kennen, mit der man Knochen zum Sprechen bringen kann. Damals wurden menschliche Überreste wie Knochen oder Zähne direkt mit der Binokularlupe und dem Röntgengerät untersucht. Das heißt, die Paläoanthropologen der 1980er Jahre arbeiteten, wie es schien, immer noch wie ihre Vorgänger im 19. Jahrhundert. Doch während Boule zu Beginn des 20. Jahrhunderts seine sicheren und endgültigen Schlüsse hinsichtlich des Neandertalers aus einem einfachen Vergleich zwischen seinem Neandertaler und einem einzigen Schädel eines anatomisch modernen Menschen gezogen hatte (der auf seinem Schreibtisch im Museum lag), untersuchten die Forscher der 1980er Jahre (und auch die von heute!) bereits die Fossilien auf die Besonderheiten innerhalb der jeweiligen Population. Die Forschung an Fossilien im Allgemeinen und besonders die an denen der Neandertaler war kein Selbstzweck. Sie hatte nur Sinn in Verbindung mit der Erforschung aller bekannten Menschenformen, und besonders mit der unserer eigenen Spezies.

Außerdem war in den 1980er Jahren eine methodologische Revolution im Gange. Die Paläoanthropologen hatten von den Zoologen eine Technik übernommen, mit der Fossilien anhand spezieller Merkmale durch Abgrenzung von anderen anstatt auf Basis ihrer Ähnlichkeiten eingeordnet werden konnten. Diese Methode, die es ermöglicht, die Tierarten sehr genau zu charakterisieren, verdankt sich dem deutschen Entomologen Emil Hans Willi Hennig, der sie im Jahr 1950 veröffentlichte.[12]

Bei seinem Versuch, die Insekten, die eine vollständige Metamorphose durchmachen, zu inventarisieren, gelangte er zu einer anderen Klassifizierung, je nachdem, ob er sie nach ihren Merkmalen als Larve, Puppe oder adultes Tier einordnete. Er hatte die Idee, die Taxonomie, die allein auf Ähnlichkeiten beruhte, durch die Geschichte der Metamorphose, also eine Systematik der evolutionären Verwandtschaft, zu ersetzen. Dadurch konnte er Gruppen zusammenstellen (er nannte sie «Kladen» nach dem griechischen Wort für «Zweige»), die eine Reihe von einem gemeinsamen Vorfahren stammender Merkmale aufweisen.

Dieser Ansatz, die Kladistik, hat sich in der Paläontologie als äußerst fruchtbar erwiesen, obwohl sie nicht funktioniert, wenn man nicht über genügend Daten verfügt. Die Neandertalerforschung hat Tausende Knochenstücke, jedoch weniger als zwanzig fast vollständige Skelette zutage gefördert. Dank der umfangreichen Arbeit in vergleichender Anatomie, die von großartigen Forschern wie Lumley und Vandermeersch in den 1980er Jahren geleistet wurde, kennen wir heute die spezifischen Merkmale des Neandertalers sehr genau.

Was macht einen Neandertaler aus?

Ein Kopf in Form eines Rugbyballs. So könnte man vereinfachend den Schädel eines Neandertalers beschreiben, eher länglich als in die Höhe gezogen wie beim *Homo sapiens.*

Das auffälligste spezifische Merkmal des Neandertalers findet sich bei seinem Gesicht und seinem Schädel: Im Profil betrachtet ist sein Kopf merkwürdig nach vorn und nach hinten verlängert, so dass das Gesicht auf der Höhe der Nase schnauzenartig vorspringt. Die Anthropologen bezeichnen diese Besonderheit als «Gesichtsprognathismus», zur Unterscheidung vom einfachen Prognathismus (landläufig «Unterbiss» oder «Überbiss»), den man bei manchen anatomisch modernen Menschen antrifft, deren Ober- oder Unterkiefer vorspringt.

Ein weiteres auffälliges Gesichtsmerkmal des Neandertalers sind seine Augenbrauenbögen. Sie sind miteinander verbunden und bilden einen extrem kräftigen Knochenwulst, der an einen Augenschirm erinnert (der Vergleich stammt von Marcellin Boule und hat sich in der Sprache der Paläontologen erhalten).

Im Vergleich zum modernen Menschen ist das Gesicht des Neandertalers schmaler im Verhältnis zum Volumen seines Schädels. Diese Besonderheit wird noch betont durch die zurückweichenden Wangenknochen, das heißt, das Jochbein am Ansatz der Wangenknochen ist seitlich angelegt, während es beim *Homo sapiens* eher frontal liegt, was erklärt, dass unser Gesicht verhältnismäßig breit wirkt. Weil die starken und mit langen Wurzeln versehenen Zähne viel Platz brauchen, ist der Abstand zwischen Mund und Nase groß.

Die kladistische Analyse in der Paläontologie

Von welchem *klados* bist du der alte Zweig? Das griechische Wort *klados* bedeutet «Zweig/Ast»; mit dem Begriff Kladistik wird eine Methode bezeichnet, deren Ziel es ist, die Zweige des Baums der Verwandtschaft, des phylogenetischen Baums, zu erstellen. Mit der kladistischen Analyse kann die phylogenetische Klassifizierung erfolgen, die auf den Verzweigungen, der Abfolge der *phyla* beruht (altgriechisch *phylon* bedeutet «Stamm», «Rasse»), die die verschiedenen Äste (Kladen) des phylogenetischen Baums bilden. Mit ihnen werden gemäß einer evolutionsbiologischen Logik die Lebewesen nach ihren Verwandtschaftsbeziehungen eingeteilt.

Nach dieser Methode bestimmt ein Paläoanthropologe zunächst die spezifischen Merkmale einer Fossiliengruppe und versucht dann, diese Merkmale bei den ältesten fossilen Formen ausfindig zu machen, um sie chronologisch einzuordnen. Die Analyse der Neandertalerfossilien konnte zeigen, dass unser Bruder Neandertaler eine Reihe Merkmale mit uns gemein hat. In der Fachsprache bezeichnen die Paläoanthropologen die Merkmale, die bei unserem gemeinsamen Vorfahren bereits vorhanden sind, als «ursprünglich gemeinsame Merkmale». Dies gilt für Eigenschaften, die mit der allgemeinen Robustheit des Knochengerüsts und des Schädels zusammenhängen. So findet man die massive Wandstärke der Schädelknochen sowohl bei allen archaischen afrikanischen (*H. ergaster, H. heidelbergensis*) und asiatischen Fossilien (*H. erectus*) als auch beim Neandertaler und beim frühen *H. sapiens*. Die Merkmale, die zwei Spezies gemeinsam aufweisen, die bei ihrem gemeinsamen Vorfahren jedoch fehlen, werden «abgeleitete gemeinsame Merkmale» genannt, was beispielsweise für das große Gehirnvolumen gilt, das sowohl beim Neandertaler als auch beim *Homo sapiens* vorliegt.

Per definitionem kann weder mit den ursprünglich gemeinsamen noch mit den abgeleiteten gemeinsamen Merkmalen eine Verzweigung im phylogenetischen Stammbaum ausgemacht werden. Deshalb kann sie der Paläoanthropologe nicht zur Gruppierung der Fossilien benutzen. Allein die «neu erworbenen abgeleiteten Merkmale», die nur eine einzelne Gruppe aufweist, erlauben es, eine Abzweigung in der Evolution festzustellen.

Wenn Sie in einer Höhle einen menschlichen Schädel mit einem knochigen Kinn entdecken, können Sie sicher sein, das Fossil eines *Homo sapiens* vor sich zu haben. Tatsächlich haben weder ein Neandertaler noch ein Heidelberger, noch ein asiatisches oder afrikanisches Fossil ein knochiges Kinn. Dieses ist ein «neu erworbenes abgeleitetes Merkmal» allein des *Homo sapiens*.

Stünde man einem Neandertaler gegenüber, würde man zweifellos eine starke Kraft spüren, die von seinem schmalen, nach vorne ragenden Gesicht ausgeht. Die großen Augen unter einem knochigen «Vordach» würden uns sicherlich irritieren (Boule hatte darin eindeutige Zeichen von Minderwertigkeit gesehen). Alle physiologisch korrekten Rekonstruktionsversuche, die für Museen oder Filme unternommen wurden, zeigen Gestalten mit stark vorspringender Nasenpartie. Die große und weite Nasenöffnung lässt auf eine breite Nase schließen.

Hat der Neandertaler zu viel Kaugummi gekaut?

Wie kommt es zu diesem merkwürdigen Gesicht? Wurden diese erstaunlichen Knochenstrukturen, beispielsweise der Überaugenwulst, durch die Lebensbedingungen der Neandertaler oder ihre Lebensweise selektiert? Diese Frage wird seit über einem Jahrhundert heftig diskutiert. Früh schon kam der Gedanke unter den Paläontologen auf: Sollte vielleicht die Schnauzenform des Gesichts mechanische Ursachen gehabt haben? Brachte der Neandertaler, unter anderem vielleicht aus Ernährungsgründen, derart viel Zeit mit Kauen zu, dass sich im Lauf der Generationen seine Knochenstruktur veränderte?

Beispiele für solchen bio-kulturellen Selektionsdruck sind beim mo-

Abb. 3.2: Der Körper des Neandertalers war robust und stämmig bei einer Durchschnittsgröße von 1,65 Metern.

dernen Menschen durchaus bekannt. Ebenso, wie Selektionsdruck mit der Umwelt zusammenhängen kann (eine Veränderung in der Vegetation zwingt beispielsweise eine Spezies, ihre Ernährung umzustellen), vermag die Kultur, Druck auf die Entwicklung einer Spezies auszuüben. Man weiß, dass 90 Prozent der Mitglieder der «Zivilisation der Kuh», also der aus dem gemäßigten und nördlichen Europa stammenden Bewohner, die Laktose, den wichtigsten Milchzucker der Kuhmilch, verdauen, während nur 50 Prozent der mediterranen Europäer (sie gehören zur «Zivilisation der Ziege») sie verdauen und nur einer von zehn Chinesen sie verträgt. Diese Unterschiede rühren daher, dass seit der Ankunft der ersten Bauern mit Kühen in Europa vor 8000 Jahren, im Neolithikum, der ständige Verzehr von Milchprodukten – ein kultureller Selektionsdruck – bei den Bewohnern der gemäßigten Klimazonen Europas zur Selektion von Genen geführt hat, die lebenslang die Bildung von Laktase sichern, dem Enzym, das die Verdauung der Laktose ermöglicht.

Zahlreiche Forscher glauben, der Neandertaler sei durch einen solchen Vorgang entstanden: Durch vieles Kauen habe sein Kopf diese Form angenommen.[13] Auf diesen Gedanken kam man durch einen Vergleich zwischen dem Abrieb der Zähne, der bei den Neandertalern beobachtet wurde, und der Abnutzung des Gebisses heute lebender Jäger-und-Sammler-Völker wie der Inuit. Die ersten Europäer, die mit diesen Populationen in Kontakt kamen, berichteten von erstaunlichen Praktiken bei der Herstellung von Fellen. Diese undankbare Arbeit war Frauensache. Nachdem die Frauen das Fett von der Haut abgeschabt und diese getrocknet hatten, kauten sie das Leder so lange, dass ihnen schließlich die Zähne ausfielen.

Tatsächlich findet sich bei manchen Neandertalerfossilien[14] die gleiche Art Zahnverschleiß. Das führte zu der Hypothese, die Neandertaler hätten vielleicht ihren Mund intensiv für andere Zwecke als nur zum Essen benutzt. Ihre Schneidezähne hätten als eine Art «dritte Hand» gedient, und diese «gezahnte Hand» sei im Lauf der Zeit durch den intensiven Gebrauch nach vorne «gezogen» worden. Diese verlockende These taucht in der Forschung immer wieder auf, wurde jedoch nie wirklich bewiesen.

Wie auch immer, selbst wenn die Neandertalermerkmale ursprünglich vielleicht durch eine bestimmte Lebensweise selektiert wurden, haben sie sich fest im Erbgut etabliert. Die Rekonstruktion der Form des Schädels und des Gesichts Neugeborener anhand von 3D-Scans einzelner Schädelknochen hat gezeigt, dass die Neandertalermerkmale (die Form der Augenhöhlen, das vorspringende Gesicht, die Form und relative Größe der Nase sowie die Körperform) von Geburt an vorhanden sind.[15]

Klein, gedrungen, aber stark

Was uns beim Anblick einer Neandertalerin oder eines Neandertalers auffallen würde, wäre ihr tonnenförmiger, kleiner und gedrungener Körper. Doch trotz ihrer relativ geringen Körpergröße – meist zwischen 1,60 und 1,65 Metern – würde uns der Eindruck enormer Kraft vermittelt, der von der ungewöhnlichen Kompaktheit ihres Körpers herrührt. Diese physische Stärke ist am ganzen Knochenbau zu erkennen: Das Schlüsselbein ist lang, die Schulterblätter sind breit, der eher konische Brustkorb besteht aus robusten breiten Rippen. Dieser massige Rumpf sitzt auf einem breiten Becken, das jedoch ein längeres und schmaleres Schambein aufweist als beim modernen Menschen. Natürlich sind nicht alle modernen Menschen groß, doch selbst die Pygmäen wirken im Vergleich zu den Neandertalern langgestreckt durch ihren schmaleren Brustkorb, ihr kurzes Schlüsselbein, ihre weniger breiten Schulterblätter und das schmalere Becken. Außerdem besaßen die Neandertalermänner und -frauen kurze und kräftige Arme und Beine.

Der Neandertaler – ein Athlet mit zu vielen Proteinen?

Eine Studie aus dem Jahr 2016[16] liefert eine interessante Erklärung für die breite («tonnenartige») Form des Brustkorbs und die Breite des Neandertalerbeckens. Man zieht in Erwägung, dass diese Körpermerkmale Folge der Größe der Leber sein könnten, also des Organs, das für die Metabolisierung der Proteine in Energie zuständig ist. Dieser Hypothese zufolge aß der Neandertaler so gewaltige Mengen an Proteinen und Fetten (und musste es tun, um zu überleben), dass er über einen Hochleistungsleber- und -nierenapparat verfügen musste, um die großen, für den Organismus toxischen Harnstoffmengen auszuscheiden, die aus dem Abbau der Proteine entstehen. Beim Verzehr eines Steaks wandelt der Mensch nur maximal 30 Prozent der im Fleisch enthaltenen Proteine in Energie um. Bei unserem Freund aus dem Neandertal könnte sich die Verstoffwechselung so entwickelt haben, dass die Leber eine größere Menge Proteine verdaute, die für die Energieerzeugung besonders während der Kaltzeiten nötig war, gerade wenn Mangel an Fetten und Kohlehydraten (Zucker) herrschte. Am Ende, so die Vermutung, hätte sich der Brustkorb erweitert, um der Leber Platz zur Hypertrophierung zu verschaffen, und auch das Becken hätte sich verbreitert, um den Nieren und der Blase Platz zu machen.

Außerdem waren die Neandertaler viel unterwegs, um Nahrung und Rohstoffe für ihre Werkzeuge zu finden. Ohne einen robusten Körper mit kräftigen Muskeln wäre das nicht möglich gewesen. Der Körperbau des Neandertalers und auch seine starken Knochen sind Anzeichen dafür, dass physisches Leistungsvermögen für diese Lebensweise unabdingbar war. Das kräftige und stämmige Knochengerüst besaß eine starke Muskulatur, ablesbar an den besonders stark ausgeprägten Muskelansatzmarken. Man braucht nur die Ansatzstellen der Deltamuskeln zu zählen, jener Muskeln, die die Schulterblätter mit den Armen verbinden – drei beim Neandertaler gegenüber zwei bei uns –, um sich klarzumachen, dass der Neandertaler die Arme ganz anders einsetzen konnte als sein Bruder, der *Homo sapiens*. Er gebrauchte sie, um Tiere auszuweiden, zu schaben, Speere zu schleudern, Pflöcke einzutreiben, Lasten zu tragen und hochzuheben, Holz oder Stein zu bearbeiten und Häute abzukratzen.[17]

Alien-Hände

Im Übrigen genügen die wenigen Jagdszenen, die rekonstruierbar sind – wir berichten darüber in Kapitel 5, wo es um die Jagd der Neandertaler geht –, um uns zu überzeugen, dass man stark sein musste, um als Neandertaler zu überleben. Sie zeigen uns außerdem, dass seine Hände außerordentlich kräftig zupacken, präzise und geschickt zugreifen konnten und er damit athletische Meisterleistungen vollbrachte. Seinen breiten, kräftigen Händen entsprachen massive Gelenke. Hände und Füße wurden durch geschmeidige Muskeln bewegt, deren Stärke an den Muskelansätzen zu erkennen ist; seine Finger waren zweifellos beweglicher als die unseren, besonders was den Ring- und den kleinen Finger angeht.

Merkwürdig ist, dass beide Daumenglieder gleich lang waren, das heißt, der Zangengriff des Neandertalers war erheblich kräftiger als der des *Homo sapiens*. Hätten Sie einen Neandertaler zum Freund gehabt, hätten Sie bestimmt vermieden, ihm die Hand zu drücken, sonst hätte seine Pfote wohl Ihre zerquetscht… Auch wenn die Funktion der Charakteristika des Körpers und der Hand des Neandertalers zum Teil rätselhaft bleibt, ist offensichtlich, dass sie das Überleben in seiner Umwelt erleichterten.

Helle Haut, helle Haare, helle Augen

Welche Erkenntnisse hat die Genetik für die Charakterisierung des Neandertalers erbracht? Viele. Sie erweitert unser Wissen über die Biologie des Neandertalers in erstaunlichem Tempo. Erinnern wir an einige wichtige Etappen der neueren Geschichte der menschlichen Genetik. Im Jahr 2004 wurde das komplette *Sapiens*-Genom sequenziert, jedoch durch Zusammenstellung der DNA verschiedener Individuen. Bereits drei Jahre später wurde die vollständige Sequenzierung des Genoms einer Einzelperson veröffentlicht![18] Die ersten Genstudien zum Neandertaler waren indes schon viel früher unternommen worden; allerdings steckten die Techniken noch in den Kinderschuhen, als ab 1997[19] das Forscherteam um Svante Pääbo vom Max-Planck-Institut in Leipzig ein kurzes Teilstück der Neandertaler-DNA sequenzierte, und zwar von dem Fossil, das 1856 im Neandertal entdeckt worden war. Dieser erste Durchbruch und die seit fast zwanzig Jahren ununterbrochen erzielten Erfolge gipfelten 2010 in der Entwicklung einer Technik, mit der es gelang, das komplette Genom eines einzelnen Neandertalers zu entschlüsseln. Dieser Meilenstein lieferte entscheidende Informationen über unseren europäischen Bruder (wir selbst sind ja eigentlich erst kürzlich eingewanderte Afrikaner) wie auch über die mitochondriale DNA[20] (mtDNA, enthalten in den Mitochondrien) und die Nukleotid-DNA (nDNA, enthalten im Zellkern) (vgl. Textkasten S. 65) und verwandelte die Paläoanthropologie in eine echte Paläobiologie.

Heute kennen wir 23 Teilsequenzen («hypervariable Regionen») und zwölf komplette Sequenzen der mitochondrialen DNA von Neandertalern sowie neun der Kern-DNA[21] von einem Individuum aus El Sidrón in Spanien, einem zweiten aus Vindija in Kroatien und einem dritten aus Denisova in Südsibirien. Alle drei haben vor 44 000 bis 50 000 Jahren gelebt. Mithilfe des Vergleichs mit dem *Sapiens*-Genom wurden etwas weniger als hundert neandertalereigene Gene im Genom des Neandertalers identifiziert; sie haben mit dem Stoffwechsel zu tun, der Haut, dem Knochengerüst und der Entwicklung des Denkvermögens. Bei den meisten dieser genetischen Besonderheiten weiß man noch nicht, wie sie sich in der Physiologie des Neandertalers äußerten, doch die Forschung macht Fortschritte, und in einigen Fällen kennt man die Auswirkungen einiger spezifischer Neandertalergene.

Beim modernen Menschen ist das *Runx2*-Gen pathologisch. Es verursacht Anomalien in der Skelettentwicklung, vor allem Missbildungen des Schlüsselbeins und einen glockenförmigen Brustkorb. Man kann dieses beim Neandertaler entdeckte Gen[22] mit seinem «tonnenförmigen» Thorax und seinem so besonders geformten Schlüsselbein in Verbindung bringen. Muss man also davon ausgehen, dass dieses für uns schädliche Gen beim Neandertaler selektiert wurde, um Platz zu schaffen für eine hypertrophe Leber, eine große Blase und große Nieren? Die Form des Schlüsselbeins wäre dabei nur ein Nebeneffekt dieser Selektion. Die Frage ist durchaus berechtigt.

Das Neandertalergenom umfasst auch Gene, die für die Vernarbung von Wunden wichtige Proteine kodieren. Muss man daraus schließen, dass sich die Neandertaler häufig verletzten und sie über ein effizientes ‹Reparatursystem› verfügten, das möglicherweise besser war als das unsrige? Diese Frage bleibt offen (vgl. Kapitel 5).

Ein anderes Beispiel für ein Gen, das beim Neandertaler identifiziert wurde – das *Thada*-Gen –, wird bei uns dem Diabetes Typ 2 zugeordnet. Warum besaß der Neandertaler ein Gen, das eine Krankheit verursacht, die mit Zucker zu tun hat? Verlieh ihm dieses Gen, zumindest teilweise, den Stoffwechsel eines Athleten, eines ‹Mannes der Kälte›? Und was haben wir von der Spezies *Homo sapiens* damit zu tun? Haben wir dieses Gen vom Neandertaler geerbt, da er, wie wir noch sehen werden, zu unseren Vorfahren zählt? Heißt das in anderen Worten, der Neandertaler hat unseren Stoffwechsel beeinflusst? Es ist denkbar, dass wir ihn für Krankheiten wie Diabetes verantwortlich machen können, der auf unseren übermäßigen (auch kulturell bedingten) Appetit auf Süßes (in allen Formen: Cerealien und alle möglichen Süßigkeiten) zurückzuführen ist.

Andere Gene, die im Neandertalergenom gefunden wurden, stehen im Verdacht, mit der Steuerung des Verhaltens zusammenzuhängen. Einige Varianten dieser Gene scheinen an Störungen wie Hyperaktivität, Aggressivität, Autismus und dem Tourette-Syndrom (eine erbliche neu-

Die zwei Arten der DNA

Die menschliche Zelle enthält zwei Arten der Desoxyribonukleinsäure, das heißt der DNA: die Nukleotid-DNA (Kern-DNA) und die Mitochondrien-DNA. Letztere wurde als Erste beim Neandertaler sequenziert, und zwar einfach deshalb, weil man in fossilen Resten eher Mitochondrien-DNA findet, denn in jeder einzelnen Zelle befinden sich Tausende Exemplare dieser DNA in den Mitochondrien, jenen winzigen Organen, die für die Weiterleitung der metabolischen Energie in die Zelle zuständig sind. Dagegen gibt es in der Zelle nur einen einzigen Kern, der ein einziges Exemplar der zellulären DNA enthält, auch wenn dieses deutlich größer ist als eine einzelne Mitochondrien-DNA. Ein Strang der Letzteren enthält nämlich etwa 16 000 Nukleotide (Adenin, Cytosin, Guanin oder Thymin, die vier möglichen Grundstoffe in der Zusammensetzung der Desoxyribonukleinsäure), wohingegen die Nukleotid-DNA etwa drei Milliarden davon enthält. Wir erinnern uns, dass jeder Mensch seine Mitochondrien von der Mutter erbt, dass also die Mitochondrien-DNA nur von den Frauen weitergegeben und im Gegensatz zur Kern-DNA nicht neu kombiniert wird. Das vereinfacht die Berechnung der genetischen Abstände. Bei der ersten je erstellten Studie zur Neandertaler-DNA war eine Sequenz von nur 379 Basen sequenziert worden, doch sie machte auf Anhieb deutlich, dass die Mitochondrien-DNA der Neandertaler sich von der des heutigen *Homo sapiens* unterscheidet, unabhängig davon, ob er Europäer, Afrikaner, amerikanischer Ureinwohner oder Asiate ist. Dieser Befund wurde durch eine vollständige Sequenzierung der Mitochondrien-DNA mehrerer fossiler Neandertaler (Vindija Feldhofer 1 und 2, Vindija 33, Mesmaiskaja, El Sidrón 1253, veröffentlicht 2008 und 2009) bestätigt. Allerdings wurde später nachgewiesen, dass die Neandertaler ihr mt-DNA eigentlich vor über 200 000 Jahren vom archaischen *Homo sapiens* erhalten haben müssen, denn es ist nicht identisch mit dem mt-DNA des Denisova-Menschen. Das ist eine komplizierte Geschichte – jedoch eines ist sicher: Egal woher es kommt, das mt-DNA der Neandertaler besagt, dass sie eine Geschwisterspezies unserer eigenen darstellen.

rologische Störung, die sich in motorischen und lautlichen Tics äußert) beteiligt zu sein. Möglicherweise haben ihre Mutationen das Verhalten der Neandertaler beeinflusst. Doch selbst wenn dies der Fall ist, kennen wir die Art dieses Einflusses nicht: Man weiß zum Beispiel nicht, ob sie ihre Aktivität oder Aggressivität steigerten oder verminderten. Diese Aspekte harren noch der Erforschung.

Kehren wir zur äußeren Erscheinung unseres Neandertalerbruders zurück. Ein ganz besonders gut erforschtes Nukleotid-Gen ist das *MC1R*-Gen. Es kodiert ein Protein, das eine Rolle als Membran-Rezeptor in den Zellen spielt, die Pigmente aufnehmen: Pheomelanin (gelbrot) und Eumelanin (schwarzbraun). Wir wissen, dass Menschen mit Mutationen, die diesen Rezeptor hemmen, vielfach rötliche Haare, helle Haut und helle Augen haben. Derartige Mutationen (die beim *H. sapiens* unbekannt sind) wurden bei einem Neandertaler in Spanien (El Sidrón) und einem zweiten in Italien (Monti Lessini 1) entdeckt.[23] Die Neandertaler hatten also offenbar helle Haut, und manche von ihnen sahen aus wie das Sams aus dem Kinderbuch von Paul Maar.

Seit langem schon haben die Paläoanthropologen darauf hingewiesen, dass die Klimaverhältnisse in Europa alle diese Merkmale der Neandertaler selektierten. Helle Haut nimmt die für die Vitamin-D-Synthese in der Haut unerlässlichen Sonnenstrahlen besser auf, und bekanntlich ist dieses Vitamin sehr wichtig für die Gesundheit der Knochen.

Beenden wir diesen Streifzug durch die Paläogenetik der Neandertaler mit einem eigenartigen Ergebnis der Erforschung des *TAS2R38*-Gens.[24] Beim modernen Menschen kodiert dieses Gen Proteine auf der Zungenoberfläche, denn sie spielen eine Rolle bei der Geschmacksempfindung. Sie erkennen das Phenylthiocarbamid (PTC), einen Bitterstoff, der in verschiedenen Pflanzen vorkommt (in Spinat, Rosenkohl u. a.) sowie in anderen ähnlichen Substanzen, die den Geschmack beeinflussen. Diese Fähigkeit, pflanzliche Bitterstoffe zu erkennen, ist offensichtlich von großer Bedeutung für eine Gesellschaft von Jägern und Sammlern. Und bei der Sequenzierung des spanischen Exemplars des Neandertalers

(El Sidrón) wurden beide beim Menschen vorkommenden Varianten dieses Gens entdeckt: die Variante des «Schmeckers» (der das Phenylthiocarbamid auf der Zunge erkennt, es aber nicht mag) und die des «Nichtschmeckers» (der es nicht wahrnimmt). Offenbar mochten manche Neandertaler bittere Pflanzen, andere nicht.

Abb. 4.1: Nordmann und Onkel Stark auf Schneehasenjagd.

4 | Neandertaler: Ein an die Kälte angepasster Körper?

«Nichts in der Biologie hat einen Sinn,
außer im Licht der Evolution.» *Theodosius Dobzhansky*[1]

Nordmann ist jetzt schon seit einer Saison wieder beim Bärenclan. Er hatte Zeit, alle Mädchen des Clans und sogar ein paar Frauen kennenzulernen, doch am liebsten schläft er mit Rotbraut unter dem Fell des Bären, den er im letzten Winter erlegt hat. Rotbraut hat es inzwischen behandelt und so lange gekaut, bis es eine herrlich weiche und warme Decke geworden ist. Als sie ihn auffordert, sich darunter zu legen, weiß er, dass er beim Schlafen nicht frieren wird …

Heute hat Onkel Stark eine Schneehasenjagd angesetzt, deshalb ist Nordmann schon früh aus der schützenden Decke geschlüpft. Am eisigen Höhleneingang wartet er, bis Rotbraut, die bereits fertig ausgerüstet ist, ihm Stücke aus Birkenrinde an den Schuhen befestigt hat. Dann blicken sie hinaus auf die verschneite Ebene. Und wieder ist sie es, die als Erste die frischen Spuren der Hasen sieht …

Der Neandertaler hat drei Kaltzeiten durchgemacht. Einen Gutteil seiner Existenz lebte er in den vereisten oder zumindest schneebedeckten Steppen (vgl. Abbildungen Kapitel 1). Wie passte er sich diesen Bedingungen an? Schützte er sich vor der großen Kälte mit Fellen? Konnte er schon Kleidung aus Fellen nähen, oder schmierte er lieber den Körper mit Tierfett ein und warf sich einfach ein Fell über, eine Methode, die zum Beispiel einige frühe Bewohner von Feuerland anwandten? Und gingen die Neandertaler bei jedem Wetter auf die Jagd? Verharrten sie, wenn der Sturm heulte, in ihren Unterkünften, dicht aneinandergedrängt im Warmen (falls man das Wärme nennen konnte), oder vielmehr hinten in einer temperierten, aber feuchten Höhle, wie vielleicht vor 180 000 Jahren in der Höhle von Bruniquel?[2]

Wir kennen die Antworten auf all diese Fragen nicht, aber wir können anhand der Fossilien feststellen, dass der Körper des *Homo neanderthalensis* an die Kälte angepasst war, in vielerlei Hinsicht vergleichbar mit dem kleinen, stämmigen Körper der Inuit. Der erste Paläoanthropologe, der einen Zusammenhang zwischen der Entwicklung der Neandertaler und dem Klima herstellte, war Francis Clark Howell. Im Jahr 1951, mit gerade einmal 26 Jahren, versuchte der später hoch geachtete amerikanische Prähistoriker in einem Aufsatz, die anatomische Evolution dieser Population vor dem Hintergrund der Klimata und der Umwelt der Epochen nachzuvollziehen, während deren sie gelebt hatte.[3] F. C. Howell, den die wissenschaftliche Gemeinde einfach Clark nennt, sucht nach einer einfachen und allgemeinen Erklärung für die charakteristischen Merkmale der Neandertaler. Dazu postuliert er, dass der Erfolg einer Population davon abhängt, ob sie sich bereits an ihre Umwelt angepasst hat oder dabei ist, sich ihr anzupassen. Damit setzt er eines der Prinzipien der Evolutionstheorie unmittelbar um: Die langsamen Veränderungen, die sich in geologischen Zeiträumen vollziehen, selektieren biologische Merkmale innerhalb der Populationen, die diesen Veränderungen unterliegen. Und da das Klima je nach Weltregion unterschiedlich ist, bringt diese Selektion jeweils an das spezifische Klima, in dem ihre Population lebt, physiologisch angepasste Individuen hervor. Clark betont, dass die eurasische Halbinsel Europa eine ganz eigene Umwelt mit einem besonderen Klima darstellt und dass dieser Faktor in der Selektion am

Beginn der physischen Evolution des Neandertalers eine Rolle gespielt haben muss.

Nach Clarks bahnbrechendem Artikel betrachteten mehrere Forscher die anatomischen Merkmale der Neandertaler unter einem neuen Blickwinkel: Sind sie Ergebnis einer Anpassung an die Kälte? Und nur das? Studien in heute unter extremen Bedingungen lebenden Populationen halfen bei der Beantwortung dieser Fragen. Sie belegen, dass der menschliche Körper auf das Klima reagiert und sich entsprechend anpasst. Anpassungen an die Temperatur (eher lang gestreckter oder eher kompakter Körperbau), an die Sonneneinstrahlung (hellere oder dunklere Haut), an die Höhe (die Aymara, die Quechua im Altiplano Boliviens und die Uru an der Grenze zwischen Bolivien und Peru haben mehr rote Blutkörperchen) sind heute eindeutig belegt.

Bei den Neandertalern haben sich die Forscher besonders für die engen Beziehungen zwischen den Körperproportionen und der Anpassung an die Kälte interessiert. Sie konzentrierten sich logischerweise auf die ersten biologischen Forschungen zur Morphologie homothermer Organismen (mit konstanter Körpertemperatur), die in der zweiten Hälfte des 19. Jahrhunderts durchgeführt wurden.[4] Der deutsche Biologe Carl Bergmann und der britische Zoologe Asaph Joel Allen entwickelten empirische Regeln – die Bergmann-und-Allen-Regeln –, die die Folgen der Anpassung an die Umweltverhältnisse für den Körper erfassen.

Vom Seehund zur Giraffe über die Elefantenohren

Die Bergmannsche Regel besagt, dass Säugetiere in kalten Regionen bei gleicher Größe tendenziell mehr Körpermasse aufweisen als ihre Artgenossen in warmen Regionen. So sind die sibirischen Wildschweine im Allgemeinen kompakter als die Wildschweine in der Provence. Allen hat gezeigt, dass die Tiere in warmen Klimata eher längere, in kalten eher kürzere Gliedmaßen haben.

Natürlich lassen sich die Regeln von Bergmann und Allen auch auf die

Menschen anwenden, die ja ebenfalls Säugetiere sind. Sehr anschaulich ist etwa das Beispiel des auffälligen Kontrasts zwischen dem schlanken, hochgewachsenen Körper der Massai und dem kleinen und stämmigen Körper der Inuit. Während die einen bei Temperaturen von zumeist 30 bis 40 °C Antilopen jagen, stellen die anderen bei −10 bis −20 °C den Robben nach.

Diese Regeln haben einen physikalischen Hintergrund: Das Verhältnis von Oberfläche zu Volumen eines kompakteren (rundlicheren) Tieres ist in einem kalten Klima thermisch günstiger als das eines schlankeren (weniger rundlichen) Tieres. Von allen geometrischen Formen ist die Kugel der Körper mit dem günstigsten Verhältnis zwischen Oberfläche und Volumen. Jeder Körper verliert seine Wärme sowohl durch Kontakt (zum Beispiel mit der Luft) als auch durch (vor allem infrarote) Strahlung. Befindet sich der Körper eines Menschen in einer kalten Umgebung, entstehen Wärmeverluste durch Abstrahlung, die proportional sind sowohl zum Unterschied zwischen der Temperatur der Körperoberfläche (die einige Grade niedriger ist als die Körperinnentemperatur) und der Außentemperatur als auch zur Größe der Körperoberfläche. Diese Verluste sind außerdem proportional zur erzeugten Körperwärme, die bei Organismen mit konstanter Körpertemperatur proportional zur Körpermasse ist. Entsprechend ist das Verhältnis «erzeugte Wärme – verlorene Wärme» eines kompakten und voluminösen Körpers günstiger als das eines lang gestreckten, schlanken Körpers.

In einem kalten Klima gilt: Je größer die exponierte Oberfläche, desto höher der Verlust an Körperwärme, denn die Körpertemperatur, also auch die der Oberfläche, ist höher als die der Umgebung. Eine aufgrund eines massiveren Körpers kleinere exponierte Oberfläche (Bergmannsche Regel) verringert also den Wärmeverlust, der noch dadurch gemindert wird, dass zusätzlich zum kompakteren Körper die Gliedmaßen auch kürzer sind (Allensche Proportionsregel). Und deshalb wirken Robben so plump: Da sie im kalten Wasser leben, kommt ihnen ein kompakter Körper mit kurzen Gliedmaßen gelegen – und den haben sie auch!

In einem warmen Klima verhält es sich umgekehrt: Die größere Oberfläche eines schlanken Körpers begünstigt die Wärmeabstrahlung (Bergmannsche Regel) insofern, als die Wärmeabfuhr nach außen geringer ist aufgrund des geringeren, ja sogar negativen Temperaturunterschieds zwischen Umgebungs- und Körpertemperatur. Das gilt umso mehr, wenn die Abstrahloberfläche um die ganze Oberfläche der langen Glieder vergrößert wird (Allensche Regel), was man bei der Giraffe beobachten kann. Auch die großen Ohren des Afrikanischen Elefanten und die schlanke Gestalt der Massai veranschaulichen das Phänomen sehr gut.

Mensch x Robbe = Neandertaler

Wie im vorigen Kapitel beschrieben, waren die Neandertaler klein und stämmig (vgl. Abb. 2.3). Schon 1887 wurden die Forscher, die sich mit den belgischen Neandertalern von Spy[5] befassten, auf deren kürzere Gliedmaßen aufmerksam. Allerdings dauerte es noch bis 1981, bevor eine gründliche Untersuchung dieser Frage in Angriff genommen wurde.[6] Um die jeweiligen Körperproportionen zu ermitteln, berechneten die Autoren der Studie den kruralen und den brachialen Index, das heißt das Verhältnis Bein – Oberschenkel und das Verhältnis Arm – Unterarm. Bei den Neandertalern beweisen die niedrigen Messwerte der Fossilien, dass Unterschenkel und Unterarme im Verhältnis zum Oberschenkel und zum Oberarm eher kurz waren. In der Tat liegen diese Werte am untersten Ende der Variationsbreite dieser Knochen beim *Homo sapiens*, so dass sich die Neandertaler mit den Inuit und den Lappen vergleichen lassen, also mit zwei borealen Ethnien des *H. sapiens*.

Es besteht kein Zweifel, dass die Neandertaler mit ihrem kompakten Körper und ihren kurzen Gliedmaßen tatsächlich an das kalte Klima angepasst waren.[7] Und wo stehen wir Europäer von heute? Wir sind überwiegend eher hochgewachsen und haben lange Extremitäten. Kurz gefasst: Wir haben den Körperbau von Menschen aus den Tropen. Damit ist klar, dass wir aus Afrika stammen!

Seit dieser ersten Analyse wurden weitere, noch mehr ins Detail gehende Studien zu den Körperproportionen der Neandertaler vorgelegt, die alle in die gleiche Richtung weisen. Die Anpassung an die Kälte ist auch daran ablesbar, dass der Femurkopf im Verhältnis zur Länge des Oberschenkels breiter ist als bei den untersuchten heutigen und fossilen Menschen. Anders gesagt, der Neandertaler hatte im Vergleich zu seiner stämmigen Statur kurze Beine. Auch seine Beinlänge wurde mit der des Rumpfes verglichen, und anschließend stellte man die ermittelten Werte denen europäischer, nordafrikanischer, subsaharischer und von Inuit-Populationen gegenüber.[8] Alle Befunde bestätigen, dass die Neandertaler gedrungener waren als der durchschnittliche *H. sapiens*. Ein von den Paläoanthropologen verwendeter technischer Begriff fasst das Ergebnis zusammen: Die Neandertaler waren hyperpolar, genau wie die Inuit und die Lappen.

Natürlich lebten nicht alle Neandertaler in einer glazialen Umgebung – und schon gar nicht ständig. Diejenigen, die im Vorderen Orient, also in einer eher gemäßigten Zone, lebten, besaßen eine weniger an Kälte angepasste Gestalt als ihre europäischen Vettern. Dies erkennt man an den Fossilien, die in dieser Region dank einer kulturellen Tradition der dortigen Neandertaler häufig besser erhalten sind, nämlich der der Bestattungen (wir kommen darauf in Kapitel 8 zurück). Eines ist jedoch klar: Die während der Kalt- und Eiszeiten erworbenen selektierten Merkmale überdauerten die interglazialen Perioden und wurden an die nachfolgenden Generationen weitergegeben, auch wenn diese nicht mehr den extrem tiefen Temperaturen trotzen mussten.

Eine Klimaanlage im Gesicht?

Was ist mit dem Kopf in Form eines Rugbyballs? Sie erinnern sich: Der Neandertaler besitzt einen länglichen Kopf mit einem knochigen Überaugenwulst und eine breite Nase. Sind auch diese Besonderheiten eine Anpassung an die Kälte? Die auffallend breite Nasenöffnung der Neandertalerfossilien hat schon früh die Aufmerksamkeit der Wissenschaftler erregt. In einem sehr umstrittenen Werk mit dem Titel *The Origin of Races* (1962) stellte der amerikanische Anthropologe Carleton Stevens Coon folgende Hypothese auf: Die Form der Nase habe geholfen, die inhalierte Luft zu erwärmen und zu befeuchten.[9] Die Nasenhöhle der Neandertaler habe sich im Lauf der Evolution erweitert, um die eingeatmete Luft zu erwärmen und so das Gehirn besser vor Kälte zu schützen.

Diese Hypothese wurde noch in jüngerer Zeit bestritten, denn eine breite Nase scheint überhaupt kein Vorteil im Kampf gegen die Kälte zu sein. Die Inuit haben beispielsweise lange und enge Nasenöffnungen, wohingegen Menschen in warmen Klimata, besonders im subsaharischen Afrika, oft breite und abgeplattete Nasen haben. Erst im Jahr 2014 brachte eine Studie Klarheit. Paläoanthropologen am Amerikanischen Naturgeschichtsmuseum in New York arbeiteten mit Hals-Nasen-Ohren-Ärzten am medizinischen Zentrum der State University von New York zusammen.[10]

Das Team scannte die Nasenkanäle von Neandertalern und einigen heute lebenden Menschen und kam zu dem Schluss, dass die Atemwege des Neandertalers sich von denen des *Homo sapiens* unterscheiden, was deutlich macht, dass etliche seiner Merkmale wie die breite Nasenhöhle sich bei den beiden Spezies unterschiedlich entwickelt haben. Ihre Studie ergab, dass die Nase unseres prähistorischen Bruders keineswegs das Gehirn wärmte, sondern eben eine afrikanische Nase geblieben ist. Ihre große und breite Form findet sich im Übrigen auch bei Fossilien der Heidelberger Menschen von Petralona in Griechenland und von Kabwe in Sambia, jedoch nicht mehr beim eurasischen *Homo sapiens*. Bei diesem scheint sich die Nasenform mehr als bei seinen Neandertalerbrüdern den klimatischen Bedingungen des Nordens angepasst zu haben. Und deshalb kann sich heute ein Inuit erlauben, mit einer Nase à la Kleopatra im arktischen Klima herumzulaufen, während der Neandertaler im eiszeitlichen Klima einen dicken tropischen Zinken im Gesicht trug.

Allerdings weist die große Zahl kleiner Foramina (Öffnungen) am

Sind Neandertaler in den hohen Norden Asiens geflüchtet?

2007 nimmt Ludovic Slimak, Forscher am CNRS der Universität von Toulouse, die Einladung eines russischen Kollegen an. Pavel Pavlov fordert ihn auf, in sein Labor zu kommen und Steinwerkzeuge zu untersuchen, die an verschiedenen Grabungsstätten der russischen Republik Komi gefunden worden waren. Groß ist Slimaks Überraschung, als er unter den Werkzeugen etliche entdeckt, die typisch für die «Moustérien»-Herstellung sind, das heißt für die Art, die der Neandertaler praktizierte. Diese 313 Feuersteine, darunter vor allem Faustkeile und Schaber (von Abschlägen), hergestellt nach der sogenannten Levallois-Technik, stammen von der Fundstelle bei Byzovaya. Dieser Ort liegt aber 1000 Kilometer weiter im Norden als der nördlichste bisher bekannte Neandertaler-Fundort, und noch heute halten sich in dieser Region dicht am Polarkreis in den Wintermonaten Temperaturen von –40 °C.

Die Prähistoriker begeben sich daraufhin an die Fundstätte und entdecken eine alte Siedlungsstelle am Ufer der Petschora, eines nordwärts fließenden Stromes. Dort werden auch Tierknochen gefunden, größtenteils vom Mammut, von denen einige Schnittspuren aufweisen. Dass Jäger der Moustérien-Kultur an einen solchen Ort gelangten, ist umso überraschender, als die Fundstelle, nach der Radiokarbonmethode gemessen, auf ein Alter zwischen 28 000 und 30 000 Jahren datiert wird, während vermutet worden war, die Neandertaler seien mindestens 8000 Jahre vorher aus Westeuropa verschwunden!

In Anbetracht dieser Entdeckung ziehen manche Paläontologen voreilig den Schluss, Neandertaler hätten sich gegen Ende der Existenz ihrer Spezies nicht nur in den Süden Europas (vor allem auf die Iberische Halbinsel), sondern auch in die Mammutsteppen des hohen Nordens Europas geflüchtet. Da jedoch menschliche Fossilien fehlen, lässt sich nicht mit Sicherheit entscheiden, ob die Handwerker der in Byzovaya gefundenen Moustérien-Kultur tatsächlich Neandertaler waren. Schließlich praktizierten auch andere Gruppen – der archaische *Homo sapiens* Nordafrikas und des Nahen Ostens zum Beispiel – die Levallois-Technik, die offenbar weit verbreitet war, auch wenn sie typisch für die Neandertaler in Europa ist. Ein Rückzugsgebiet im Norden ist nicht ausgeschlossen, kann jedoch nicht als durch die Funde von Byzovaya bewiesen betrachtet werden. Falls dies jemals bestätigt würde, wäre das ein Beweis, dass ein Teil der durch die Kälte selektierten Population – also der Neandertaler – lange Zeit fortbestand… in der Kälte und zweifellos dank der Kälte.

Schädel des Neandertalers auf eine andere Art der Anpassung an die Kälte hin: Gesichtsknochen und -fleisch weisen zahlreiche Blutgefäße auf. Dabei handelt es sich ohne Zweifel um eine Waffe gegen die Kälte, die wahrscheinlich spezifisch für den Neandertaler ist.

Seine Nasennebenhöhlen waren ebenfalls Gegenstand des Interesses, denn beim Neandertaler sind diese luftgefüllten, sogenannten blumenkohlartigen Hohlräume in den Schädelknochen (vor allem in Gesicht und Stirn) erstaunlich voluminös. Im Jahr 1965 stellte Emanuel Vlček, ein brillanter Forscher an der Prager Universität, als Erster eine Hypothese auf, um diese Form zu erklären: Die Nasennebenhöhlen des Neandertalers hätten eine isolierende Wirkung gehabt, insofern Wärme oder Kälte Luft weniger leicht durchdringt als feste Masse wie Fleisch oder Knochen.[11] Dieser interessanten Interpretation wurde zehn Jahre später aufgrund von Messungen an Röntgenaufnahmen von Schädeln australischer Aborigines, von Inuit und Europäern widersprochen.[12] Es stellte sich heraus, dass bei den Inuit die frontalen Nasennebenhöhlen fast durchweg fehlen. Dieses Ergebnis wurde unlängst in einer genaueren anatomischen Studie mittels dreidimensionaler Bilder bestätigt.[13] Wenn die Inuit keine derartigen Nasennebenhöhlen haben, scheint das Fazit, diejenigen der Neandertaler hätten eine isolierende Funktion gehabt, ziemlich abwegig. Wozu also waren sie so breit? Etwa um das Gewicht des massiven Schädelknochens zu reduzieren? Das Rätsel bleibt ungelöst …

Wann hat der Neandertaler seinen Schutz vor der Kälte entwickelt?

Angesichts der geringen Anzahl an Neandertalerskeletten, über die wir verfügen, scheint es schwierig, ohne Weiteres zu sagen, wann die Merkmale der Anpassung an die Kälte ausgebildet wurden, umso mehr, als sie sich auch aus anderen Gründen und nicht aufgrund des Klimas hätten entwickeln können: zum Beispiel aufgrund der geographischen Isolierung Europas und der genetischen Abdrift, die sie vielleicht zur Folge hatte (vgl. Kapitel 2). Wie dem auch sei, wir sind sicher, dass alle Merkmale, die möglicherweise mit der Kälteanpassung zusammenhängen, jedenfalls vor 70 000 Jahren ausgebildet waren, denn wir verfügen über vollständige Skelette, da manche Neandertalerclans damals begannen, ihre Toten zu bestatten. Von ihren frühen Vorfahren, den Heidelberger Menschen (sie lebten im Zeitraum von vor 621 000 bis vor 478 000 Jahren), sind nur einzelne Knochen erhalten. Zum Glück reichen sie aus, um sicher sagen zu können, dass diese Ahnen der Neandertaler größer und ihre Gliedmaßen länger waren als die ihrer Nachfahren (vgl. Kapitel 2). Man kann also zumindest festhalten, dass ihre Anpassung an die Kälte vor weniger als 478 000 Jahren während einer Kaltphase stattgefunden hat. Aber welcher? Leider besitzen wir so wenige Fossilien aus den Glazialperioden, dass wir nicht wissen, ob es tatsächlich die Kaltzeiten waren (und wenn ja, welche), die diese Anpassung bewirkten.

So viel zu den traditionellen Forschungsmethoden! Eine neue, in den letzten zwanzig Jahren aufgekommene Wissenschaft kann uns weiterhelfen: die Paläogenetik. Was ergibt sie in Bezug auf die Kälte? Das Gleiche, was die anatomischen Untersuchungen nahelegen: Die späten Neandertaler, deren Genom sequenziert wurde, besaßen in der Tat Gene der Kälteanpassung. Diese Gene, die die arteriell-venösen Anastomosen (Arterien-Venen-Verbindungen in den Kapillaren) steuern, haben also mit der Erhaltung der Wärme im Inneren des Körpers, mit der Haut und dem Fettstoffwechsel zu tun. Heute findet man diese Gene in menschlichen Populationen außerhalb Afrikas. Nun haben die genetischen Berechnungen gezeigt, dass über 20 Prozent des Neandertalergenoms in unserer DNA überlebt, auch wenn jeder Eurasier nur 1 bis 3 Prozent davon in sich birgt.[14] In diesem Metagenom befinden sich Gene, die an der Verstoffwechselung der Lipide beteiligt sind, die die Fettspeicherung begünstigen, was von Vorteil ist, wenn man in kaltem Klima ein aktives Leben führt. Diese genetischen Studien legen nahe, dass der Neandertaler durch seine Vermischung mit dem eurasischen *Homo sapiens* diesem Gene vererbt hat, die eine Anpassung an das kalte europäische Klima erleichtern.

Könnte also die Vermischung der beiden verwandten Spezies, des *H. neanderthalensis* und des *H. sapiens*, das Vordringen unserer Spezies in den Norden unseres Planeten beschleunigt haben? Der Anstoß könnte auch kultureller Natur gewesen sein. Bei ihrem Zusammentreffen hatte der *H. sapiens* bestimmt eine ganze Menge Techniken des Überlebens in der Kälte von den Neandertalern zu lernen. Dass er die Erde in weniger als 50 000 Jahren erobert hat, liegt vielleicht daran, dass ihm sein Bruder Neandertaler geholfen hat, der Kälte zu widerstehen.

Abb. 5.1: Der Clan von Onkel Stark belauert die Herde, die er gleich angreifen wird. Die prähistorischen Pferde waren heutigen Ponys vergleichbar, sie hatten alle sandfarbenes Fell, eine schwarze Mähne und einen schwarzen Schweif.

5 | Der Neandertaler – Aasfresser, Jäger und Kannibale

«Es ist doch wohl barbarischer, einen Menschen lebendig zu verzehren, als ihn tot zu fressen […].»
Michel de Montaigne[1]

An diesem Tag hat der Bärenclan Glück: Die Jagd war gefährlich, aber niemand ist verletzt worden! Zuerst hat Onkel Stark mit dem Speer ein Fohlen niedergestreckt. Alle gemeinsam haben sie die Mutterstute angegriffen, die es verteidigen wollte. Nach einem ersten Speerstoß von Onkel Rot bäumte sich die verletzte Stute vor ihm auf. Da schnappte sich Rotbraut mit einer Sicherheit, die Nordmann überraschte, den Speer von seiner Schulter. Das Tier stürzte über Rotbrauts Partner und warf sie samt Speer um, brach dann jedoch direkt vor Onkel Rot zusammen.

Keiner ist verletzt worden! Onkel Rot regelt bereits die Zerlegung des Pferdefleischs und den Transport ins Lager. Dort wird ein Festschmaus stattfinden. Fröhlich wird sich jeder den Bauch vollschlagen, bis er schier platzt. Man muss diese lebensnotwendige Nahrung nutzen, bevor sie verdirbt.

Wie kam der Neandertaler zu seiner Nahrung? Jagte er? Oder war er ein Aasfresser und profitierte von der Beute anderer Jäger? Bestimmt haben Sie Ihre eigene Meinung zu diesem Thema. Für die meisten steht das außer Frage: Alle prähistorischen Menschen, also auch die Neandertaler, waren Jäger.

Wie kommt es zu diesem Vorurteil? Vielleicht stammt es aus der berühmtesten Szene des ersten Romans, der in der Urgeschichte spielt. 1872 schildert Adrien Arcelin in *Solutré ou les chasseurs de rennes de la France centrale*[2] Jäger, die eine Pferdeherde aufscheuchen und sie bis an das äußerste Ende des Felssporns von Solutré jagen, um sie dann in die Tiefe stürzen zu lassen. In einer Ausgabe von 1876 wird die mythische Szene in einem bis heute berühmten Stich dargestellt. Sie wird von Generation zu Generation überliefert und haftet im kollektiven Gedächtnis. Allerdings ist das nur eine Fabel. Diese Art zu jagen ist die Erfindung eines Romanciers. Es hat sie niemals gegeben.

Nicht alles in Arcelins Roman ist indes erfunden. Der Autor ließ sich davon inspirieren, dass am Fuß des Felssporns von Solutré zahlreiche Knochen prähistorischer Pferde entdeckt worden waren. Die Untersuchung dieser Skelette ergab freilich, dass sie keine Knochenbrüche aufwiesen, die von einem Sturz hätten herrühren können.

Die von Arcelin geschilderte Szene hat ein Klischee begründet und die allgemeine Vorstellung vermittelt, dass die prähistorischen Jäger, also auch die Neandertaler, über Mittel verfügten, die zur Jagd taugten. War also der Neandertaler ein Jäger oder nicht? Jetzt, da wir wissen, dass die Phantasie eines Romanautors nicht unbedingt eine zuverlässige wissenschaftliche Quelle ist, wollen wir herausfinden, was wahr ist und was nicht. Wir werden sehen, dass heute die Paläontologen die Frage zwar beantworten können, der Weg zur Lösung jedoch lang und verschlungen war. Um diesen gewundenen Weg nachzuzeichnen, beginnen wir an dessen Ende und richten den Blick auf eine Autobahnbaustelle.

Ein grässliches Gemetzel!

2014 wurden in Quincieux unweit von Lyon Erdarbeiten für den Bau der Autobahn A 466 durchgeführt. Dabei entdeckten die Arbeiter große Mengen an Tierknochen, und schnell wurde klar, dass sie von prähistorischen Arten stammten. Glücklicherweise gibt es seit ungefähr fünfzehn Jahren in Frankreich das Inrap, das Nationalinstitut für präventive archäologische Forschungen,[3] das bei Erschließungsarbeiten im Vorhinein archäologische Diagnosen erstellen und die möglicherweise im Boden vorhandenen Überreste bergen kann. Bald wurden die Archäozoologen des Inrap fündig und identifizierten unter den Tierknochen heute ausgestorbene, zur Zeit der Neandertaler jedoch noch lebende Arten: Mammut, Wollnashorn, Bison, Wolf, Höhlenbär… Eigentlich nichts besonders Neues, bis man die Knochen näher betrachtete: Auf manchen waren Schnittspuren zu erkennen. Offenbar handelte es sich um Knochen, die vom Neandertaler verwertet worden waren.

Mehr noch: Die Tatsache, dass sich an dieser schlammigen Stelle Überreste eines Höhlenbären und von Wölfen befanden – wegen ihres Fells begehrte Tiere – und dass ihre Knochen durcheinanderlagen und selten in ihrem anatomischen Zusammenhang, weist nachdrücklich darauf hin, dass die Neandertaler an diesem Ort wahre Gemetzel angerichtet hatten. Um sich die Arbeit zu erleichtern, hatten sie sich in der Nähe eines Wasserlaufs und eines Feuersteinvorkommens niedergelassen.

Sicher ist jedenfalls, dass die Neandertaler an dieser Anhäufung beteiligt waren, denn manche Knochen wurden absichtlich aufgebrochen. Man weiß sogar, dass die Neandertaler nicht alles gleich vor Ort verzehrt haben: In dem ganzen Haufen fehlen überwiegend die Langknochen, was nahelegt, dass die Keulen und andere fleisch- und fettreiche Teile abtransportiert wurden, wahrscheinlich in ein Lager, das nur zeitweise bewohnt war.

Doch trotz dieser Indizien wollten die Archäologen nach ihren ersten

Beobachtungen zunächst nicht davon ausgehen, dass diese Fundstelle von Jagdaktivitäten eines Neandertalerclans zeugte. Zuvor wollten sie die Knochen insbesondere genauer auf Spuren von Tierverbiss prüfen. Gäbe es diese Spuren und wären sie älter als die von Feuersteinklingen, hieße das, dass sich die Neandertaler nur an Kadavern gütlich getan hätten. Sie hätten sich an dieser Stelle demnach wie Geier, als Aasfresser und nicht als Jäger, verhalten.

Tatsächlich kannte man zumindest einen Fall, bei dem die Neandertaler wahrscheinlich einen Kadaver ausgeschlachtet hatten: 2012 fand man bei einer Notgrabung in Changis-sur-Marne ein Wollmammut (*Mammuthus primigenius*). Die Archäologen des Inrap, die das Skelett mühevoll freilegten, nannten ihn zum Spaß «Helmut». Die Forscher stellten sich das Szenario der letzten Momente von Helmut folgendermaßen vor: Das fast ausgewachsene Tier hatte wohl sein Revier am schlammigen Ufer der damaligen Marne vor über 130 000 Jahren, als ein plötzliches Tauwetter den Uferschlamm verflüssigte und das Mammut in der Falle saß. Ein unauffälliger Flintabschlag,[4] der ganz in der Nähe von Helmuts mächtigem Kieferknochen entdeckt wurde, belegt, dass Neandertaler sich an dem Kadaver zu schaffen gemacht hatten. Vielleicht waren sie vom Trompeten Helmuts alarmiert worden, sofern sie das Tier nicht erst entdeckten, als es bereits tot war. Es ist dagegen sehr unwahrscheinlich, dass sie es selbst getötet haben, denn anscheinend haben sie wenig von dem Kadaver genutzt.

Hatte sich der Neandertaler an der Fundstätte bei der Autobahntrasse der A 466 als Jäger oder als Aasfresser wie in Changis-sur-Marne betätigt? Die endgültigen Ergebnisse der ersten Studie sind noch nicht veröffentlicht, aber die äußerste Vorsicht, die die Forscher vor ihrer Schlussfolgerung walten lassen, verrät, wie vorsichtig das Thema in der Prähistorikerzunft behandelt wird, und das erklärt sich aus einer bewegten Geschichte.

Das Problem besteht darin, dass den Prähistorikern lange Zeit handfeste Daten fehlten, was sie allerdings nicht daran hinderte, gewagte Thesen aufzustellen. Damals, als das erste Fossil der Spezies im Neandertal entdeckt wurde, hielt man nicht viel von der Vorstellung eines jagenden Neandertalers, aber im Zuge der Entdeckung anderer, älterer menschlicher Fossilien begann sich die Vorstellung vom Neandertaler als Jäger durchzusetzen, ohne dass die Frage jemals grundsätzlich behandelt worden wäre.

Ein Maurer am Nordpol

Zum Glück begann in den 1970er Jahren der amerikanische Archäologe Lewis Binford, die Sache wissenschaftlich anzugehen. Binford war ein atypischer Hochschullehrer: Er war Soldat im Zweiten Weltkrieg, und in den 1950er Jahren hatte er Gelegenheit, auf den Pazifikinseln und in Japan archäologische Grabungen durchzuführen, wobei er seine Berufung entdeckte. Nach seiner Rückkehr in die Vereinigten Staaten nahm er ein Archäologiestudium auf, das er mit Hilfe eines von ihm gegründeten Bauunternehmens finanzierte. Binford war auf ungewöhnlichen Wegen zur Archäologie gekommen, und sein Leben war ganz auf seine Arbeit ausgerichtet. In den 1960er Jahren wurde er zum Mitbegründer einer neuen Form der Archäologie, die eine wichtige Rolle bei der Erforschung der Neandertaler spielen sollte: der sogenannten *New Archaeology*.

Das neue Paradigma in der Archäologie bestand im Wesentlichen darin, eine Arbeitshypothese zu einem sozialen Vorgang aufzustellen und anschließend Fakten in der Realität zu suchen, die sie bestätigten oder eben nicht. Bei dieser Herangehensweise beschreibt der Archäologe nicht nur wichtige Grabungskomplexe oder konzentriert sich auf seltene Stücke, sondern er muss wie ein Anthropologe alle sozialen, technischen, religiösen und kulturellen Besonderheiten der alten Gesellschaft analysieren, um die entscheidenden Elemente des sozialen Verhaltens zu ermitteln, die seiner Ansicht nach im entsprechenden Kontext von Bedeutung waren. Es ist der Mensch der Vergangenheit, den er zu erfassen sucht, indem er die archäologischen Befunde zum Sprechen bringt.

Dieser Ansatz hat sich in der prähistorischen Archäologie als besonders fruchtbar erwiesen, speziell in der Frage, wie die Menschen in der Natur ihre Existenz sicherten. Um die periglaziale Umwelt besser zu verstehen, in der die Menschen des Moustérien, also auch die Neandertaler, lebten, begann Binford in den 1960er Jahren zu untersuchen, wie das Verhalten von Jägern und Sammlern in den archäologischen Hinterlassenschaften, die die Prähistoriker als «materielle Kultur» bezeichnen, seinen Niederschlag findet. Er beschloss, eine heute lebende Gruppe von Jägern und Sammlern in einer der Lebenswelt der Neandertaler vergleichbaren Umgebung zu beobachten, und wählte dazu die Nunamiut, eine Inuitpopulation in Alaska.

Ziel dieser ‹ethnoarchäologischen› Expedition war, herauszufinden, welche Verbindungen zwischen dem Verhalten einer Gruppe von Jägern und Sammlern und den materiellen Spuren bestehen, die sie hinterlässt. Lewis Binfords Buch *Bones. Ancient Men and Modern Myths*[5] war in französischen Archäologenkreisen ein großer Erfolg und stellte eine ganze Reihe landläufiger Vorstellungen in Frage – insbesondere die Überzeugung, dass Spuren von Menschenhand auf Tierknochen (Ablösung von Fleisch, Abschabungen, Zerlegungen …) zwingend auf aktives Beutemachen schließen lassen. Binford bewies, dass dies nicht unbedingt zutrifft.

Unter dem Einfluss dieser Arbeit wurden die an prähistorischen Fundstätten ausgegrabenen Tierknochen erneut untersucht, um vor allem mögliche Bissmarken von Fangzähnen nachzuweisen, die auf der Beute vermutlich bereits vor den Spuren von Eingriffen durch die Neandertaler hinterlassen worden waren. Wenn es diese Spuren gäbe, würden sie die Hypothese vom Neandertaler als opportunistischem Aasfresser stützen. Doch die erneute Prüfung der Stücke führte zu nichts. Die alten Knochen wiesen nur ganz selten Spuren anderer Beutegreifer auf. Nach einem hundert Jahre dauernden Streit war endlich der Beweis erbracht, dass der Neandertaler seine Beute gejagt und erlegt hatte.

Und dies war nicht das einzige Indiz, das in diese Richtung wies. Ana-

Wen gibt es heute Abend zu essen?

Lange war umstritten, ob es bei den Neandertalern Kannibalismus gab. Diese Praxis war zunächst nur durch die frühe Ausgrabung in der Krapina-Höhle in Kroatien dokumentiert worden,[6] wo Hunderte Knochenfragmente von etwa dreißig vor ca. 120 000 Jahren gestorbenen Neandertalern gefunden worden waren, die Schnittspuren aufwiesen. Seitdem wurden neue Beweise für Anthropophagie bei den Neandertalern entdeckt: Knochen mit zahlreichen Spuren von Schnitten, Stellen, wo das Fleisch entfernt und Sehnen abgetrennt worden waren, außerdem Knochen, die man aufgebrochen hatte, um an das Mark zu gelangen. Die Neandertaler praktizierten Kannibalismus sowohl im MIS 5 (130 000 bis 71 000; zum Beispiel in Frankreich in der Ardèche in der Höhle von Moula Guercy) als auch im MIS 4 (71 000 bis 57 000; in Marillac-les-Pradelles in Frankreich in der Charente; in El Sidrón in Spanien) oder auch im MIS 3 (57 000 bis 29 000; in der Goyet-Grotte in Belgien vor 45 000 Jahren).[7] Demnach praktizierten die Neandertaler Anthropophagie über einen sehr langen Zeitraum, vor allem nachdem sie begonnen hatten, ihre Verstorbenen zu bestatten. Im Übrigen kennt man diese Praxis auch von ihren frühen Vorläufern von Atapuerca (*Homo antecessor*).[8]

lysen, die Art, Alter und Geschlecht der Tiere statistisch aufschlüsselten, zeigten, dass die von Raubtierkrallen und Reißzähnen getöteten Beutetiere nicht in einem ihrem Vorkommen entsprechenden Verhältnis vorhanden waren. Die Zahlen spiegelten nicht die normale Geschichte vom Leben und Sterben der lokalen Fauna wider. Diese Abweichungen machen deutlich, dass die Neandertaler bestimmte Beutetiere bevorzugten.

Die Lanze von Lehringen

Die Ironie der Geschichte: Es existierte bereits seit über einem halben Jahrhundert ein unmittelbarer Beweis für die Jagdtätigkeit der Neandertaler, aber man hatte ihn einfach vergessen! Im März 1948 fand man bei Arbeiten in einer Mergelgrube bei Lehringen in Niedersachsen das Skelett eines großen Säugetiers. Der Betreiber der Grube alarmierte Alexander Rosenbrock, Rektor im Ruhestand und Hobbyprähistoriker. An der Fundstelle identifizierte Rosenbrock das Skelett eines Waldelefanten mit geraden Stoßzähnen (*Elephas antiquus*) und stieß auf erstaunlich gut erhaltene Reste eines Speers, der zwischen den Rippen des Elefanten steckte. Diese 2,40 Meter lange Waffe war offensichtlich von vorne in den Brustkorb des Tieres gerammt worden.

Eine Untersuchung ergab, dass der Elefant etwa 45 Jahre alt gewesen sein musste, bei einer Schulterhöhe von vier Metern. Wer weiß, wie aggressiv und gefährlich ein verletzter Elefant sein kann, wird höchst überrascht sein. Die deutschen Prähistoriker, die den Fall in den 1950er Jahren untersuchten, vermuteten, die Speere der Neandertaler seien vergiftet gewesen. Eine höchst zweifelhafte Annahme, denn ein Frontalangriff auf das Tier – ob mit oder ohne Gift – wäre hochriskant gewesen, weil selbst ein schwer verletztes Tier nur noch mehr in Rage versetzt worden wäre.

Plausibler ist die Vorstellung, dass Jäger einen Elefanten aufspürten, der in den weichen Sedimenten eines Sumpfes feststeckte – vielleicht hatten sie ihn auch durch irgendeine List dort hineingetrieben –, und ihn dann erlegten. Der Elefant von Lehringen ist wahrscheinlich auf diese Weise ums Leben gekommen. Dennoch ist unbestreitbar, dass derjenige, der ihn getötet hatte, nur ein starker und erfahrener Jäger, nicht ein opportunistischer und wehrloser Aasfresser gewesen sein konnte.

Dies beweist die Art der Waffe, denn es handelt sich nicht um irgendeinen Stock, sondern um einen regelmäßig gearbeiteten Spieß aus Eibe, einem Holz, das bekanntlich besonders hart ist. Außerdem war seine Spitze im Feuer gehärtet worden. Im Übrigen sei daran erinnert, dass der *Homo heidelbergensis* und demnach auch der Neandertaler das Feuer beherrschte: Gebändigt wurde es in Europa vor 500 000 Jahren, im Nahen Osten deutlich früher.[9] Gebrauchsspuren weisen darauf hin, dass die Waffe im Einsatz gewesen sein muss.

Das Geschick des Jägers wird auch durch den Umstand demonstriert, dass der Speer in elf Teile zerbrochen war, die um den Elefanten verteilt waren, was darauf hinweist, dass er tief (und an der richtigen Stelle) eingedrungen war und das Tier sich gewehrt hatte, um ihn loszuwerden. Schon lange vor den statistischen Knochenanalysen zeigte die Lanze von Lehringen eindeutig, dass der Neandertaler Jäger war.

Treten Sie der Präneandertaler-Jagdgesellschaft bei!

Und was ist mit den Präneandertalern? Jagten sie wie ihre Nachfahren? Die Antwort ist: ja. Wie diese machten sie Jagd auf Großwild und erlegten es. Der Beweis dafür liegt seit der Grabung an einer im Freien liegenden Fundstätte bei Biache-Saint-Vaast in Nordfrankreich vor, die auf ein Alter von etwa 200 000 Jahren datiert wird.[10] Dort wurden eine Ansammlung von Steinwerkzeugen des Moustérien zusammen mit zahlreichen Überresten von Säugetieren sowie zwei Präneandertalerschädel geborgen. Die Präneandertaler kamen Tausende oder sogar Zehntausende von Jahren lang in regelmäßigen Abständen hierher zur Jagd. Vielleicht gab es an dieser Stelle besonders viel Wild? Auf jeden Fall fanden sie hier viel Großwild, das sie im geeigneten Moment erlegen konnten.

Auch hier verrät die Zusammensetzung der Fauna, welche Tiere bejagt wurden. Unter den zahlreichen Arten sind besonders häufig vertreten der Auerochse (69 %), der Bär (15,8 %) und das Prärienashorn (7,5 %), und zwar bei 220 000 Knochenresten, von denen 20 000 zugeordnet werden konnten. Die archäozoologische Untersuchung[11] der Fundstelle sowie der Tausenden von Knochenstücken, die zwischen 1976 und 1982 bei einer Notbergung vor der Erweiterung einer Fabrik sichergestellt wurden, ergab Spuren von Schnitten, absichtlich herbeigeführten Brüchen sowie zahlreiche Brandspuren. Alles weist darauf hin, dass diese Anhäufung von Knochen von Menschen zeugt, die Tiere erlegt und nicht als Aas verzehrt haben.

Ein Detail hat die Forscher in Biache-Saint-Vaast sehr überrascht: die Überreste von Höhlenbären inmitten von Knochen großer Pflanzenfresser. Das ist erstaunlich, denn dieser Sohlengänger von 1,30 Metern Schulterhöhe konnte sich bis zu einer Größe von 3,50 Metern aufrichten. Ein mächtiges Tier… Trotzdem war der Bär sicherlich eines der Beutetiere, die gefahrlos erlegt werden konnten: Die Neandertaler töteten ihn zweifellos während seines Winterschlafs. Dabei wurde eine interessante Beobachtung gemacht: Auf den Bärenknochen wurden Schnittspuren entdeckt, die zeigen, dass diese Tiere sowohl wegen des Fleisches als auch wegen ihres Fells begehrt waren, das wahrscheinlich zur Herstellung von Kleidung und Decken verwendet wurde.

Prähistorische Olympiade

Und wir haben auch noch ältere Beweise für die Jagd. Sie stammen aus den Interglazialen der Jahre 424 000 bis 374 000 und 337 000 bis 300 000.[12] Waffen aus Holz wurden nämlich von dem deutschen Urgeschichtsforscher Hartmut Thieme in Schöningen zutage gefördert, wo beim Braunkohletagebau in den 1990er Jahren zahlreiche Spuren des *Homo heidelbergensis* am abgesunkenen Ufer eines ehemaligen Sees entdeckt wurden.

Die paläontologische und archäologische Ausbeute (über 16 000 Knochen!) des Fundorts ist so ergiebig, dass die Ausgräber den Eindruck gewannen, sie würden eine Art «Unterwasserarchäologie ohne Wasser» betreiben. Damit meinten sie, dass das schnelle Absinken uralter Überreste menschlicher Aktivität in der luftundurchlässigen Sedimentschicht eines Binnensees das organische Material außerordentlich gut konser-

Abb. 5.2: Am Ende des Winters waren Auerochsen die bevorzugte Beute von Neandertalern, die vor ungefähr 200 000 Jahren an einem Ort auf die Jagd gingen, der heute Biache-Saint-Vaast im Département Pas-de-Calais heißt.

viert hat, was äußerst selten vorkommt. 1996 wurden acht angespitzte Stäbe von 1,80 bis 2,50 Metern Länge und mit einem Durchmesser von 2,90 bis 4,70 Zentimetern geborgen, zusammen mit Skelettteilen von Pferden der Spezies *Equus mosbachensis.*[13]

Die Länge der gespitzten Stäbe weist sie eindeutig als Jagdwaffen aus, die bei der gemeinsamen Jagd von Heidelberger Menschen unterschiedlicher Körpergröße benutzt wurden, an der Heranwachsende (oder Frauen) beteiligt waren.

Wie wurden diese Stäbe verwendet? Waren es Wurfspeere oder Stichwaffen, also Spieße? Alle diese Waffen wurden aus Fichten- und Kiefernstämmchen mit großer Sorgfalt hergestellt. Die fein gearbeiteten Spitzen wurden aus der Stammbasis geschnitzt, so dass sich der größte Durchmesser und damit der Schwerpunkt im vorderen Drittel des Schaftes befinden, genau wie bei modernen, im Sport verwendeten Speeren. Diese Gewichtsverteilung stellt sicher, dass sich das Wurfgerät zu seinem Ziel hin absenkt, was belegt, dass die Hersteller der Waffen von Schöningen ballistische Kenntnisse besaßen (was deren Verwendung als Stichwaffe nicht ausschließt). Um die Spitzen noch tödlicher zu machen, wurden sie im Feuer gehärtet.

Demnach verstanden es die Präneandertaler auch, ihre Waffen mit Hilfe des Feuers noch effizienter zu machen. Archäologen ließen professionelle Speerwerfer die Tauglichkeit der Lanzen mit exakten Nachbildungen testen. Die Sportler konnten sie nicht nur problemlos handhaben, sondern vermochten auch, sie 70 Meter weit zu schleudern. Als 2013 bei einer weiteren Grabungskampagne Reste eines Säbelzahntigers entdeckt wurden, bestätigte dies die Überzeugung, dass die Heidelberger Menschen, sowohl was ihre Zusammenarbeit als auch ihre Ausrüstung betraf, ausgezeichnete Jäger und in der Lage waren, es auch mit großen Raubtieren aufzunehmen und sogar diese Art Beute zu erlegen.

Die Fundstätte von Schöningen lieferte einen noch eindrucksvolleren Beweis für den technischen Stand der Heidelberger Menschen, die bereits für die hohe Kunstfertigkeit bei der Herstellung ihrer Faustkeile bekannt waren. Man fand in einer Ansammlung aus Flintabschlägen und Tierknochen zwischen 17 und 32 Zentimeter lange Holzstücke, die schräge Rillen aufweisen. Diese Einkerbungen dienten vermutlich zur Befestigung von Steinklingen, die noch tiefere blutige Wunden schlugen. Diese Holzteile sind die ältesten Werkzeuge der Menschheit in Verbundbauweise!

Abb. 5.3: Wahrscheinlich waren die Neandertalerclans oft Hunderte von Kilometern weit unterwegs, um Herden oder andere Ressourcen aufzuspüren, und sicherlich kannten sie die jeweils für sie günstigsten Perioden. Auf ihren Zügen begegneten sie manchmal anderen Clans, mit deren Gebieten sie vertraut waren und mit denen sie Austausch betrieben.

Klebstoff auf Lanzen im Nahen Osten

Die Neandertaler des Nahen Ostens verwendeten zur Herstellung ihrer Waffen Klebstoff. 1999 wurde an der Moustérien-Fundstätte von Umm el Tlel in Syrien eine tief im Halswirbel eines Wildesels steckende Geschossspitze gefunden. Auf den in Umm el Tlel geborgenen Werkzeugen sind Anhaftungen von Bitumen zu sehen.[15] Dieses außergewöhnlich gut erhaltene Bitumen stammte, wie die Prähistoriker nachweisen konnten, vom Djebel Bicheri im Nordwesten des El-Kowm-Beckens in Syrien und diente augenscheinlich als natürlicher Klebstoff für die Schäftung der Werkzeuge.

Zweifel ausgeschlossen

Nach den Funden von Schöningen wurde die Vorstellung, die Präneandertaler wären nichts als opportunistische Aasverzehrer gewesen, endgültig aufgegeben. Im Übrigen ließen die Waffen von Schöningen ein 38,70 Zentimeter langes, 3,60 Zentimeter dickes und zwischen 200 000 und 400 000 Jahre altes Fragment eines Holzspeers, das 1911 in Clacton-on-Sea in England entdeckt worden war, in einem neuen Licht erscheinen. Die Untersuchung dieses vergessenen Gegenstands zeigte, dass es aus einem noch grünen Stück Eibenholz gefertigt worden war. Das von Natur aus harte Holz war an der Spitze sorgfältig geschliffen, jedoch nicht im Feuer gehärtet. Wie in Schöningen wurden auch bei der «Lanze von Clacton» Überreste von Säugetieren und Flintabschläge gefunden, deren Herstellungstechnik derjenigen der Faustkeile des Acheuléen vergleichbar ist.

Andere archäologische Indizien beweisen, dass der Neandertaler jagte[14] (zum Beispiel der Umstand, dass manche Feuersteine Frakturen aufweisen, Zeichen für gewaltige Schläge, oder dass sich an manchen

Steinwerkzeugen Reste von Klebstoff befinden; vgl. Textkasten S. 94). Somit ist ein für alle Mal klar, dass der Neandertaler ein Jäger und sogar Erbe einer sehr langen Jagdtradition war, die bis auf seine Heidelberger Ahnen zurückreicht.

Das heißt natürlich nicht, dass dem Neandertaler nicht auch Aas willkommen gewesen wäre. So legt zum Beispiel der Fall des Mammuts von Changis-sur-Marne nahe, dass die Neandertaler gelegentlich einen Kadaver nicht verschmähten: Sie waren zwar Jäger, jedoch opportunistische Jäger, die nichts gegen abgehangenes Fleisch hatten, allein schon, weil sie Vorräte davon anlegen mussten, um beispielsweise durch den Winter zu kommen, oder auch, weil ihre Lebensweise große Mengen an Energie verschlang. Um sich diese zu verschaffen, entwickelte der Neandertaler unterschiedliche Strategien zur Versorgung mit Nahrung, die viel mit denen seines Bruders *Sapiens* gemein haben, ihn aber von diesem auch unterscheiden.

Abb. 6.1: Die Verteilung der gemeinsam erlegten Jagdbeute spielte sicherlich eine wichtige soziale Rolle bei den Neandertalern, die aus diesem Grund, so denken wir, vor allem Jagd auf Großwild machten.

6 | Fleisch, Fleisch, noch mal Fleisch und … Datteln

«Der Jäger muss immer etwas hungrig aufbrechen, denn der Hunger schärft die Sinne.» *Luis Sepúlveda*[1]

Der Clan hat gut zusammengearbeitet. Die Medizinfrau hat alle Organe entnommen und sie gemeinsam mit der Stillen gedörrt. Die Männer haben Birkenrinde geschält, die Kinder Beeren gepflückt und die Frauen die Fleischvorräte zur Konservierung in Fett vorbereitet und schließlich dutzendfach in Säcken verstaut, die sie auf dem Rücken tragen werden. Jetzt ist nur noch übrig, was man nicht haltbar machen kann, sowie eine ganze Keule, die Onkel Stark ganz langsam geröstet und immer wieder mit Fett begossen hat. Der ganze Clan ist beisammen; die Männer auf der einen Seite um Onkel Stark und Nordmann geschart, die Frauen bei der Medizinfrau und Rotbraut. Die Kinder bringen ihre Blaubeeren, die sie auf großen Blättern von Sumpfpflanzen ausgebreitet haben. Das warme, in Stücke geschnittene Fleisch liegt in der Mitte des Kreises, ebenso wie die Knochen, die abgenagt und aufgebrochen werden; die Brühe ist mit heißen Steinen erhitzt worden und dampft in einem Topf aus Birkenrinde.

Onkel Stark hebt seine beiden mächtigen Stäbe. Selbst die Kinder verstummen … Dann ertönt ein Klatschen. Das Festmahl kann beginnen!

Die Neandertaler waren also Jäger, da gibt es keinen Zweifel. Aber was für Jäger? Die im vorigen Kapitel geschilderte Jagdszene in Lehringen zeigt, dass sie selbst vor einem äußerst gefährlichen Tier nicht zurückschreckten. Die Überreste des Schlachtens wie zum Beispiel jene an der Fundstätte von Quincieux bei Lyon belegen eine Vorliebe für Großwild. Natürlich weiß man, dass Wölfe, Hyänen und erst recht Löwen im Rudel Beutetiere reißen können, die weit größer sind als sie selbst. Doch beim Neandertaler ist diese Fähigkeit noch viel spektakulärer, denn zwischen einem 80 Kilogramm[2] schweren Neandertaler und einem Elefanten mit geraden Stoßzähnen (oder einem Mammut mit 4 Metern Schulterhöhe), der 6 bis 8 Tonnen wiegt, besteht ein Verhältnis von 1 zu 75 bis 100 … Selbst Auerochsen und Bisons, an die sich die Neandertaler heranwagten, waren Ungetüme im Vergleich zu ihnen.

Die Neandertaler waren also offenbar vor allem Großwildjäger. Manchmal erlegten sie ihre größten Beutetiere, indem sie die Herden in eine natürliche Falle trieben. Woher weiß man das? Das belegen neuere Ausgrabungen in natürlichen Einsenkungen wie den tiefen Karsthöhlen von La Borde[3] und Coudoulous[4] im Quercy. Am Grund dieser Höhlen fand man eindeutige Indizien für diese Art Jagd während einer gemäßigten Klimaperiode:[5] Offenbar wurden mindestens 40 Auerochsen in die Höhle von La Borde und über 200 Bisons in die von Coudoulous gestürzt.

Also hatte Adrien Arcelin doch recht! Hatten die Jäger die Tiere in den Abgrund getrieben, stiegen sie hinab und zerlegten die Kadaver in aller Ruhe mit ihren Klingen. Vor Ort wurden zahlreiche Steinartefakte gefunden.

Stierkampf nach Art der Neandertaler

Wie trieben die Neandertaler die Herde in die Falle? Sicherlich konnte diese Aufgabe nur im Kollektiv bewältigt werden. Man kann sich leicht eine Corrida im südfranzösischen Stil vorstellen, bei der alle Clanmitglieder aus der Entfernung schrien und Krach machten, während die

Jäger mit ihren Speeren die Tiere aufscheuchten, bis sie sich in wilder Flucht blindlings in die Höhle stürzten. Natürlich wissen wir nicht, ob sich eine derartige Neandertaler-Corrida tatsächlich abgespielt hat. Doch man kann wohl annehmen, dass diese paläolithischen Jäger, die sich so gut auf die Beobachtung von Tieren verstanden, sich gefahrlos einer Herde nähern konnten.

Der Fundort von Biache-Saint-Vaast, von dem im vorigen Kapitel die Rede war, verdeutlicht gut die Neigung der Neandertaler, große Tiere zu jagen. Fast alle aufgefundenen Bären- und Auerochsenknochen stammen von ausgewachsenen, also gefährlichen Exemplaren; diese Tiere wurden alle im nahen Umkreis der Fundstätte erlegt, wo der Clan ihr Fleisch, ihre Haut, ihre Weichteile und Knochen verwertete.

Und wenn natürliche Schächte fehlten? Die vorher erwähnten Fundorte bei Schöningen und Lehringen zeigen, dass der Heidelberger Mensch und der Neandertaler mit dem Speer auf die Jagd gingen. Für diese besonders riskante Art von Nahkampf verfügten die Jäger über Wurfspeere mit Steinspitzen, die vorne am Schaft befestigt waren; die Lanze war wahlweise mit Steinklingen bestückt, um die Wunde zu vergrößern (vgl. Kapitel 5).

Um die Risiken zu begrenzen, durften die Jäger erst dann versuchen, die Beute zu erlegen, wenn sie sicher sein konnten, dass sie auch die Möglichkeit dazu hatten. Es ist klar, dass der geeignete Moment erst dann eintrat, wenn die ganze Gruppe in gemeinsamer Aktion das Tier genügend geschwächt, in die Enge getrieben oder in die Falle gelockt, kurz, die Bedingungen geschaffen hatte, damit ein erfahrener Jäger sich vorwagen und das Tier einigermaßen gefahrlos töten konnte. Das erklärt, dass auch in einem kleineren Neandertalerclan die Jäger und ihre Helfer (die Jugendlichen und die Frauen?) in der Lage waren, diese Taktiken anzuwenden. Vermutlich nahmen alle gesunden Mitglieder des Clans an diesen Jagden teil, geschätzte zehn bis fünfzehn Personen. Nur die für die Jagd zu alten Menschen und/oder die Schutzbedürftigen – etwa Kinder und Schwangere – blieben im Lager oder in sicherer Entfernung, von wo aus sie jedoch zum Beispiel mithelfen konnten, indem sie ein entsprechendes Spektakel veranstalteten.

Die Verletzungen der Neandertaler

Natürlich war die Jagd auf Großwild immer auch gefährlich. Wir kennen drei fast vollständige Fossilien von Neandertalern, die erhebliche Verletzungen aufweisen. Vermutlich rühren sie von schweren Unfällen her, die wahrscheinlich auf der Jagd passiert waren. Das Erste ist das namensgebende Fossil der Spezies, das 1856 in einer Grotte im Neandertal gefunden wurde. Sein ganzes Erwachsenenleben lang hat dieser Mensch an den Folgen einer Verletzung gelitten, die er sich wohl in der Jugend zugezogen hatte: eine Ellbogenfraktur, deren Spontanheilung verhinderte, dass er seinen linken Arm ganz ausstrecken konnte. Um die verlorene Beweglichkeit und Kraft zu kompensieren, hatte sich sein rechter Arm ungewöhnlich stark entwickelt. Trotz dieser erheblichen Einschränkung wurde er immerhin etwa 50 Jahre alt.

Das zweite Fossil ist das des «Alten» von La Chapelle-aux-Saints. Es wurde so bezeichnet, weil dieser Mensch, der vor ungefähr 50 000 Jahren in einer Grube bestattet worden war, nach dem ersten Eindruck der Paläontologen hochbetagt gestorben war (er hatte praktisch keine Zähne mehr; vgl. Tafel II). Heute weiß man, dass er in Wahrheit bei seinem Tod etwa 45 Jahre alt und in sehr schlechter Verfassung war. Dieser «Alte» hätte eine ganze neurologische und orthopädische Abteilung beschäftigt, denn er litt an zahlreichen degenerativen Erkrankungen, vor allem aber an einer gebrochenen (verheilten) Rippe und einem Hüftschaden, der so weit fortgeschritten war, dass der Mann wahrscheinlich seinen Schenkel nicht mehr bewegen konnte.

Wie schwer diese Verletzungen auch waren, sind sie doch kleine Kratzer im Vergleich zu denen, die ein ebenfalls etwa 40 bis 50 Jahre alter Neandertaler davongetragen hatte, dessen Überreste in der Höhle von Shanidar im Nordosten des Irak entdeckt wurden.[6] Dieses männliche

Individuum scheint Krankheiten gesammelt zu haben wie andere Leute Briefmarken: Er war taub (das zeigen zahlreiche verknöcherte Auswüchse in den Ohren) und hatte Anzeichen einer degenerativen Krankheit (eine Art Arthrose) seiner Lendenwirbel, wodurch die Bewegung der Knie, Knöchel und seines großen Zehs stark beeinträchtigt worden war – kurz, der Mann konnte höchstwahrscheinlich nicht mehr gehen. Und das war noch nicht alles: Eine Augenhöhle war zertrümmert, das heißt, auf dem einen Auge war er ziemlich sicher blind. Er hatte seinen rechten Unterarm verloren, wahrscheinlich nach einem nicht wieder verheilten Bruch über dem rechten Ellenbogen (War er amputiert worden? Man weiß es nicht). Der erhaltene Teil des rechten Arms weist mindestens eine weitere Fraktur auf, die auch das Schulterblatt und das Schlüsselbein in Mitleidenschaft gezogen hat. Allerdings war dieser taube und halbblinde Mensch, der nur schlecht gehen konnte und nur einen gesunden Arm hatte, immerhin über 40 Jahre alt geworden. Offensichtlich hatte dieser prähistorische Pechvogel nur mit Unterstützung seines Clans überleben können. Das sagt einiges über die Solidarität aus, die innerhalb eines Neandertalerclans herrschte.

Die gleichen Verletzungen wie bei professionellen Rodeoreitern

Falls sie nicht auf einen Krieg oder eine gewalttätige Auseinandersetzung innerhalb des Clans oder zwischen zwei Clans zurückgehen, lassen sich die an den drei Fossilien beobachteten Verletzungen am ehesten als Folge von Jagdunfällen erklären. Bewiesen ist damit noch nichts. Was könnte diese These stützen? Kann uns die statistische Untersuchung einer Reihe von Fossilien Aufschluss geben?

Untersucht man die auf den Skelettknochen von Neandertalern erkennbaren Schädigungen, so fällt auf, dass die meisten Verletzungen die Kopf- und Armregion betreffen, während Verletzungen an den Beinen offenbar seltener sind. Zu Kopf- und Armverletzungen (besonders des

Ellenbogens) kommt es meist bei unkontrollierten Stürzen, denn man versucht automatisch, durch Vorstrecken der Arme den Sturz abzubremsen oder zu stoppen.

Tatsächlich verteilen sich die Verletzungen ähnlich wie bei professionellen amerikanischen Rodeoreitern und beim *Homo sapiens*,[7] der vor 35 000 bis 10 000 Jahren nach Europa eingewandert ist (anders als bei den Menschen der Jungsteinzeit, als Tiere und Pflanzen domestiziert wurden). Die Blessuren der Neandertaler könnten also sehr gut von heftigen Zusammenstößen mit großen Huftieren stammen (Elefanten, Bisons, Hirschen, Auerochsen, Pferden, Nashörnern). Man erinnert sich an die Szene in der Höhle von Lascaux, auf der ein auf dem Rücken liegender, anscheinend bewusstloser Jäger dargestellt ist, der von den Hörnern eines mit Strichen (Speeren?) übersäten Bisons bedroht wird, dessen Eingeweide unter seinem Bauch hervorquellen! Man denkt auch wieder an die Corrida und die heftigen Stöße, die ein Torero aushalten muss, wenn er von den Hörnen des Stiers in die Luft geschleudert wird.

Naiv gefragt: Warum stellten sich die Neandertaler derart furchteinflößenden Gegnern? Konnten sie sich nicht mit kleinerem Wild begnügen wie Hasen oder auch den weniger gefährlichen Hirschen? Als erste Antwort kommt einem in den Sinn, dass sie auf den enormen Kalorienverbrauch ihres Stoffwechsels reagierten. Die Lebensweise der Jäger erforderte extreme Ausdauer und in den eiszeitlichen Perioden große Widerstandskraft gegen die Kälte. All das kostete Energie. Auerochsen, Elefanten, aber auch Nashörner oder Bisons sind Tiere, die viel Fett enthalten. Schätzten die Neandertaler sie besonders deswegen? Könnte die Subsistenzwirtschaft der Neandertaler sich auf das Großwild konzentriert haben, damit die großen metabolischen Ressourcen beschafft werden konnten, die von den Clanmitgliedern benötigt wurden?

Laden Sie nie einen Neandertaler ins Restaurant ein!

Seit langem schon sind sich die Paläoanthropologen darin einig, dass die Antwort auf diese Fragen ein eindeutiges Ja ist.[8] Doch die These vom enormen Energiebedarf der Neandertaler musste erst noch erhärtet werden. Dazu versuchte man, ihren Grundumsatz zu berechnen (also den zum Überleben erforderlichen Anteil des Energiebedarfs) – keine leichte Aufgabe bei einer ausgestorbenen Spezies. Für diese Berechnung muss der tägliche Mindestenergieverbrauch eines Neandertalers geschätzt werden, das heißt die Energie, die er zum Atmen, für die Herztätigkeit, zur Verdauung und natürlich zur Erhaltung seiner Körpertemperatur von 37 °C brauchte (zumindest, wenn dies seine Körpertemperatur war), ganz einfach, um zu leben!

Beim modernen Menschen beträgt der durchschnittliche Mindestenergiebedarf einer zwanzigjährigen, 1,65 Meter großen Frau mit 60 Kilogramm Körpergewicht pro Tag 1320 Kilokalorien, ein zwanzigjähriger, 1,80 Meter großer Mann mit 70 Kilogramm Körpergewicht benötigt 1510 Kilokalorien. Der Bedarf variiert je nach Größe, Gewicht, Alter und Aktivität des Immunsystems (Kranke verbrauchen mehr) sowie entsprechend der Außentemperatur (die unter gemäßigten klimatischen Bedingungen nur eine unwesentliche Rolle spielt).

Wie hoch war der Grundumsatz beim Stoffwechsel unseres Neandertalerbruders? Ein bahnbrechender Artikel von Mark Sorensen und William Leonard von der Northwestern University in Illinois aus dem Jahr 2001 lieferte eine Antwort.[9] Die beiden Forscher griffen die vereinfachte Gleichung auf (in der die Körpergröße nicht auftaucht), die von der Weltgesundheitsorganisation vorgelegt und anhand einer repräsentativen Auswahl junger Erwachsener zwischen 18 und 29 Jahren entwickelt worden war. Diese Formel des Basismetabolismus – nennen wir ihn BM – gibt die täglich benötigte Anzahl Kilokalorien an. Sie liegt in zwei Versionen vor, einer für Frauen, einer für Männer:

BM Frau = 14,7 × Gewicht in Kilogramm + 496
BM Mann = 15,3 × Gewicht in Kilogramm + 679.

Um diese Gleichungen auf die Neandertaler anzuwenden, musste zunächst ihr durchschnittliches Körpergewicht geschätzt und dazu ihre spezifische Lebensweise berücksichtigt werden. Die Neandertaler waren ja keine Stubenhocker, die sich gleich nach der Arbeit bequem vor ihren Fernseher oder Computer setzten, wie das die meisten von uns tun! Das Körpergewicht der Neandertaler wurde anhand von nur zwölf vollständig erhaltenen Skeletten berechnet. Das Gewicht einer Neandertalerin wurde auf 55, das eines Mannes auf 65 Kilogramm geschätzt.

Weil sich Sorensen und Leonard für die Neandertaler der Eiszeiten interessierten, erhöhten sie die Ergebnisse um 10 Prozent, um der Kälte, der sie standhalten mussten, Rechnung zu tragen. Unter Berücksichtigung der äußerst aktiven Lebensweise der Neandertaler multiplizierten sie die erhaltene Zahl mit einem bestimmten Faktor. Nun geht man bei aktiven Sportlern (unserer Spezies) von einem etwa 1,8- bis 2-mal höheren täglichen Energiebedarf als bei einem normalen Menschen aus.

Aber galt dies auch für den Neandertaler? Um darüber Gewissheit zu erlangen, stellten Sorensen und Leonard Untersuchungen zum Energiebedarf von acht Jäger-und-Sammler-Populationen an, die ergaben, dass deren Bedarf manchmal sogar noch höher lag als der eines aktiven Sportlers. Am Ende kamen sie zu dem Schluss, dass man den Faktor bei mäßig aktiven Neandertalern mal zwei, bei sehr aktiven mal drei nehmen musste.

Nach all dieser Rechnerei gelangten sie zu einem überraschenden Ergebnis: Neandertaler, die brav im Lager blieben, verbrannten 4422 Kilokalorien am Tag, während andere, die sich bei der Jagd völlig verausgabten, täglich 6633 Kalorien brauchten. Das sind enorme Mengen! Man stelle sich vor: Um Hungergefühle zu vermeiden, musste ein aktiver Neandertaler umgerechnet 22 Steaks von je 200 Gramm (eines entspricht etwa 300 Kilokalorien) verdrücken, und das jeden Tag!

Erschwerende Faktoren

Diese Schätzungen waren so irritierend, dass einige Forscher überprüfen wollten, ob sie mit dem übereinstimmen, was man von der speziellen Physiologie von Bevölkerungen weiß, die heute unter extremen Bedingungen besonders in großen Höhenlagen leben.[10] Dieser Typus ist tatsächlich von einem Basismetabolismus geprägt, der verglichen mit Bevölkerungen, die in niedrigeren Regionen leben, sehr hoch ist und eine deutliche Anpassung an extreme Temperaturen aufweist.

Daraus folgt, dass je nach Lebensweise vier Faktoren den Tagesbedarf an Energie bestimmen: 1. die Körper- und Muskelmasse; 2. das Leben bei niedrigen Temperaturen; 3. eine fleischlastige Ernährung; 4. intensive körperliche Betätigung.

Und alle diese Faktoren treffen beim Neandertaler zu. Deshalb erhöhten die Forscher sogar noch die Resultate von Sorensen und Leonard: Sie schätzten den Tagesbedarf einer Neandertalerin auf 3000 bis 5000, den eines Neandertalers auf 4000 bis 7000 Kilokalorien. Diese Werte übersteigen bei Weitem diejenigen, welche man bei den Aymara festgestellt hat, einem andinen Bauern- und Hirtenvolk, dessen traditionelle Lebensweise eine hohe physische Belastung in großer Kälte vermuten lässt. Sie kommen dagegen den Werten nahe, die Marathonläufern oder Schwerarbeitern empfohlen werden. Doch vergessen wir nicht, dass der Neandertaler dieses Quantum täglich verbrannte.

Extreme Fleischfresser

Wie gelang es den Neandertalern, sich diese Kalorienmengen zu beschaffen? Wir wissen, dass sie jagten, doch woher weiß man, dass sie durch die Jagd den Großteil ihres Kalorienbedarfs deckten? Durch Anwendung biogeochemischer Methoden auf die Urgeschichte. Die Art und Weise, in der bestimmte chemische Elemente (Stickstoff, Kohlenstoff etc.) durch die Nahrungskette wandern, lässt erkennen, dass mehr als die Hälfte der Nahrung der Neandertaler aus Fleisch bestand. Die Gesetze der Übertragung chemischer Elemente aus der Umwelt in die Organismen des trophischen Netzwerks (der Gesamtheit der Nahrungsketten) wurden in den 1960er Jahren dargelegt. Damals ging es um den Nachweis von Spuren von Blei, Aluminium und Schwermetallen in den Knochen. Danach wandten die Ökologen diese Prinzipien auf ihre Disziplin an. Angesichts des großen Interesses an den Ergebnissen nutzten Wissenschaftler diese Methoden auch bei prähistorischen Knochen. Im Fall der Neandertaler wurden zahlreiche technische Verfeinerungen eingeführt, um ihre Ernährung im Detail einzuschätzen.[11] Der Gedanke ist einfach: Je weiter man die Nahrungskette ihrem Ende zu verfolgt, desto mehr sammeln sich bestimmte Radioisotope (radioaktive Atome unterschiedlicher Massen, zum Beispiel Kohlenstoff mit der Atommasse 13 oder Stickstoff mit der Atommasse 15) im Fleisch, in den Knochen und den Zähnen der Prädatoren an. Anders ausgedrückt: Misst man die Werte dieser Radioisotope in den Knochen des am Ende der Nahrungskette stehenden Neandertalers, dann weiß man, ob er sich lieber von Mammut- oder Nashornkoteletts ernährte oder von Löwenzahn aus der Steppe.

Ein Dutzend Neandertaler aus Glazial- und Interglazialperioden[12] aus Belgien, Frankreich und Kroatien wurde auf diese Weise unter die Isotopen-Lupe genommen. In ihren Knochen wurden erhöhte Werte von Stickstoff 15 gemessen, die vergleichbar sind mit denen, die bei Wölfen und Hyänen festgestellt wurden. Sie sind doppelt so hoch wie bei den großen Pflanzenfressern. Dies lässt nur einen Schluss zu: Spätestens seit 120 000 Jahren ernährten sich alle europäischen Neandertaler im Wesentlichen von Fleisch, und den entscheidenden Teil ihrer Proteine gewannen sie von großen Pflanzenfressern.

In freier Wildbahn greifen Wölfe und Hyänen Großwild an, um sich die großen Energiemengen zu beschaffen, die das Rudel braucht. Zeigten die Neandertalerclans ein vergleichbares Verhalten? Waren sie nichts anderes als eine Horde hoch spezialisierter Jäger, die die Steppe auf der Jagd

Abb. 6.2: Die Neandertaler waren dermaßen auf die großen Beutetiere aus, dass sie auch dem Mammut nachstellten, einem Tier, das äußerst gefährlich war, es sei denn, es hatte sich in einen Sumpf verirrt.

nach großen Beutetieren durchstreiften und sich ausschließlich von Fleisch ernährten? Diese unter den Prähistorikern verbreitete Vorstellung ist sicherlich teilweise übertrieben. Für die meisten unter uns, die wir unter Bewegungsmangel leiden, wäre eine solche Ernährung fatal, wir würden an Fettleibigkeit sterben.

Selbst für hyperaktive Neandertaler scheinen 6000 Kalorien pro Tag viel zu viel. Wahrscheinlich erklärt sich diese Menge ganz einfach: Die aufmerksame Prüfung der Arbeiten zum Kalorienbedarf der Neandertaler zeigt nämlich, dass alle den Basismetabolismus von *nackten* Individuen berechnen und den Beitrag der Wärme des Feuers nicht in Betracht ziehen. Kann man aber ernsthaft glauben, Menschen könnten in einer Eiszeit nackt durch den Winter kommen? Sollten Menschen, die während einer Eiszeit die Winter überlebten, keine Kleidung gekannt haben?

Herbst-Winter-Kollektion

Selbst wenn wir mangels archäologischer Spuren keine Gewissheit haben, ist dennoch klar, dass sich die Neandertaler Kleidung und Schuhwerk fertigten, wobei sie hierzu die Felle der erlegten Tiere verwendeten (hauptsächlich warme Pelze wie die von Wolf und Bär) sowie Rinde, besonders Birkenrinde, aus der sich regelrechte Folien herstellen lassen, die weich, widerstandsfähig und wasserdicht sind. Und es besteht nicht der Schatten eines Zweifels, dass die Neandertaler diese Häute zu verarbeiten und zusammenzufügen wussten (erinnern wir uns, dass man die extreme Abnutzung ihrer Zähne dem Kauen der Häute zuschreibt).

Denkbar ist auch, dass sie wie die Aymanas in Feuerland, über die die ersten europäischen Ankömmlinge staunten, als einzigen Schutz gegen die strenge Kälte nur einen Lendenschurz und ein Fell, das den Rücken bedeckte, trugen. Man kann sich vorstellen, dass sie, wie die Aymanas, der Kälte trotzten, indem sie sich mit einer dicken Schicht Tierfett einrieben. Oder waren sie vielmehr mit Genen gesegnet, die ihre Anpassung an die Kälte erleichterten, indem sie die Blutzirkulation an der Hautoberfläche veränderten und die Einlagerung von Fett begünstigten (vgl. Kapitel 4)? Möglicherweise wirkten auch all diese Faktoren zusammen. Die Ahnenreihe der Neandertaler entwickelte sich in 450 000 Jahren unter Klimata, die häufig zwischen Kalt- und Warmzeiten schwankten, und auch wenn alles darauf hindeutet, dass ihre Vorliebe für Großwild konstant blieb, variierte die Art ihrer Jagd und des Sammelns je nach Epoche und Klima.

Schildkrötensuppe und gebratene Frösche

Andere Indizien legen nahe, dass der Energiebedarf der Neandertaler ziemlich sicher überschätzt wurde. In den letzten zehn Jahren mehrten sich die Beweise, dass andere Nahrungsmittel als Fleisch von großen Tieren verzehrt wurden, und man weiß jetzt, dass die Neandertaler auch kleinere Land- und Wassertiere wie Schildkröten, Fische, Schnecken und Muscheln aßen.

Unterschieden sich also die Neandertalerjäger völlig von ihren Brüdern der Spezies *Sapiens*, oder waren sie vielmehr opportunistische Jäger und Sammler wie diese? Wahrscheinlich ist, dass die Neandertalergesellschaft eine diversifizierte Subsistenzwirtschaft betrieb. Ganz bestimmt gab es Situationen, in denen dem Clan eine Hungersnot drohte und er daher dringend nach Möglichkeiten suchte, auch anderweitig Nahrung zu finden.

Wie die meisten Jäger und Sammler werden sie vermutlich auf zusätzliche Nahrung zurückgegriffen und Insekten, Eier, Honig und in gemäßigten Klimaperioden auch Schnecken, Frösche und anderes Kleingetier verspeist haben.[13] Im Übrigen ist die Vielfalt des Nahrungsmittelangebots auf der Landkarte ablesbar: Die tierischen Überreste, die an den Fundstätten geborgen wurden, legen nahe, dass die Neandertaler in Nordeuropa sich mehr von Fleisch ernährten als ihre Artgenossen im Mittelmeerraum.

Wir wissen ferner, dass die Neandertaler auch Meeresfrüchte nicht verschmähten. Belege dafür wurden bei Ausgrabungen in der Höhle von Bajondillo in der Nähe von Málaga gefunden, wo eine ganze Ansammlung von Muschelschalen ans Licht kam, Überreste von Mahlzeiten von Neandertalerfischern.[14]

Fischfang im eigentlichen Sinn betrieben die Präneandertaler und Neandertaler dagegen höchstens gelegentlich. Die einzigen Belege für diese Art Jagd[15] stammen vom Fundort Payre in der Ardèche, den Silvana erforscht hat. Auch Neandertaler aus einer Höhle am Seeufer in Banyoles (Katalonien)[16] betrieben Fischfang. Ihre Hinterlassenschaften lassen vermuten, dass sie täglich getrockneten Fisch mitsamt der Haut aßen. Funde in den Höhlen von Vanguard und von Gorham in Gibraltar verraten, dass auch gestrandete Delfine oder Seehunde von den Neandertalern verzehrt wurden.[17] All dies weist sie als opportunistische Räuber aus.

Der Löwenzahn der Steppe ist gar nicht einmal so schlecht

Bis jetzt haben wir unsere europäischen Brüder als reine Fleischfresser beschrieben, aber haben wir nicht doch den Beweis, dass der Neandertaler sich nicht ab und an einen kleinen Salat aus Löwenzahn mit Pinienkernen oder aus Bärlauch mit Blaubeeren gegönnt hat (in Ermangelung von Überresten eines Neandertaler-Kochbuchs kann man sich alles vorstellen)? Der berühmte Anthropologe Alain Testart[18] hat als Erster betont, dass bei den heute lebenden Jägern und Sammlern der Beitrag der Pflanzen für das Überleben eines Clans nicht zu unterschätzen ist und dass er zweifellos auch bei prähistorischen Populationen eine Rolle gespielt hat.

Um zu diesem Schluss zu gelangen, fasste Testart die Beobachtungen zusammen, die er auf seinen zahlreichen ethnographischen Forschungsexpeditionen bei heute lebenden Jäger-und-Sammler-Populationen wie den Inuit der amerikanischen Pazifikküste, den San in Botswana und den australischen Aborigines gesammelt hatte. Er konnte nachweisen, dass der Anteil des Sammelns notfalls bis zu 60 Prozent des Energiebedarfs der Sippe deckt und in allen Fällen niemals unter 20 Prozent sinkt. Diese Untergrenze gilt für die Inuit, obwohl ihr Lebensraum die meiste Zeit schneebedeckt ist.

Halten wir nebenbei fest, dass in allen Jäger-und-Sammler-Kulturen das Sammeln vor allem den Frauen und Kindern obliegt. Daher ist der Beitrag der Frauen für die Existenzsicherung einer Gruppe von Jägern und Sammlern nahezu immer unverzichtbar, überwiegt häufig sogar den der Männer. Aber sind diese Erkenntnisse auf die Jäger-und-Sammler-Gruppen der Neandertaler übertragbar? Manches deutet darauf hin. Zum einen lebten sie auch unter gemäßigten Klimabedingungen und in Biotopen, die sicherlich reicher an unterschiedlichsten Ressourcen waren als die arktisnahen Steppen. Zum anderen fand man pflanzliche Überreste in den Siedlungsstellen der Neandertaler im Nahen Osten, so zum Beispiel in den Höhlen von Amud und Kebara in Israel. Diese Überreste verschiedener Pflanzen und von Nüssen (Pistazien) lassen auf vegetabile Ernährung schließen.[19] Allerdings wurde lange kein vergleichbares Indiz an den europäischen Siedlungsorten der Neandertaler gefunden, wo dies ebenso vorstellbar wäre, denn in den ausgedehnten subarktischen Steppen der Glazialzeiten oder in den Wäldern der gemäßigten Interglaziale gab es massenhaft Beeren.

Diese winzigen Beweisstücke reichten nicht aus, um die Paläontologen zu überzeugen. Und so glaubte man im Hinblick auf ihren enormen Kalorienbedarf lange Zeit, die Neandertaler hätten sich ausschließlich von Fleisch ernährt. Dies wurde schließlich zu einer Gewissheit, die man eigentlich hätte anzweifeln müssen, weiß man doch, welche physiologischen Risiken eine allzu proteinhaltige Ernährung birgt.

Pflanzen, Wurzeln und Blüten

Diese Auffassung geriet im Lauf der letzten Jahrzehnte ins Wanken, als man begann, die Oberfläche der Zähne von Neandertalern unter dem Mikroskop zu untersuchen. Experimente hatten nämlich erwiesen, dass Fleisch und pflanzliche Ernährung unterschiedliche Spuren auf den Zähnen hinterlassen: Während der Verzehr von Fleisch vertikale, längliche Riefen verursacht, zeigt sich pflanzliche Nahrung an horizontalen Rillen.[20] Man versprach sich viel davon, diese Erkenntnis auch auf die Zähne von Neandertalern anzuwenden, doch der Schuss ging nach hinten los, nachdem die Forscher sich in Spitzfindigkeiten verloren: Waren die Rillen das Resultat eines ganzen Lebens? Oder entsprachen sie der Ernährung während der letzten Lebensjahre einer Person? Der Streit endete schließlich im Zweifel: Letztlich konnte kein eindeutiger Beweis erbracht werden.

Wenig später entdeckte man in der Höhle von Payre in der Ardèche Spuren von Stärke auf Artefakten von Präneandertalern.[21] Stärke ist eine pflanzliche Substanz mit hohem Nährwert. Sie ist in Getreide enthalten und liefert das Mehl. Die Bewohner der Höhle von Payre sammelten und verzehrten höchstwahrscheinlich Pflanzen. Leider war das Indiz einmal mehr zu winzig, um die Prähistorikerzunft ganz zu überzeugen.

Der untrügliche Beweis für den Verzehr von pflanzlicher Nahrung kam erst jüngst durch eine Untersuchung der Rückstände im Zahnstein. Dieses Material wird vom Zahnbelag erzeugt, einem unsichtbaren bakteriellen Belag auf der Zahnschmelzoberfläche, besonders an der Basis der Innenseite vor allem der Schneide- und Eckzähne. Nach und nach bilden sich an diesen Stellen Kalziumphosphatkristalle, aus denen der Zahnstein entsteht.

Um diesen bakteriellen Belag zu entfernen, lassen wir uns vom Zahnarzt die Zähne reinigen, aber unsere prähistorischen Ahnen konnten das nicht, und deshalb war ihr Gebiss mit Zahnstein bedeckt. Während sich diese Kalkschicht bildet, werden darin mineralisierte Bakterien, diverse Zellen und mikroskopische Nahrungsrückstände eingeschlossen. Seit einigen Jahren machen sich Paläoanthropologen, Paläovirologen und Paläobiologen daran, diese Informationsquelle auszuwerten.

Tatsächlich finden sich im Zahnstein Phytolithe (etymologisch «Steine von Pflanzen»). Diese pflanzlichen Zellen oder Zellfragmente fossilisieren bei der Ausfällung des Biominerals, aus dem der Zahnstein entsteht. Die Ablagerungen auf den Zähnen der Neandertaler geben uns demnach direkt Aufschluss über die Pflanzen, die sie aßen, und wir erfahren sogar, ob sie diese roh oder gekocht verzehrten! Im Jahr 2011 wurde der Zahnstein der Neandertalerzähne von Spy 1 und Spy 2 und von Shanidar 3 untersucht.[22] Das irakische Fossil von Shanidar 3 faszinierte die Wissenschaftler besonders, weil sie darin eine Reihe Stärkekörner entdeckten, die von einer Weizenart (*Triticum*) und einer Gerstenart (*Hordeum*) stammen.

Wenn man bedenkt, dass der Nahe Osten viel später, im Neolithikum (vor 10 000–6000 Jahren), eines der Zentren der Domestizierung der Körnerfrüchte werden sollte, könnte man meinen, dass die Neandertaler des Nahen Ostens dank der Beschaffenheit des dortigen Lebensraums Cerealien nutzen konnten, wie es lange danach ihre Nachfolger der Spezies *Homo sapiens* tun sollten.

Ebenso faszinierend ist die Feststellung, dass 42 Prozent der pflanzlichen Nahrung, die die Neandertaler zu sich nahmen, ähnliche chemische Veränderungen erfahren hatten, wie sie ein Kochvorgang erzeugt hätte. Nun beherrschte der Heidelberger Mensch das Feuer bereits vor 500 000 Jahren. Eine neuere Studie[23] hat gezeigt, dass die Neandertaler ganz leicht Feuer zu entfachen verstanden (durch Zugabe von Mangandioxid an Holzspäne). Außer der Wärme bot das Feuer den Neandertalern auch die Möglichkeit zu kochen. Die gründliche Untersuchung der Knochenreste an ihren zahlreichen Feuerstellen hat uns gezeigt, dass die Neandertaler ihr Fleisch brieten; Patina und Art der Oberfläche mancher Knochen verraten zudem, dass sie manchmal eine fette Brühe kochten. Heute haben wir Gewissheit, dass der Speiseplan der Neandertaler auch Suppen aus wilden Cerealien umfasste.[24]

Im Zahnstein des Fossils Shanidar 3 wurden außerdem Phytolithen von Dattelpalmen gefunden. Da diese Frucht sehr haltbar ist und die Fundstätte Shanidar im Gebirge (im irakischen Teil von Kurdistan) liegt, fernab der Regionen, in denen Dattelpalmen gedeihen, ist der Gedanke naheliegend, dass diese Neandertalerpopulation in der entsprechenden Jahreszeit Datteln sammelte, die sie zu späterem Verzehr einlagerte. Es sei denn, die Menschen mit Phytolithen von Datteln an ihren Zähnen hätten sich auf einen langen Weg gemacht, bevor sie in der Höhle starben – wer weiß?

Generelle Aussagen sind schwer zu treffen, unterscheiden sich doch die Befunde von Shanidar von denen in Europa, wo nicht so viele Körnerfrüchte und keine Datteln gefunden wurden. Der Zahnstein auf den belgischen Fossilien Spy 1 und Spy 2 wies dagegen Rückstände von Wasserpflanzen auf, die die Forscher für Seerosen hielten. Im Jahr 2012 bestätigte eine andere Untersuchung an einer Reihe von Zähnen später spanischer Neandertaler der Fundstätte El Sidrón den Verzehr von Cerealien.[25] Neun von zehn analysierten Zähnen enthielten winzige Stärkepartikel, die wahrscheinlich ebenso wie die aus dem Nahen Osten von Cerealien stammten. Außerdem enthielt der Zahnstein Phytolithen von Pflanzen, die für ihre Heilkraft bekannt sind. Das würde bedeuten, dass die Neandertaler Pflanzen aßen, deren heilende Kräfte sie kannten.

Gewöhnliche oder ganz besondere Jäger und Sammler?

Fassen wir zusammen: Waren die Neandertaler wie ihre Verwandten der Spezies *Homo sapiens* Jäger und Sammler, deren Nahrung zumindest zu einem Fünftel aus Pflanzen bestand? Ja, denn wir haben den Beweis, dass sie Pflanzen verzehrten, worauf der menschliche Organismus nicht verzichten kann. Und da ihre Lebensräume zu allen Epochen jede Menge essbare pflanzliche Nahrung boten, besteht kein Zweifel, dass die Neandertaler, wie die Inuit, in der Natur genügend Vitamine und Fasern, also lebenswichtige Pflanzen, finden konnten.

Bei heute lebenden Jäger-und-Sammler-Gesellschaften sehen wir, dass das Sammeln im Wesentlichen Aufgabe der Frauen ist. Zwar wissen wir nichts über die Arbeitsteilung innerhalb der Neandertalergruppen,[26] aber was wir bei anderen Jägern und Sammlern sehen, lässt die Vorstellung von einer Neandertalerin mit einem Kind auf dem Arm beim Erlegen des Elefanten von Lehringen doch abwegig erscheinen. Eher sehen wir sie nach Art der amerikanischen Ureinwohner beim Sammeln von Beeren vor uns, die sie zusammen mit einer Mischung aus tierischem Fett und gedörrtem Fleisch verarbeitet; den wohlschmeckenden, energiereichen Proviant nimmt sie mit, wenn der Clan weiterzieht, oder sie gibt ihn den Jägern mit auf die Jagd.

Der Mensch kann nämlich höchstens 30 Prozent der verzehrten Proteinmasse in Energie umwandeln; die übrige Energie bezieht er aus Kohlehydraten und Fetten. Nehmen wir einmal an, die Neandertalerinnen hätten ebenfalls gejagt, Fallen gestellt und kleine Tiere gefangen, die sie als Vorrat behielten oder aus denen sie spezielle Nährstoffe gewannen. Lassen wir unserer Phantasie freien Lauf und stellen uns vor, die Neandertalerinnen hätten die Kunst entwickelt, Lemminge in größeren Mengen zu fangen, und darin auch die Kinder unterrichtet, und sie hätten es verstanden, daraus einen schmackhaften, haltbaren, mit Beeren vermischten Vorrat herzustellen. Eine solche Speise wäre zwar weniger nahrhaft gewesen als das Fleisch der großen Pflanzenfresser, die gemeinsam gejagt wurden, aber doch wichtig für den Stamm, wenn er lange Zeit auf kein jagdbares Wild stieß.

Wir haben also Grund zu der Annahme, dass die Neandertalerinnen einen bedeutenden, ja sogar ausschlaggebenden Beitrag zur Existenzsicherung leisteten, so wie es bei heutigen Jägern und Sammlern der Fall ist; und wenn sie tatsächlich vor allem kleine Tiere jagten, konnten sie auch erheblich zur täglichen Versorgung des Clans mit Fleisch beitragen.

Festmahl dringend nötig!

Jetzt müssen wir nur noch klären, warum so große Mengen von Frischfleisch gebraucht wurden. Vermutlich war der Neandertaler ein übermäßiger Fleischesser und Konsument pflanzlicher Nahrung. Die Isotopensignaturen, die darauf verweisen, dass seine Ernährung der von Wölfen oder Hyänen ähnlich war, schließen einen zusätzlichen, möglicherweise beträchtlichen Verzehr von Pflanzen nicht aus. Wir wissen allerdings nicht, wie ein Festmahl bei den Neandertalern aussah. Der massive Verzehr von Fleisch war vielleicht immer von pflanzlicher Kost begleitet, die nicht nur wegen des Geschmacks, sondern auch zur Vervollständigung und Verfeinerung der Fleischspeisen sorgfältig ausgesucht wurde und die Verdauung förderte.

Wir kommen also immer wieder auf diese drängende Frage zurück: Warum aßen die Neandertaler so viel Fleisch? Meistens wird ihr enormer Energiebedarf angeführt, doch es gibt noch einen anderen, sozialen Aspekt: das Bedürfnis nach einem gemeinsamen Festessen. In einer zahlenmäßig kleinen Population, in der es in erster Linie um das Überleben ging, konnte das Erlegen und anschließende Teilen einer großen Beute von enormem sozialem Nutzen sein. Der Anthropologe Alain Testart war überzeugt, dass die Jäger und Sammler in egalitären Gesellschaften lebten, in denen die Verteilung der Güter unmittelbar stattfand. Das bedeutet, dass der gesellschaftliche Zusammenhalt entscheidend von der Gerechtigkeit und der sozialen Organisation der Aufteilung der Ressourcen abhing, die von der Gruppe gemeinsam beschafft wurden.

Das bringt uns auf den Gedanken, dass sich der Clan bei den großen Jagden in provisorischen Lagern, regelrechten Arbeitsstätten, versammelte, die sicherlich nach Gesichtspunkten wie Sicherheit vor Raubtieren, Vorhandensein von fließendem Wasser, Überblick über das Gelände (zur Jagd), eine Furt als Verbindung zu ihrem Habitat, Rohmaterial zur Herstellung von Werkzeugen usw. gewählt wurden. Man kann sich vorstellen, dass nach erfolgreicher Jagd die Beute vor Ort in transportable Teile zerlegt wurde – Fell, Keulen, Bug, wertvolle Rohstoffe (zum Beispiel Stoßzähne) – und anschließend zum Schlachtungsplatz geschafft wurde, für den eine Stelle gewählt wurde, die den Gewohnheiten der Tiere entsprach, um die Entfernungen zu verringern.

Der Großteil der Schlachtarbeit, die wie die Jagd gemeinschaftlich stattfand, wurde zweifellos in den provisorischen Lagern der Neandertaler erledigt. Dieser Vergemeinschaftung der Arbeit entspricht eine direkte Aufteilung der Beute unter den Augen aller und unter der Mitwirkung aller. Der Beitrag jedes Einzelnen war schon bei der Jagd gefordert, so wie in Lehringen, wo der Elefant in einen Sumpf getrieben wurde, oder wie in La Borde, wo die Auerochsen in eine Karsthöhle gestürzt wurden. Man kann sich vorstellen, dass vor Ort die gemeinsame Arbeit weiterging, die darin bestand, zum Zweck einer alle Mitglieder des Clans verbindenden Mahlzeit die schwer zu konservierenden Teile wie Innereien, Herz, Leber, Mageninhalt usw. zu verteilen. Danach wurden alle edlen Teile ins ständige Lager geschafft, wo sie entweder als Vorrat angelegt wurden (Keulen, Bug, Muskelfleisch) oder die nützlichen Materialien (Mark, Stoßzahn, Fell, Sehnen) entnommen wurden.

Waren diese Tätigkeiten, die Sorgfalt erforderten, bestimmten Mitgliedern zugewiesen? Denkbar ist zum Beispiel, dass insbesondere Frauen die Aufgabe hatten, die Häute zu bearbeiten, was zum einen die Nähe eines Wasserlaufs erklären würde wie in Quincieux, zum anderen die Abnutzungsspuren auf den Zähnen durch Kauen, die auf manchen Fossilien wie denen von La Ferrassie oder von Shanidar festgestellt wurden.

Das Wohlergehen einer Neandertalergruppe hing demnach von einer Verteilung ab, die dem Bedarf jedes Einzelnen, aber auch seiner Rolle bei der Beschaffung entsprach. In einer Gruppe, die nach diesem Muster funktionierte, ließ sich die Kleintierbeute wie Hasen, Kaninchen und andere Nager, die in mageren Zeiten unverzichtbar waren, schlecht direkt verteilen. Ein erlegter Elefant jedoch, dessen Fleisch die ganze Gruppe

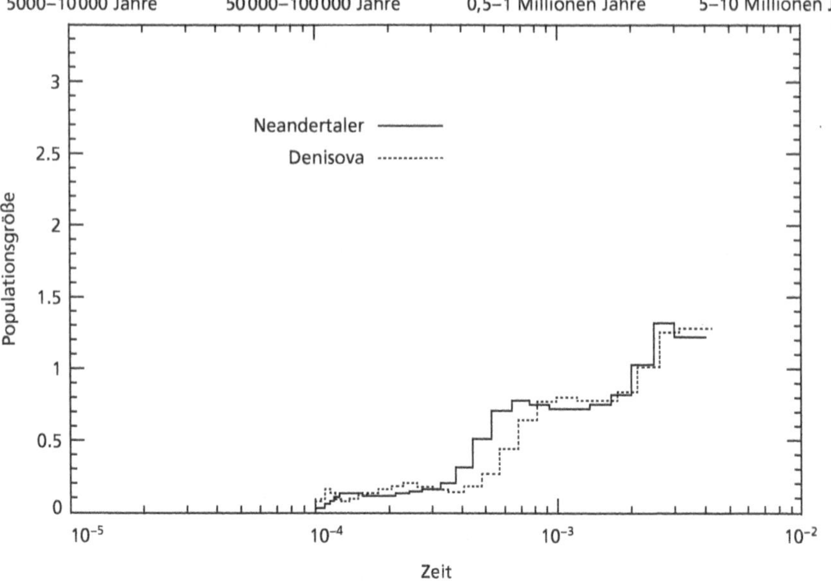

Abb. 6.3: Schätzung der zeitlichen Veränderungen von Populationsgrößen.

Auf der y-Achse ist die Populationsgröße N dargestellt, die x-Achse gibt die Zeit als Divergenz pro Basenpaar wieder. Die Jahresangaben am oberen Rand beziehen sich auf Mutationsraten von $0,5 \times 10^{-9}$ bis $1,0 \times 10^{-9}$ pro Standort und Jahr. Die Analyse geht davon aus, dass Neandertaler und Denisova-Menschen gleichzeitig lebten, während archäologische Belege und die Astverkürzung darauf hindeuten, dass das Neandertaler-Fragment älter ist als der Denisova-Fund. (Nach Kay Prüfer et al., «The complete genome sequence of a Neanderthal from the Altai Mountains», *Nature*, Nr. 505, 2014, S. 46).

auf einmal satt machte, leistete noch einen anderen wichtigen Dienst: Er bot die Gelegenheit, ein ‹Fest› zu veranstalten, zumindest die Beute gerecht zu verteilen, was den sozialen Zusammenhalt stärkte.

Es ist also gar nicht so schwer zu erklären, dass die Neandertaler so hohe Risiken eingingen, um Großwild zu erlegen: Selbst wenn solche

Abenteuer sich für den Einzelnen katastrophal auswirken konnten, so waren sie doch für das Überleben des Stammes auf lange Sicht von Vorteil. Und der soziale Zusammenhalt war von umso größerer Bedeutung, als unsere Neandertalerbrüder nur spärlich auf weiten Gebieten verteilt waren.

Abb. 7.1: Suchbild: Wo ist der Neandertaler? Er verliert sich mitsamt seinen Artgenossen in den Weiten der 10 Millionen Quadratkilometer Europas.

Taf. I: Dieser *Homo heidelbergensis* wurde in der «Knochenhöhle» (Sima de los Huesos) von Atapuerca (Nordspanien) geborgen – einem Fundort, von dem 80 % der menschlichen Fossilien stammen, die 400 000 Jahre und älter sind. Den ganz besonderen Bedingungen dieser Fundstätte ist es zu verdanken, dass die Human-DNA über Hunderttausende von Jahren so gut konserviert wurde, dass sie sequenziert werden konnte.

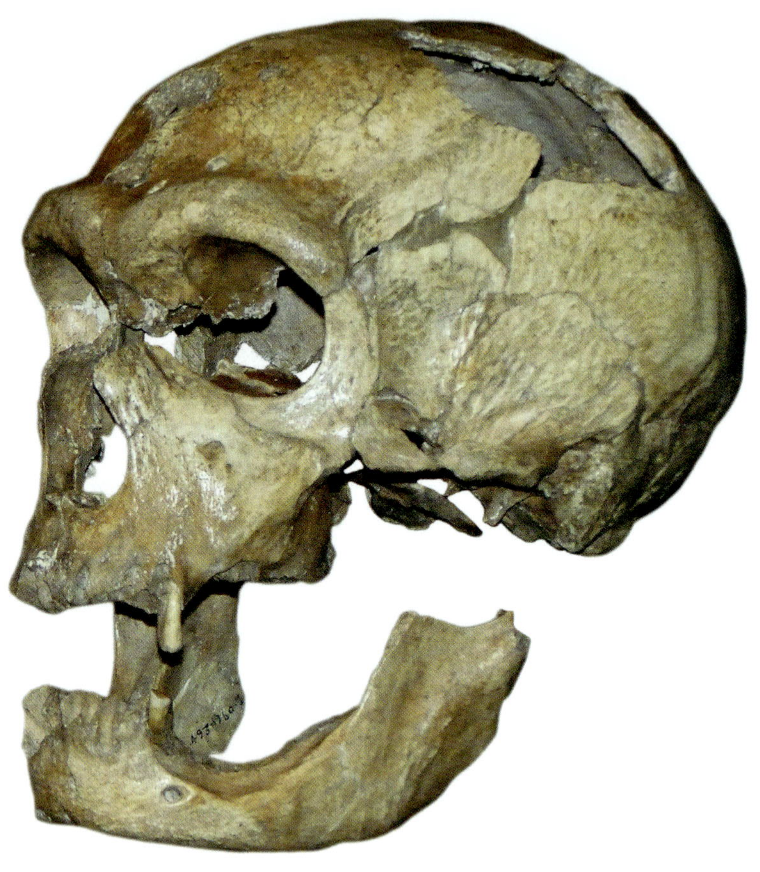

Taf. II: Der Mensch von La Chapelle-aux-Saints (Corrèze) ist der erste jemals in Frankreich entdeckte Neandertaler. Das Fossil wird heute im Musée de l'Homme in Paris aufbewahrt.

Taf. III: Diese alte Photographie zeigt, wie sich der Schädel des Menschen von La Chapelle-aux-Saints seinem Entdecker, dem Kanoniker Jean Bouyssonie, im Jahr 1908 darbot. Mit Hilfe seiner Brüder Amédée und Paul, die beide ebenfalls an der Urgeschichte interessiert waren, legte er das Skelett des ersten Neandertalers Frankreichs frei.

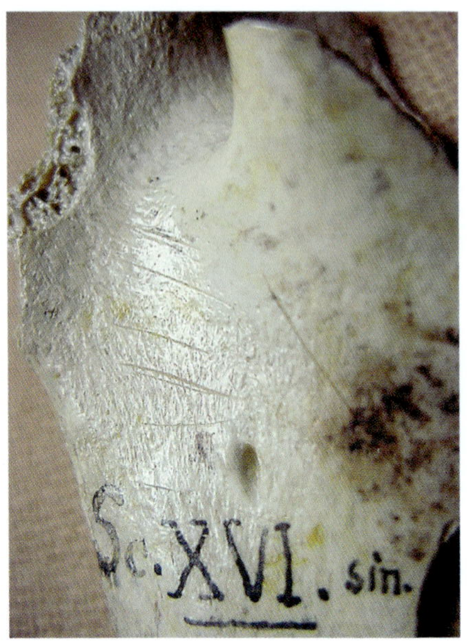

Taf. IV: Diese Schnittspuren stammen von einem scharfen Werkzeug, mit dem ein Neandertaler vom Schulterblatt (oben) und vom Ellenbogen (unten) eines seiner Artgenossen Fleisch ablöste. Die Fossilien wurden an der Fundstätte Krapina in Kroatien entdeckt. Bis heute wissen wir nicht, ob der Kannibalismus der Neandertaler der Ernährung diente oder symbolischer Natur war.

Taf. V: Der Faustkeil – hier ein unvollständiges Exemplar aus Romanèche-Thorins (Saône-et-Loire) – ist ein in Form einer Träne behauener Stein. Er war ein Universalwerkzeug, eine Art ‹Schweizer Taschenmesser› der Altsteinzeit. Er wurde durch beidseitige Abschläge eines rohen Steinblocks erzeugt. Die Faustkeile der Neandertaler sind besonders formvollendet. Wegen seiner allseitigen Symmetrie gilt der Faustkeil als erstes archäologisches Zeugnis für den Sinn des Menschen für Ästhetik.

Taf. VI: Die Herstellung der steinernen Werkzeuge der Neandertaler war kompliziert und erforderte großes Geschick, wie die Prähistoriker bezeugen, die sich an dieser Technik versucht haben. Erstaunlicherweise wurden diese Verfahren, von den Prähistorikern «Moustérien-Industrie» genannt, 300 000 Jahre lang nicht verändert. Zur Herstellung von Klingen und anderen Werkzeugen durch Abschläge benutzten die Neandertaler die Levallois-Technik, so genannt nach dem Fundort in der Nähe von Paris. Links ein nach dieser Methode hergestellter Schaber aus Solutré (Saône-et-Loire), der vermutlich zur Bearbeitung von Oberflächen wie beispielsweise Häuten verwendet wurde. Rechts ein Messer aus dem Moustérien aus Frettes (Haute-Saône).

Taf. VII: Auch in der Levante gab es Neandertaler. Oben ist das Neandertaler-Fossil Amud 1 von der Seite und von vorn abgebildet. Es stammt von einem etwa fünfundzwanzigjährigen Mann und wurde zusammen mit anderen Fossilien von Erwachsenen und Kindern zwischen 1961 und 1964 von einem israelisch-japanischen Team bei Grabungen im Nordwesten von Galiläa (Israel) geborgen. Der archaische *Homo sapiens* lebte bereits in der Levante, bevor die Neandertaler durch Amud zogen. Der untere Schädel, Qafzeh 9, stammt von einer Frau; entdeckt wurde er in der Höhle von Qafzeh in der Nähe von Nazareth und ist etwa 92 000 Jahre alt. Qafzeh 9 ist eines der ältesten *Homo-sapiens*-Fossilien, die außerhalb Afrikas gefunden wurden. Der gute Erhaltungszustand der beiden Fossilien eines Neandertalers und eines *Homo sapiens* erklärt sich aus dem Umstand, dass sie bestattet worden waren.

Taf. VIII: Das Fossil des Cro-Magnon-Menschen wurde 1868 beim Bau einer Straße entdeckt. Es handelt sich um einen *Homo sapiens*; heute weiß man, dass er vor etwa 28 000 Jahren starb und der sogenannten Gravettien-Kultur angehört hatte. Er ist demnach nicht einer der ersten anatomisch modernen Menschen in Europa, denn die frühesten *Sapiens*-Pioniere hatten bereits vor 43 000 Jahren europäischen Boden betreten.

7 | Der Neandertaler hätte eigentlich nicht überleben dürfen

«In diese Einöde aus Wasser und Bergen einzudringen [...].
Ganz allein zu sein mit den Fluten, den
Felsen, den Wäldern, den Wildbächen!»
François-René de Chateaubriand[1]

Nordmann war eine Wegstunde vom Lager entfernt und hielt Ausschau nach Elefanten. Dann sah er sie plötzlich. Er kehrte sofort zurück und verkündete ihre Ankunft. Onkel Stark schlug wieder und wieder sein «Willkommen!» auf seine Stäbe. Er wusste, das würde genügen, um die anderen zu benachrichtigen. Nach einer Stunde vernahm er die Schläge der Stäbe, auf die er gewartet hatte: in der Sprache der Jäger die Ankündigung, dass sie kommen würden. Ihre Geheimsprache wurde auch von dem Stamm verstanden, der sich näherte. Welche Vettern kamen da an?

Stumm lächelnd trafen sie im Lager ein. Die Männer traten vorsichtig näher und legten ihre Speere auf die Erde. Behutsam legte Nordmann seine Speere auf ihre; dann Onkel Stark, danach die Männer, dann die Frauen. Die Kinder tuschelten. Alle lächelten. Langsam hob Onkel Stark seine Stäbe in die Höhe und fragte: «Wer seid ihr?» Schweigen. Er wiederholte die Frage und schlug auf seine Stäbe.

Eine Frau trat vor, schlug ihre Stäbe aneinander und antwortete:

«Wir sind die Menschen.» Dann begann sie zu sprechen, und keiner verstand sie …

Eigentlich hätten die Neandertaler nicht überleben dürfen. Warum? Weil sie sich kaum begegnen konnten. Sie waren nur wenige und siedelten in einem riesigen Gebiet, das von der nordwestlichen Atlantikküste, Großbritannien eingeschlossen, bis an die Pforten Asiens reichte. Vor ungefähr 120 000 Jahren begannen sie, zunächst Richtung Levante zu ziehen, dann nach Zentralasien (vgl. Abb. 2.2) – und dann trat der *Homo sapiens* auf den Plan, und die Neandertaler verschwanden, nachdem sie sich immer mehr zerstreut hatten. An der Zusammensetzung einer kurzen mitochondrialen DNA-Sequenz (123 Nukleotide) aus dem 100 000 Jahre alten Backenzahn eines Kindes, der in der Höhle von Scladina in Belgien[2] entdeckt worden war, erkannte man die genetische Verarmung der späten Neandertalerbevölkerung.[3] Ein derartiges Phänomen ist nur durch die Erosion der Biodiversität zu erklären, die ein drastischer Bevölkerungsrückgang mit sich bringt. Wie in Kapitel 9 dargestellt werden wird, erklärt die geringe Bevölkerungsdichte der Neandertaler möglicherweise manches, was zu ihrem Aussterben beigetragen hat.

Die Paläodemographen schätzen die Gesamtzahl der Neandertaler auf höchstens ungefähr 70 000.[4] Auf einem Gebiet vom Atlantik bis Zentralsibirien einschließlich des Nahen Ostens bedeutet das eine derart dünne Besiedlung (in der Größenordnung von 0,02 Bewohnern pro Quadratkilometer), dass sich die Neandertaler eigentlich gar nicht begegnen konnten.

Schwer zu glauben? Angenommen, die Höchstzahl von 70 000 Neandertalern verteilte sich auf 2000 Sippen von maximal je 35 Personen (wahrscheinlich weniger). Die Zahl 35 ist nicht willkürlich gewählt. Sie basiert auf ethnographischen Beobachtungen und stellt tatsächlich die maximale Mitgliederzahl dar, die einer Jäger-und-Sammler-Gemeinschaft das Überleben ermöglicht. Stellen wir uns vor, dass diese Clans gleichmäßig über die 10 Millionen Quadratkilometer Europas verteilt waren. Bei dieser Verteilung musste jeder Clan ein Territorium von durchschnittlich 5000 Quadratkilometern einnehmen, also ein Viereck von etwa 70 × 70 Kilometern.

Unter diesen Voraussetzungen sind Begegnungen und Austausch denkbar, wenn man den Umstand miteinbezieht, dass die Neandertaler sehr mobil waren, wofür die höchst unterschiedliche Herkunft der Rohmaterialien spricht, aus denen sie ihre Werkzeuge fertigten. Jedenfalls legt die geringe genetische Vielfalt[5] der Neandertaler nahe, dass in manchen Kaltperioden die Population auch unter 10 000 sinken konnte. In diesen schwierigen Zeiten hätten sich also nicht einmal 300 Neandertalerclans in den 10 Millionen Quadratkilometern Europas verloren. Jeder Clan hätte ein Gebiet von ungefähr 33 000 Quadratkilometern bewohnt, eine Fläche von 180 × 180 Kilometern, was Begegnungen und Austausch zwischen Clans mehrmals im Jahr unter den subarktischen Bedingungen enorm erschwert hätte, vor allem weil diese Gruppen sehr mobil und nicht leicht im Gelände auffindbar waren.

Die Zahlen sprechen für sich: Angenommen, die Neandertaler verteilten sich gleichmäßig in Europa, dann konnten sie sich weder begegnen noch einen minimalen kulturellen und genetischen Austausch herstellen, um ihr Überleben zu sichern. Gleichwohl steht fest: Der *Homo neanderthalensis* verschwand nicht, er bestand fort. Also fragt man sich, wo der Fehler in obiger Erwägung steckt. Ist die Vorstellung von einer homogenen Verteilung der Neandertaler über ganz Europa falsch? Ja. Sie ist nicht haltbar, denn die Neandertaler konnten sich in bestimmten Gegenden etablieren, die für ihre Lebensweise vorteilhaft waren.

Was kann uns Aufschluss über die Verbreitung der Neandertaler geben? Eine Unterteilung der Population in geographische Untergruppen würde bedeuten, dass in Europa gleichzeitig mehrere Neandertaler-‹Kulturen› nebeneinander bestanden hätten. Haben wir Fossilien, die in diese Richtung weisen? Können wir irgendwelche gesicherten Belege dafür finden, dass es mehrere Neandertalerpopulationen gab?

Der Bärenclan? Dritter Hügel links

Die Antwort auf diese Frage hat die Paläontologen mehrere Jahrzehnte lang beschäftigt. Zunächst gingen sie ihr nur auf morphometrischer Basis nach, später mithilfe genetischer Modellbildung und neuerdings anhand der Erforschung der Neandertaler-DNA. Die genaue Analyse der Anatomie der Neandertalerfossilien im Südwesten von Frankreich – ein Gebiet mit einer besonders hohen Funddichte – wies zum Beispiel auf einen regionalen, physisch ziemlich homogenen Neandertalertypus hin.[6] Andere Neandertalervarianten gab es entlang der Mittelmeerküste[7] und auch in Mitteleuropa. Da diese Untergruppen anatomisch unterscheidbar sind, bildeten sie gewissermaßen ein Bevölkerungsreservoir (oder, je nach Standpunkt, einen ‹Genvorrat›). Die dort lebenden Clans wussten, dass sie Nachbarn hatten und wie sie sie in den unendlichen Weiten finden konnten.

In dieser Situation befanden sich zweifellos auch die Inuit. Als die Europäer diese arktischen Jäger und Sammler entdeckten, lebten diese schon seit Jahrtausenden in einer immerwährenden Eiszeit. Nun gibt es eine Vielzahl von Inuitvölkern: auf Grönland, an der Hudson Bay, in Alaska und Sibirien. Obwohl sie sich alle kulturell und vor allem sprachlich nahestehen, sind sie doch geographisch getrennt und kennen sich untereinander nicht. Als sie zum ersten Mal auf Europäer trafen, waren sich die am weitesten voneinander entfernten Gruppen wahrscheinlich seit Jahrhunderten nicht begegnet, und ihre jeweilige Lebensweise war sich zwar ähnlich, unterschied sich jedoch je nach ihrer Umgebung.

Wie konnten sich die Inuit, eine ethnische Gruppe, die in dem riesigen, die meiste Zeit des Jahres eisbedeckten arktischen Gebiet verstreut lebt, miteinander austauschen, um jahrtausendelang zu überleben? Sie nutzten den Vorteil einer ungleichen Verteilung: Sie begünstigt lokale Nähe von Nachbarn und Kontakte, die, selbst wenn sie nur sporadisch stattfinden, ausreichen können, um einen gewissen Bestand an Menschen und eine physische Typologie aufrechtzuerhalten. Es gibt Belege dafür, dass die Verteilung der Neandertaler in Südwestfrankreich diesem Besiedlungsmuster folgte: Dort gab es mehrere Siedlungsgebiete, die miteinander in Verbindung standen.

Dieses Fazit ist das Ergebnis einer Untersuchung, die 2013 von einem Team französischer Archäozoologen und Prähistoriker an neun Fundstätten im Quercy durchgeführt wurde, die zwischen 200 000 und 40 000 während verschiedener Klimata bewohnt waren. Ausgehend von diesen Höhlen oder Lagern im Freien,[8] erschlossen Neandertalerclans ihre natürliche Umgebung auf der Suche nach Nahrungsmitteln und Ausstattungsgegenständen. Die Zusammenführung der Daten zu Größe, Alter und Geschlecht der Beutetiere sowie der Jagdperioden offenbarte die Strategien der Beschaffung von Ressourcen: Die Forscher stellten fest, dass die mit der Existenzsicherung verbundenen Tätigkeiten jeweils mit den Jahreszeiten in Zusammenhang standen, von denen wiederum Menge und Verfügbarkeit des Jagdwilds abhingen. Die Herstellung von Steinwerkzeugen gab Auskunft darüber, wie diese Jäger und Sammler mit ihren Ressourcen verfuhren. So konnten die Wissenschaftler zum Beispiel herausfinden, ob die Neandertaler ihre Beute am Stück oder nur ausgesuchte Teile davon an den Fundort brachten, in welchem Umkreis sie jagten und wo sie sich mit Feuerstein eindeckten.

Die Ergebnisse sind erstaunlich: Die Befunde bezüglich der Tierwelt und des Steinmaterials aus den Fundstellen im Quercy lassen erkennen, dass Feuerstein in ganz Nordaquitanien in Umlauf war. Das Vorhandensein von Rohmaterialien, die aus ziemlich großer Entfernung beschafft wurden (bis zu 100 Kilometern), deutet darauf hin, dass sich die Clans in einem entsprechenden Radius bewegten oder mit entfernten Gruppen Kontakt hatten, und es bestätigt, dass die Neandertalerclans ein ausgedehntes Territorium nutzten, besonders in Richtung Dordogne und sicherlich darüber hinaus, ebenso in Richtung Charente und Grands Causses. Die natürlichen Verkehrswege verlaufen entlang der Flüsse, jedoch auch in den großen Tälern und über die wildreichen Kalkhochflächen, den Lebensraum der großen Pferde- und Bisonherden. Alles lässt darauf schließen, dass die Neandertaler je nach Jahreszeit ihren Aufenthaltsort wechselten, denn sie folgten bestimmten Tierarten, die sie zu bestimmten Zeiten jagten, in erster Linie offenbar dem Bison.

So konnten die Prähistoriker nachweisen, dass zwei Gruppen – die eine im Quercy, die andere in der Dordogne – jeweils eigene Territorien besetzten, jedoch enge Kontakte zueinander pflegten. Jedes dieser Gebiete konnte auf einer Fläche von annähernd 2000 Quadratkilometern in einem Radius von etwa 25 Kilometern genutzt werden, was einen fünf- bis zehnstündigen Fußmarsch bedeutet; eine Ausweitung dieses Radius auf 50 Kilometer, also ein Marsch von einem bis zwei Tagen, konnte das genutzte Gebiet auf 8000 Quadratkilometer vergrößern, wodurch die Neandertaler des Quercy mit denen aus der Dordogne in Kontakt kamen. So konnten sie in beiden Regionen im jahreszeitlichen Rhythmus unabhängig voneinander leben, wahrten aber zugleich die Möglichkeit des Austauschs mit den Nachbarn; diese zwei Regionen der Neandertalerwelt waren eindeutig miteinander verbunden.

Der Trampelpfad der Neandertaler

Durch eine Vergrößerung ihres Aktionsradius auf 100 Kilometer (drei Tagesmärsche) weiteten die Neandertaler des Quercy und der Dordogne ihr Gebiet auf annähernd 31 000 Quadratkilometer aus. Dadurch wurden Kontakte mit Neandertalern der Aquitanischen Tiefebene, des Poitou, des Limousin, des Rouergue und der Grands Causses möglich. Erinnern wir in diesem Zusammenhang an den berühmten amerikanischen Prähistoriker Lewis Binford, der die Abfälle heutiger Jäger-und-Sammler-Gruppen untersuchte (vgl. Kapitel 5) und feststellte, dass deren Unternehmungen sich im Bereich von 100 Quadratkilometern bewegten. Ihr Aktionsradius bzw. ihre ‹Sammelreichweite› schwankt zwischen zwei und einem Dutzend Kilometern. Offenbar handelt es sich dabei um eine auch für heutige Jäger und Sammler allgemeingültige Regel. Es gibt

Grund zu der Annahme, dass sie auf die Neandertaler ebenso anwendbar ist.

Die Neandertaler scheinen also inmitten mehrerer benachbarter Populationszentren gelebt zu haben, die miteinander in Kontakt standen und bei denen sich bestimmte körperliche Merkmale beobachten lassen. Diese Hypothese wird von einer Studie[9] untermauert, die an 1300 Faustkeilen von 80 Neandertalerfundorten in fünf europäischen Ländern durchgeführt wurde (in Frankreich, Deutschland, Belgien, Großbritannien und den Niederlanden) und die den Zeitraum zwischen 115 000 und 35 000 vor heute umfasst.

Der Vergleich aller dieser Werkzeuge ergab, dass sie in große, voneinander verschiedene kulturelle Einflussbereiche einzuordnen sind. Die oben erwähnten Regionen Quercy und Dordogne gehörten ein und demselben ‹Kulturbereich› an, denn sie standen miteinander in Verbindung.

Innerhalb der Populationszentren reichte die Bevölkerungsdichte aus, um das biologische Überleben auf lange Sicht zu ermöglichen. Diese Zentren waren wahrscheinlich durch natürliche Barrieren (beispielsweise die Pyrenäen oder den Rhein) oder einfach durch große Distanzen voneinander getrennt. Mehrere Modelle des Genpools der Neandertaler stützen diesen Eindruck: Anhand der Mitochondrien-DNA können drei europäische Untergruppen unterschieden werden,[10] die auch durch die anatomischen Untersuchungen und Studien zu den Eigenarten der Jagd und zur Versorgung mit Rohmaterial zur Werkzeugherstellung bereits in Umrissen bekannt waren.

Diese Vernetzungsstrukturen der Neandertalerpopulation spielten eine entscheidende Rolle für ihr Überleben. Tatsächlich bedarf es eines Minimums an Kontakten zwischen den Gruppen, aus denen sich die Population zusammensetzt, damit sich ihre Gene und ihre Kultur erhalten können. Was geschieht, wenn eine Gruppe keine Zufuhr von Genen von außerhalb erhält, ist bekannt: Erhöhte Inzucht verringert die Anpassungsfähigkeit des Nachwuchses, mit der Folge, dass es für diesen immer schwieriger wird, sich fortzupflanzen.

Das liegt im Wesentlichen daran, dass die Zunahme der Quote enger Blutsverwandtschaft die Ausprägung genetischer Mutationen fördert, die die Lebenserwartung herabsetzen. Inzucht in einer Gruppe kann über kurz oder lang zu ihrem Aussterben führen oder zumindest ihren Fortbestand erschweren. Die Geschichte von Königsfamilien in Europa, die sich überwiegend untereinander fortpflanzten, liefert dafür augenfällige Beispiele. Erbkrankheiten, an denen ein von blutsverwandten Eltern geborenes Kind häufig leidet und die seine Überlebenschancen erheblich verringern, bewirkten, dass von Generation zu Generation weniger royale Erben geboren wurden. Die Folge war ein Rückgang der genetischen Vielfalt, der das Phänomen beschleunigte.[11] De facto steckten die europäischen Königsdynastien über einen langen Zeitraum in einer tödlichen Degenerationsspirale. Heute haben sie das sehr wohl verstanden und nehmen immer häufiger Bürgerliche in ihre blaublütigen Kreise auf, das heißt in das genetische Kapital, das sich von dem ihren deutlich unterscheidet.

Innerhalb des Universums der Neandertaler mussten die Clans also Mittel und Wege finden, sich zu treffen, jedoch auch ohne Austausch auskommen, wenn die klimatischen Bedingungen solche Begegnungen einschränkten. Blieben solche Kontakte aus oder fanden zu selten statt, waren die Neandertaler sicherlich immer wieder gezwungen, auch über längere Zeit Nachkommen innerhalb ihres Clans zu zeugen. Fest steht jedoch, dass in allen heutigen menschlichen Gesellschaften Endogamie nicht innerhalb der Familie praktiziert wird. Im Übrigen betrachten viele Anthropologen das Inzesttabu als allgemeingültig, allen voran Claude Lévi-Strauss, der es zu einer fundamentalen Regel der menschlichen Gesellschaft erhoben hat. Ihm zufolge strukturiert sie sich, um Inzest zu vermeiden.[12] Kannten die Neandertaler unser Inzesttabu?

Die hochinteressante paläogenetische Studie eines spanischen Teams aus dem Jahr 2010 gibt Aufschluss. Ausgangspunkt waren fossile Überreste von 12 Neandertalern, die vor etwa 49 000 Jahren in einer Kaltzeit am Fundort El Sidrón in Nordspanien lebten.[13] Allem Anschein nach gehörten diese Individuen einem einzigen Clan an, und alle sind ungefähr zur gleichen Zeit gestorben. Die Knochen dieser Menschen – die im Übrigen Spuren von Kannibalismus aufweisen – wurden in einem Abschnitt der Höhle gefunden, die zum Glück für die Wissenschaft durch einen Einsturz verschüttet war. Die Genanalyse konnte sowohl an der Mitochondrien- wie auch an der Zellkern-DNA durchgeführt werden. Insbesondere konnte das Geschlecht der Individuen anhand einer systematischen Erforschung des Y-Chromosoms, des männlichen Geschlechtschromosoms, bestimmt werden. Dank der DNA-Untersuchung und einer paläoanthropologischen Überprüfung konnten die Forscher feststellen, dass sie es mit einem Teil des Clans zu tun hatten, der aus drei männlichen und drei weiblichen Erwachsenen, drei Heranwachsenden (wahrscheinlich alle männlich), zwei Kindern (eines 5 bis 6, das andere 8 bis 9 Jahre alt) und einem Kleinkind bestand.

Die Untersuchung der (von der Mutter vererbten) Mitochondrien-DNA dieser Individuen ergab Erstaunliches. Es stellte sich heraus, dass dieses Dutzend Neandertaler aus drei verschiedenen Mutterlinien stammte: einer Linie A mit sieben Individuen, darunter die drei Männer (die demnach Brüder, Onkel oder Neffen waren); einer Linie B mit vier Individuen, darunter eine Frau und ein oder zwei ihrer Kinder; eine Linie C war einzig von der dritten erwachsenen Frau vertreten.

Diese Ergebnisse weisen auf eine soziale Gruppe hin, die aus miteinander verwandten Männern, ihren Partnerinnen und ihren Kindern bestand. Alles deutet darauf hin, dass die Frauen von außen in den Clan kamen. Demnach scheinen die Neandertaler der Höhle von El Sidrón die Form der Exogamie praktiziert zu haben, die als patrilokal bezeichnet wird: Wenn die Frauen erwachsen sind, verlassen sie den Clan, aus dem sie stammen, und ziehen zu einem anderen Clan, wo sie Kinder bekommen.

Da der Fall in El Sidrón der einzige dieser Art ist, kann man daraus nicht den Schluss ziehen, die Neandertaler hätten generell Inzucht vermieden und Patrilokalität betrieben. Bedenken wir jedoch, dass Patrilokalität in 70 Prozent der traditionellen heutigen und besonders der westlichen Gesellschaften gängige Praxis ist.

Man ist versucht, dieses Muster auch in den Neandertalergesellschaften zu finden, aber es ist ebenso denkbar, dass es gerade umgekehrt war: nämlich nach dem Modell der Matrilokalität. Vorstellbar ist zum Beispiel, dass Konflikte innerhalb des Clans immer wieder dazu führten, dass ein Jäger fernab von seinem Clan Anschluss an eine neue Gruppe, insbesondere an Frauen suchte. Wie reagierte dann ein Clan auf den Besuch eines Fremden? Könnte es in der Kultur der Neandertaler üblich gewesen sein, den Besucher zu empfangen und von seiner genetischen Andersartigkeit zu profitieren?

Sexuelle Gastfreundschaft bei den Neandertalern?

Bei vielen Völkern, aber vor allem bei den Inuit, die, so scheint es, ähnlich isoliert leben wie die Neandertaler während der Kälteperioden, ist sexuelle Gastfreundschaft üblich. Dem Besucher – der allein eine lange gefährliche Reise überstanden hat – wird die Frau oder die Tochter der Familie des Gastgebers angeboten. Solche Bräuche findet man in manchen traditionellen Kulturen Nord- und Schwarzafrikas, Arabiens, Mikronesiens und bei zahlreichen Ureinwohnern Amerikas. Im Falle der Bewohner der unermesslichen eisigen Weiten des hohen Nordens legt das Bestehen einer festen Tradition der sexuelle Gastfreundschaft den Gedanken nahe, dass die Kultur der Inuit mit dieser Einrichtung auf die unzureichende genetische Vermischung reagiert hat. Auch wenn wir nicht den geringsten Beweis dafür haben, können wir uns eine vergleichbare Haltung bei den Neandertalern zumindest sehr wohl vorstellen.

Dennoch steht fest, dass die Neandertalerclans, jedenfalls zu bestimmten Zeiten und in bestimmten Regionen, erhebliche Schwierigkeiten hatten, ausreichend exogame Beziehungen herzustellen. Was war also zu tun? Es blieb nichts anderes übrig, als innerhalb des Clans für Nachwuchs zu sorgen. Die Endogamie konnte bedrohlich werden, wie eine 2013 durchgeführte Studie auf der Basis der Sequenzierung der Kern-DNA des Zehenglieds einer Neandertalerin verriet. Dieser Knochen wurde in der Denisova-Höhle im Altai-Massiv in Zentralsibirien gefunden, einer kalten und gebirgigen Randregion des Neandertalergebiets, in dem es wohl kaum viele Nachbarn gab.

Die Sequenzierung des Genoms der jungen Neandertalerin von Denisova erforderte die Zusammensetzung ganz weniger und fragmentarischer DNA-Sequenzen vom Neandertalertyp, die unter Abermilliarden von DNA-Fragmenten abgestorbener, aasfressender und Boden-Mikroorganismen isoliert werden mussten. Diese Meisterleistung wurde durch ein neues Verfahren ermöglicht, das das Team des Paläogenetikers Svante Pääbo vom Max-Planck-Institut in Leipzig entwickelt hatte[14] und mit dem jedes einzelne der drei Milliarden Nukleotide des Kern-Genoms der jungen Neandertalerin aus der Denisova-Höhle gefunden und identifiziert werden konnte, und das gleich zweiundfünfzig Mal!

Nachdem das gefundene Genom wiederhergestellt war, wurde es vom selben Team mit einem bereits bekannten und sequenzierten Neandertalergenom verglichen. Die sehr zuverlässigen Resultate verraten eine enge Blutsverwandtschaft. Die junge Frau, die uns ihren Zeh in der Denisova-Höhle hinterlassen hat, wurde von Eltern gezeugt, die entweder Halbgeschwister waren, doppelte Cousins oder Onkel und Nichte, Tante und Neffe oder – eher unwahrscheinlich – Großvater und Enkelin oder Großmutter und Enkel. Sie war das Kind einer Verbindung, die wir heute als hochgradig inzestuös betrachten würden.

Kann man dieses Beispiel verallgemeinern und sagen, die Endogamie sei damals gängige Praxis gewesen? Zumindest ist dies für die strengsten Kälteperioden denkbar. Doch ist anzunehmen, dass außerhalb dieser extremen Zeiten die kulturellen Traditionen die extreme Exogamie begünstigten, indem die Jungen den Clan verließen (wie zum Beispiel unser Nordmann) oder die Gastfreundschaft die sexuelle Komponente mit einschloss. Wie dem auch sei, fest steht jedenfalls, dass Präneandertaler und Neandertaler Hunderttausende von Jahren überdauerten und sich zu einer singulären und auf ihrem Territorium ziemlich einheitlichen Menschenform entwickelten. Obwohl sie nur wenige waren, gelang es ihnen, ausreichend genetischen (und kulturellen) Austausch aufrechtzuerhalten, der ihr Überleben sicherte.

Hallo, Medizinfrau, wie ging das noch mit der Bearbeitung des Feuersteins?

Die Frage nach dem genetischen Mangel müssen wir auch in Bezug auf die Kultur stellen. Die Geschichte der Besiedelung durch den Menschen lehrt uns, dass die kulturelle Isolierung das Überleben einer zu kleinen Gruppe gefährdet. Die Erklärung ist einfach: je geringer die Bevölkerungszahl, desto größer der Verlust an Innovationsfähigkeit. Im Jahr 2004 legte der Anthropologe Joseph Henrich[15] von der Universität von British Columbia in Kanada die These vor, dass innerhalb menschlicher Gruppen während der Reproduktion der Arbeiten eine «kulturelle Selektion» stattfindet. Vor rund 10 000 Jahren wurde Tasmanien durch den Anstieg des Meeresspiegels aufgrund der Gletscherschmelze zu einer Insel, und die Bewohner Tasmaniens wurden von den übrigen Ureinwohnern Australiens getrennt. Von da an vereinfachte sich das kulturelle Material Tasmaniens beträchtlich. Zum Beispiel verloren die Tasmanier das Know-how für die Herstellung von Waffen aus Knochen (Harpunen, Angelhaken), von Bekleidung, Bumerangs u.a. Bei Ankunft der Europäer verwendeten sie nur 24 verschiedene, allesamt sehr schlichte Werkzeuge.

Ausgehend von diesen Beobachtungen entwickelte Joseph Henrich ein mathematisches Modell, das den Einfluss der Größe der Bevölkerung auf die kulturelle Komplexität beschreibt. Das Modell basiert auf zwei Hypothesen. Erstens: Die Kopiermechanismen sind ungenau, so dass die Reproduktion einer Arbeit im Allgemeinen die Information beeinträchtigt, die diese Arbeit definiert (das Modell sieht auch den Fall vor, dass die Kopie perfekt ist, sowie den, dass seine Unzulänglichkeiten per Zufall zu einem Fortschritt führen können). Zweitens: Der Einzelne neigt dazu, den leistungsstärksten Mitgliedern seiner Gruppe nachzueifern. Damit erhöht sich mit der Größe der Gruppe zwangsläufig die Möglichkeit, eine perfekte Kopie oder eine Neuerung hervorzubringen. Henrichs Modell zufolge wird innerhalb kleiner Populationen die kulturelle Information unweigerlich immer schlechter.[16] Und das war in Tasmanien offenbar der Fall.

Verarmte ein über Jahrzehnte isoliert lebender Neandertalerclan in vergleichbarer Weise? Natürlich musste den Neandertalern ihr kulturelles Wissen gewährleisten, Perioden zu überstehen, in denen es keinen Austausch gab, selbst wenn diese so lange dauerten, dass alle Alten gestorben waren. Wie und warum konnten die Neandertalerkulturen ausreichenden Kultur- und Genfluss sicherstellen, von dem wir nichts wissen? Es bleibt nur festzuhalten, dass dies der Fall war, und zwar in einem riesigen Lebensraum.

Mangel an Sitzfleisch

Der Kultur- und Genfluss war nur bei einer bestimmten Mobilität gewährleistet. Wir haben mehrfach betont, dass die Neandertaler mobil sein mussten. Aber in welchem Ausmaß? Durchstreiften sie sehr große Gebiete? Beobachtet man heutige Jäger und Sammler, die den Großteil ihrer Zeit mit der Verfolgung des Wilds zubringen, könnte man meinen, die Neandertaler seien ein Volk von Nomaden gewesen, das ständig auf der Suche nach Nahrung war.

Diese allzu einfache Sicht der Dinge muss relativiert werden. Der Anthropologe Alain Testart hat nachgewiesen, dass die Jäger und Sammler sich im Durchschnitt recht wenig vom Fleck bewegen, denn sie sind Opportunisten: Ihre Wanderungen hängen einzig von der Lebensweise ihrer Beutetiere ab. Sie sind keine Nomaden wie manche Hirtenvölker, die permanent auf der Suche nach Weidegründen für ihr Vieh sind, sondern bewegen sich sozusagen sprunghaft entsprechend einem objektiven Rhythmus der Lebensräume, der bestimmt wird von den Naturereignissen (Tierwanderung, günstige Jahreszeit usw.) und den Klimabedingungen. Geht man also davon aus, dass der Vergleich zwischen Neandertaler und *Homo sapiens* zulässig ist, kann man offenbar ausschließen, dass die Neandertaler jemals richtige Nomaden waren.

Dennoch muss unbedingt das jeweils herrschende Klima berücksichtigt werden. Die Jäger und Sammler der Gegenwart, die in gemäßigten oder warmen Klimazonen mit einem reichlichen Nahrungsangebot leben, sind tendenziell eher sesshaft. Sie wenden nur wenig Zeit für die Nahrungssuche auf, was ihnen viel Zeit für Muße und Spiel lässt; das erklärt auch, warum viele europäische Entdecker des 19. Jahrhunderts die Jäger und Sammler, auf die sie trafen, als «Faulenzer» bezeichneten.

Jäger und Sammler der kalten Klimazonen, wie zum Beispiel die Inuit, widmen während des Sommers einen Großteil ihrer Zeit dem Jagen und Sammeln, um Vorräte für den Winter anzulegen. Und selbst im Winter gehen die Inuit trotz der extremen Kälte und des Packeises mit anderen Techniken auf die Jagd, vor allem nach Robben. Fest steht, dass in prähistorischen Zeiten die Herden der großen Pflanzenfresser, hinter denen die Neandertalerjäger in erster Linie her waren, bei ihren Wanderungen durch die Steppe große Entfernungen zurücklegten. Um ihnen folgen zu können, mussten die Neandertaler gut zu Fuß sein.

Auf der Suche nach dem Gral der Neandertaler

Können wir mithilfe der Ausgrabungsstätten die Diskussion voranbringen? Ist es möglich, dass die Neandertaler trotz ihrer mehr oder weniger ausgeprägten Mobilität Spuren hinterlassen haben? Jahrzehntelang wurde diese Frage vor allem anhand zweier Arten von Spuren angegangen: denen von Beutetieren – vor Ort oder weit entfernt lebend? – und denen von Rohmaterial auf der Basis aufgefundener Werkzeuge – in welcher Entfernung vom Lagerplatz wurden sie geborgen? Durch die Untersuchung dieser Relikte konnte ermittelt werden, wie mobil die Neandertaler waren.

Dabei stellt sich heraus, dass sie zur Herstellung ihrer gewöhnlichen Werkzeuge ganz unterschiedliche Gesteinsarten verwendeten, darunter sehr seltene wie Jaspis oder sogar Bergkristall. Verfügten sie über kein hochwertiges Rohmaterial in der Nähe (was beispielsweise an der Fundstelle von Grand Pressigny im Département Indre-et-Loire reichlich vorhanden war: makelloser Feuerstein), benutzten die Neandertaler das, was sie zur Hand hatten, und war das Material minderwertig, begnügten sie sich mit einfachen Werkzeugen. Um allerdings komplexere Gerätschaften herzustellen, mussten sie sich auf die Suche nach einem Material machen, mit dem sich bessere Produkte erzielen ließen.

Konkret ermittelten die Prähistoriker, dass die Neandertaler je nach dem begehrten Rohmaterial und/oder je nach Region in einem Umkreis von 10 bis 20, zur Not sogar 50 Kilometern um ihren Lagerplatz umherzogen. Zahlreiche Fundstätten, die ab Ende der 1970er Jahre erforscht wurden, haben dies belegt. Der Umstand, dass die ‹Steinmetze› auf der Suche nach Rohmaterial ausschwärmten und dann zu ihrem Basislager zurückkehrten, legt die Vermutung nahe, dass die Neandertaler ihre Lagerplätze nach anderen Gesichtspunkten und nicht entsprechend der Nähe von Gesteinsvorkommen auswählten. Gewiss war eine Wasserstelle, an der sich Wild einfand, oder die Möglichkeit, in der Ebene auf grasende Tiere zu treffen, von Interesse für sie.

Dieser experimentelle Ansatz wird heute durch detaillierte Computermodelle ergänzt, die zeigen, wie die Neandertaler das Territorium nutzten – eine Methode, die wir bereits weiter oben in Bezug auf die neun Fundstätten im Quercy und in der Dordogne erwähnt haben. Ein umfangreiches Modell, erstellt auf der Basis von Steinartefakten, Tierknochen und Umweltgegebenheiten aus 31 im Vorderen Orient[17] gelegenen Fundstätten von Neandertalern oder Jägern und Sammlern des *Homo sapiens*, hat gezeigt, dass es zwei unterschiedliche Arten von Mobilität gab. Die Wissenschaftler orientierten sich an ethnographischen Beobachtungen bei heutigen Jäger-und-Sammler-Populationen und unterschieden eine Strategie der Landnutzung, die sie als «*residential*» (*Re-*

sidential mobility strategy, RMS) bezeichneten, von einer anderen, die sie «*logistical*» (*Logistical mobility strategy*, LMS) nannten.

Während die Erstere dadurch gekennzeichnet ist, dass das Basislager in die Nähe verfügbarer Ressourcen verlegt wird, zeichnet sich die Zweite dadurch aus, dass es weniger häufig, dafür aber über weitere Entfernungen verlegt wird. Die Strategie logistischer Mobilität geht also mit einem größeren Aktionsradius im Umkreis des Basislagers einher, damit Rohmaterial beschafft und im Lager bevorratet werden kann. Die Lagerplätze der Clans, die sich für diese Option entschieden, weisen zahlreiche, jedoch geringfügig bearbeitete Werkzeuge auf, denn es mangelte nicht an Rohmaterial. Im Gegensatz dazu wird am Lagerplatz eines Clans, der die Strategie residenzieller Mobilität praktizierte, keinerlei Vorrat an Rohmaterial verwahrt, so dass dort deutlich weniger, dafür aber sorgfältig bearbeitete Steinwerkzeuge verteilt sind.

Ähnlich wie im Fall der Studie zu den Fundstätten im Quercy fanden die Forscher bei den Neandertalern des Nahen Ostens alle Strategien der Landnutzung vor, von der Strategie eng begrenzter residenzieller bis zu derjenigen weiträumiger logistischer Mobilität. Ab 70 000 Jahren vor heute, als im Nahen Osten nur Neandertaler präsent waren, geht die Strategie logistischer Mobilität mit einer Zunahme der Bevölkerung einher. Diese Entwicklung scheint von milderen klimatischen Bedingungen ausgelöst worden zu sein und erklärt, warum in dieser Zeit die gut angepassten Neandertaler im Nahen Osten dem *Homo sapiens*, der Afrika bereits verlassen hatte, den Zugang nach Europa versperren konnten.

Die Landnutzung durch die Strategie der logistischen Mobilität bedeutet, dass die einzelnen Gruppen sich in einem größeren Bereich bewegen und sich somit die Chancen, auch entfernteren benachbarten Populationen zu begegnen, erhöhen, was Kontakte, Kultur- und Genfluss und damit eine Vermehrung der Bevölkerungszahlen zur Folge hat.

Zum Abschluss dieses Kapitels sei noch eine höchst aufschlussreiche Studie über das Überleben und das unerlässliche ‹Sitzfleisch› des Neandertalers genannt. Es handelt sich um eine 2014 veröffentlichte DNA-

Genom-Studie.[18] Die Sequenzen von 17367 Genen, die Proteine von drei Neandertalern kodieren – aus Spanien (El Sidrón), Kroatien (Vindija) und Sibirien (Denisova) –, wurden mit den Genomen heute in Afrika, Europa und Asien lebender Menschen verglichen. Es stellte sich heraus, dass die genetische Diversität der Neandertaler erheblich geringer war als die der modernen Menschen, die an sich schon eine sehr geringe genetische Diversität aufweisen. Immer deutlicher zeigt sich: Die Neandertaler bildeten nur eine sehr kleine Population, die auf einem riesigen Gebiet verteilt war[19] und nur dadurch überleben konnte, dass sie mobil war und ihre Gene mit denen ihrer entfernt lebenden Artgenossen (und zweifellos auch so früh wie möglich mit denen der Neuankömmlinge der Spezies *Homo sapiens*) vermischte.

Endlich bekommen wir eine Vorstellung davon, wie die Neandertaler überleben konnten. Sie überstanden die Eiszeiten und Klimakatastrophen nur deshalb, weil ihre Kultur und die äußeren Bedingungen sie zu einer Strategie der logistischen Mobilität zwangen, sobald die Umstände es erlaubten, beispielsweise in der warmen Jahreszeit. Diese sporadischen Wanderungen begünstigten Begegnungen mit anderen Clans, die wir uns sicher nicht als feindselige Treffen vorstellen sollten, sondern eher als Feste des kulturellen und genetischen Austauschs. Die übrige Zeit, wenn die Bedingungen schlecht waren, schotteten sich die Neandertaler nach außen ab, behielten ihre Praktiken bei, pflanzten sich innerhalb ihrer Sippe fort, nutzten ihr Gebiet nur zum Teil und hielten sich mehr in Höhlen als im Freien auf.[20] Die Neandertalerkulturen hatten langfristig wahrscheinlich nur deshalb Bestand, weil sie extrem konservativ waren (Innovation war verpönt; man ging immer in derselben Weise vor) und hoch spezialisiert (jeder beschränkte sich auf seine Rolle), ähnlich wie die Kultur der Inuit. Die Neandertaler hätten eigentlich nicht überleben dürfen, doch dank dieser Eigenschaften haben sie überlebt.

Abb. 8.1: Die Kultur der Neandertaler war reich, komplex und vor allem konstant: Manche Bereiche – die Herstellung der Werkzeuge zum Beispiel – veränderten sich kaum. Die Vermittlung spielte also bestimmt eine entscheidende Rolle.

8 | Ein komplexes kulturelles Leben

«Es existiert kaum eine einfachere Industrie als die des Moustérien […], die Einfachheit der Steinwerkzeuge […] passt gut zu dem brutalen Äußeren des kräftigen und schweren Körpers des Neandertalers, zu seinem Schädel mit den mächtigen Kiefern […].»
Marcellin Boule und Henri Victor Vallois[1]

«Ber, ber, ber!»

Die Kinder des Bärenclans machen sich über die Kinder des Berenclans lustig, die zurückrufen: Bäärr, Bäärr, Bäärr …

«Medizinfrau, warum reden die nicht wie wir vom Bärenclan, sind die vom Mammutclan?», fragt die Stille.

«Hast du bemerkt, dass in diesem Clan etliche ‹Ber› heißen?»

«Ja, Onkel Bär, Onkel Ber und Tochter von Ber.»

«Nun, vor sehr langer Zeit, ich war damals noch ein kleines Mädchen, ist Junger Bär fortgegangen und hat sich eine Frau gesucht, denn außer mir gab es keine in unserem Clan.»

«Und er ist nie wieder heimgekommen. Das ist traurig.»

Die Medizinfrau lächelt und sagt:

«Doch. Hier ist er.»

Die Stille dreht sich um und schaut in die Richtung, in die die Medizinfrau mit dem Kopf deutet, aber sie sieht nur das Lagerfeuer der Bers, um das sich einige von ihnen zu schaffen machen. Sie versteht nicht.

«Junger Bär, das sind sie, das ist Onkel Ber. Er hat ihren Clan gegründet und ist in Gestalt seiner Kinder zurückgekehrt!»

Die Stille ist schockiert.

«Ja», erklärt die Medizinfrau. «Seit Onkel Bär, ihrem Vorfahren, hat dieser Clan nie wieder einen vom Stamm des Bären gesehen. Da hat sich ihre Sprache verändert.»

Wenn wir 50 000 Jahre in der Zeit zurückreisen könnten und an einem Lagerplatz der Neandertaler landen würden, auf welche Überraschungen müssten wir uns gefasst machen? Welche Sprache würden wir hören? Welche Kleidung würden wir zu sehen bekommen? Kleidete man sich auffällig oder eher zweckmäßig? Erstaunlicherweise können wir, obwohl wir nur über wenige Anhaltspunkte verfügen, die Kultur der Neandertaler zum Teil rekonstruieren. Auch wenn es uns nicht gelingen wird, uns die meisten Bereiche ihres kulturellen Lebens genau zu vergegenwärtigen, können wir doch deren Komplexität ermessen. Und wir werden feststellen, dass sie zweifellos mit manchen Kulturen des *Homo sapiens* vergleichbar ist.

Allein schon ihre Jagdtechniken, die Herstellung von Steinwerkzeugen, ihre elaborierten Strategien der Landnutzung zeugen vom komplexen Leben der Neandertaler. All dies weist eindeutig auf eine vielschichtige soziale Interaktion hin. Diese Interaktionen bildeten sich über unterschiedliche Kanäle der Kommunikation heraus (durch Gesten, Kleidung …), doch der wirkungsvollste, man möchte sagen, der ‹menschlichste›, ist die Sprache. Das führt uns zur ersten Frage: Konnte der Neandertaler sprechen?

Homo allalus?

Leider können wir nicht beweisen, dass der Neandertaler über eine artikulierte Sprache verfügte, doch starke Indizien sprechen dafür. Die Frage beschäftigte die Forscher schon seit der Entdeckung der ersten Fossilien.

Dabei stößt man sogleich auf einen Widerspruch: Warum unterstellt man unserer Bruderspezies, sie sei grob und tumb gewesen, wenn ihr Hirnvolumen dem des *Homo sapiens* vergleichbar ist? Wegen dieser Ungereimtheit ging es im Streit, ob der Neandertaler sprechen konnte oder nicht, lange Zeit hin und her. Als der Anthropologe Gabriel de Mortillet im Jahr 1865 die Innenseite des Neandertalerkiefers von La Naulette in Belgien untersuchte, erklärte er den Neandertaler zum *Homo allalus*, zum «stummen Menschen». Ihm widersprach im Jahr 1906 der Anatom Anatole Félix Le Double, dessen Ansicht besser begründet war und dem wir die ersten umfassenden Untersuchungen zur Verschiedenartigkeit der Knochen des *Homo sapiens* verdanken. Bei der genauen Betrachtung desselben Kiefers kam Le Double zu dem Ergebnis, dass die innere Morphologie des Vorderteils des Kiefers keinen Hinweis auf Sprechfähigkeit oder deren Fehlen liefert.

Der erste wichtige Schritt zur Klärung der Frage nach den sprachlichen Fähigkeiten des Neandertalers wurde durch die Anwendung von Ideen aus der Neurologie vollzogen. Im Jahr 1861 hatte Paul Broca, der große französische Gelehrte, Arzt, Anatom, Anthropologe und Gründer der *Société d'Anthropologie de Paris,* bewiesen, dass der Verlust der artikulierten Sprache bei einem seiner Patienten von einer Gehirnverletzung herrührte. Broca zog daraus den Schluss, dass der entsprechende Hirnbereich entscheidend mit der Bildung von Sprache zu tun hat. Dieser Bereich, heute bekannt als Broca-Areal, ist ihm zufolge das «Zentrum der Sprache» und befindet sich unter der dritten Gehirnwindung des Frontallappens der linken Gehirnhälfte, und zwar bei Rechts- wie bei Linkshändern.

Im Jahr 1874 wurde das Broca-Areal durch einen weiteren Gehirnbereich ergänzt, der eine wichtige Rolle für die Sprache spielt: das Wernicke-Zentrum, benannt nach seinem Entdecker, dem deutschen Neurologen und Psychiater Carl Wernicke. Das Wernicke-Zentrum steuert das Verstehen von Wörtern: Es gilt als ein Hirnareal, in dem die akustische Wahrnehmung von Wörtern gespeichert werden kann. Personen, bei denen das Wernicke-Zentrum beschädigt ist, haben Mühe, sowohl gesprochene als auch schriftliche Sprache zu verstehen, obwohl sie sprechen können, wenngleich vollkommen unverständlich. Das Wernicke-Zentrum befindet sich nahe dem primären auditiven Cortex im Schläfenlappen (über dem Ohr), bei Rechtshändern zu etwa 99 Prozent in der linken, bei Linkshändern zu 70 Prozent in der rechten Gehirnhälfte.

Diese Entdeckungen führten die Paläoanthropologen zu der Frage, ob die Neandertaler ein Broca-Areal und ein Wernicke-Zentrum besaßen. Abgüsse der inneren Hirnschale erbrachten dafür den Beweis, was auch gar nicht überraschend ist, denn alles deutet darauf hin, dass das Broca-Areal schon bei unserem frühesten Ahnen, dem *Homo habilis*, existierte. Doch obwohl das große Gehirnvolumen und das Vorhandensein der ‹Sprachareale› beim Neandertaler die Existenz einer artikulierten Sprache möglich erscheinen lassen, ist das noch kein Beweis.

Die These, die den Neandertaler zu einem mit Sprache begabten Wesen machte, wurde erst dann erhärtet, als die Paläoanthropologen sich fragten, ob er die nötigen Lautbildungsorgane besaß.

Die Antwort kam erst durch eine Entdeckung im Jahr 1983 in der Kebara-Höhle in Israel: Bei einem dort bestatteten Neandertaler wurde ein Zungenbein gefunden.[2] Ohne diesen kleinen, halbmondförmigen Knochen am Zungenansatz ist keine sprachliche Artikulation möglich. Morphologisch erwies sich dieser Knochen als völlig identisch mit dem unseren.

Offensichtlich ist die physiologische Artikulationsfähigkeit ein Ergebnis sehr früher Evolution, höchstwahrscheinlich schon lange vor dem Erscheinen der Heidelberger-Vorfahren der Neandertaler. Fest steht, dass der *Homo neanderthalensis* physiologisch in der Lage war, artikuliert zu sprechen, aber tat er das auch? Um darauf eine Antwort zu finden, führte ein Forscherteam eine Studie[3] mittels Mikro-Bildgebung durch (mithilfe eines feinen Lichtstrahls aus einem Synchrotronstrahler), um die innere Struktur des Zungenbeins zu analysieren und seine mechanische Beanspruchung zu überprüfen. Die anhand eines digitalen

Modells rekonstruierten Sprechwerkzeuge und die dazugehörige Muskulatur des Individuums von Kebara haben bewiesen, dass das Zungenbein regelmäßig den gleichen Kräften ausgesetzt war wie das eines anatomisch modernen Menschen: Der Mensch von Kebara hat artikuliert gesprochen!

Im Übrigen stellte sich heraus, dass die Neandertaler auch mit der genetischen Basis für artikulierte Sprache ausgestattet waren. Diese ist als Gen *FOXP2* beim Neandertaler in derselben Version vorhanden wie beim *Homo sapiens*.[4] Beim *Homo sapiens* kennt man dessen aktive Rolle in der Entwicklung der Gehirnareale, die mit dem Spracherwerb und dem Sprechen zusammenhängen[5] (es gibt noch andere für die Sprache relevante Gene[6] wie *CNTNAP2*, *CTBP1* und *SRPX2*, von denen wir jedoch nicht wissen, ob sie bei den Neandertalern vorhanden waren).

Kurzum, alles deutet darauf hin, dass die Neandertaler möglicherweise über eine Sprache verfügten, und auch das überrascht nicht. Als Mitglieder einer Gruppe hatten sie viele Aktivitäten miteinander abzustimmen, angefangen bei der Jagd, die, wie wir gesehen haben, den ganzen Clan miteinbezog: Damit ist klar, dass sie miteinander kommunizieren mussten. Fragt sich nur, in welcher Sprache. Beherrschten sie ein komplexes Sprachsystem, das heißt, konnten sie Wörter kombinieren (Syntax) und Bedeutungen unterscheiden (Semantik)?

Die Frage bleibt offen, und zugegebenermaßen hängt die Antwort entscheidend davon ab, welche Vorstellung man sich vom Neandertaler macht. Forscher, die meinen, die Neandertaler unterschieden sich sehr von uns heutigen Menschen, neigen dazu, ihnen schlichtere sprachliche Fähigkeiten zuzuschreiben als die, welche der *Homo sapiens* besaß, als er nach Europa einwanderte. Aus ihrer Sicht hätten die leistungsfähigeren Kommunikationssysteme des anatomisch modernen Menschen einen Wettbewerbsvorteil dargestellt. Ist das so sicher? Der archaische *Homo sapiens* von vor 50 000 Jahren unterschied sich kulturell nur wenig vom Neandertaler. Warum also nimmt man an, dass diese Einwanderer bereits elaboriert sprechen konnten? Dafür gibt es keinen Beweis, nur die

Vermutung, unser heutiges Sprachvermögen könnte in eine so weit zurückliegende Vergangenheit gespiegelt werden.

Die sprachlichen Fertigkeiten, die dem Neandertaler (und dem archaischen *Homo sapiens*) zugeschrieben werden können, bleiben also eine subjektive Angelegenheit, und diese Frage wird zweifellos noch lange Stoff für Debatten liefern. Für uns steht fest: Die Neandertaler konnten sprechen, sie hatten alle anatomischen, symbolbildenden und kognitiven Voraussetzungen dafür. Bestimmt gab es bei den verschiedenen Untergruppen der Neandertaler auch sprachliche Varianten. Während der jahrtausendelang bestehenden Wechselbeziehungen zwischen Neandertaler- und *Sapiens*-Clans entstanden sicherlich Mischkulturen – vielleicht haben uns die Neandertaler sogar Wörter hinterlassen. Sollte dies der Fall sein, werden wir nie erfahren, welche.

In der Neandertalerschule

Für uns liegt das Hauptargument zugunsten der Sprache nicht in den Skeletten, sondern in ihrer Umgebung, in den Steinartefakten. In der Geschichte der Neandertaler gibt es ein Kapitel, in dem diese Steine über Hunderttausende von Jahren hinweg mit spektakulärer Regelmäßigkeit bearbeitet wurden: im Moustérien. Die hochkomplexe Abschlagtechnik des Moustérien, die mehr als 250 000 Jahre lang verwendet wurde, weist eine Reihe spezifischer Merkmale auf: Die Neandertaler verwendeten Abschläge, um daraus fein gearbeitete und spezialisierte Werkzeuge herzustellen, die je nach Form und mutmaßlichem Zweck als Spitzen, Scheiben, Klingen, Meißel, Schaber oder Kratzer bezeichnet werden. Diese Werkzeuge (Klingen, Spitzen …) wurden zum Teil an einem Schaft angesetzt und mit Hilfe pflanzlicher Klebstoffe (Bitumen, vgl. Kapitel 4) und anderer Komponenten zu noch komplexeren Kompositgeräten wie zum Beispiel mit Spitzen armierten Speeren zusammengefügt.

Wie hätte diese materielle Kultur über so viele Generationen ohne Sprache vermittelt werden können? Unter den verschiedenen Verfahren der Steinbearbeitung im Moustérien ist die Levallois-Technik besonders komplex. Dabei wird zunächst ein Kernstein (der *nucleus*) so vorbereitet, dass man ‹Zielabschläge› von vorbestimmter Größe und Form erhält (die gegebenenfalls noch retuschiert werden). Der Mensch, der im Moustérien diese Technik anwandte, musste einen Plan im Kopf haben und sich das Werkzeug vorstellen, das er herstellen wollte, genau wie heute ein Spezialist, der Edelsteine verarbeitet. Je nach dem Zweck, den er für dieses Werkzeug vorgesehen hatte, musste er außerdem Schlagwinkel und -stärke dem gewünschten Ergebnis anpassen.

Diese Operation mag vielleicht nach einem Kinderspiel aussehen, allerdings gelang es nur ganz wenigen Prähistorikern, die Technik zu erlernen, und dies auch nur nach jahrelanger Übung. Die jungen Neandertaler konnten sich den Luxus jahrelanger Versuche nicht leisten, sondern mussten sehr früh brauchbare Werkzeuge herstellen. Ganz sicher wurden sie von erfahrenen Erwachsenen angeleitet, die ihnen bei ihren ersten Versuchen, Messer herzustellen, erklärten, wie man es richtig macht.

Im Übrigen verweist die steile Entwicklung des Moustérien im Jungpaläolithikum (vor etwa 30 000 bis 10 000 Jahren) auf die Existenz einer ganzen über Sprache vermittelten Kultur im Umkreis der Abschlagindustrie der Neandertaler. In seinem berühmten Buch *Hand und Wort* schätzt der französische Prähistoriker André Leroi-Gourhan,[7] dass mit dieser Technik im Moustérien – wie mit den anderen Techniken des Mittelpaläolithikums (300 000 bis 30 000 vor heute) – etwa zwei Meter Abschläge pro Kilogramm Stein produziert wurden, wohingegen das vom Heidelberger Menschen angewandte Verfahren im Acheuléen nur auf 0,1 Meter kam. In manchen Regionen entwickelten sich die Techniken der typisch jungpaläolithischen Industrien so, dass aus einem Kilo Flint 6 bis 20 Meter verwendbarer Schneidekante hergestellt werden konnten!

Diese Entwicklung vollzog sich schnell und offenbar, ohne dass es irgendeinen Kontakt mit dem *Homo sapiens* gegeben hätte, dem Träger der Aurignacien-Industrie (typisch für das Jungpaläolithikum), der vor etwa 43 000 Jahren nach Europa einwanderte. Dennoch kann nicht ausgeschlossen werden, dass dieser Fortschritt nicht indirekt eine Folge der Ankunft des *Sapiens* war. Es ist in der Tat auffällig, dass sich das Moustérien nach einer langen stabilen Phase von 250 000 Jahren in Europa gegen Ende der Geschichte der Neandertaler entwickelte und in einem relativ kurzen Zeitraum von nur etwa 10 000 Jahren verschiedene Steinbearbeitungstechniken (Châtelperronien, Szeletien ...) ausgebildet wurden. Diese Koinzidenz gibt zu denken.

Doch selbst wenn die Neandertaler ihre Art der Steinbearbeitung unter dem indirekten Einfluss des *Homo sapiens* geändert hätten, so wäre das nicht möglich gewesen, wenn sie dafür nicht kognitiv und kommunikativ auf Augenhöhe mit ihren Konkurrenten gestanden hätten. Bis dahin hatten sie sich wohl eher nach der Devise verhalten: Man ändert keine Technik, die funktioniert. Und auf einmal musste man Neuerungen einführen, um mit erfolgreichen Konkurrenten mitzuhalten ...

Ein Neandertaler als Magier und Archäologe?

Eine andere Art materieller Erzeugnisse verrät das Vorhandensein bedeutender kognitiver und symbolbildender Fähigkeiten und demzufolge einer komplexen Kultur: die seltenen Objekte. Die Archäologie zeigt, dass die Neandertaler und ihre Vorgänger nicht nur um das nackte Überleben kämpften, sondern auch der Herstellung von Gegenständen, die keinen konkreten Nutzen hatten und deren Einmaligkeit in die Augen springt, Zeit widmeten. Ein Beispiel dafür ist der Excalibur genannte rosanen und gelbe Faustkeil (vgl. Kapitel 2), der an der Fundstätte Sima de los Huesos geborgen wurde und neben den Überresten von 28 Heidelberger Menschen lag, die vor über 350 000 Jahren in eine Grube geworfen worden waren. Dieses Objekt wird zumeist als Grabbeigabe interpretiert: Man nimmt an, dass es aus einem ganz besonderen Stein gefertigt und bei einer Zeremonie abgelegt wurde, die vielleicht eines der ältesten Bestattungsrituale war, von denen man weiß.[8]

Ein anderer Gegenstand dieser Art ist der Faustkeil aus Bergkristall, der vor 150 000 Jahren hergestellt und in Kulna (Tschechien) entdeckt wurde. Das dafür verwendete Kristall wurde möglicherweise bei einem benachbarten Clan eingetauscht, denn es stammt von einem Ort, der über 100 Kilometer südlich von Kulna liegt. Er sticht aus den von den Bewohnern des Ortes haufenweise hinterlassenen kleinen Abschlägen hervor. Das Fehlen von Gebrauchsspuren legt nahe, dass er nicht als Werkzeug benutzt wurde.[9] Ein weiteres seltenes Stück ohne offensichtlichen Gebrauchswert ist der große Abschlag aus Silcret (ein Konglomerat aus mit Kieselerde verbackenem Gestein) mit weißen Spitzen, der am Neandertaler-Fundort La Combette im Vaucluse entdeckt wurde und sich überraschenderweise in einer Ansammlung von Werkzeugen für die Jagd befand.[10]

Noch erstaunlicher sind Objekte, die vielleicht symbolische, ästhetische, affektive oder magische Bedeutung hatten und im Zusammenhang mit der Macht im Clan standen oder als Geschenke verwendet wurden. Allein der Umstand, dass sie bis zum Lagerplatz gebracht worden waren, verweist darauf, dass sie besondere Beachtung erfuhren, und, wie wir gesehen haben, auf die Mobilität der Neandertaler. Hier wären versteinerte Belemniten[11] zu erwähnen, die an der Moustérien-Fundstätte Canalettes, datiert auf ein Alter von 60 000 Jahren und auf 680 Metern Höhe gelegen, zusammen mit Abschlägen in der Levallois-Technik entdeckt wurden. Die typische «Patronenform» (länglich mit spitz zulaufendem Ende) des Rostrums (eines Skelettteils) dieser Kopffüßer aus der Jura- und Kreidezeit fiel den Neandertalern offenbar auf. Die Jäger konnten diese Belemniten nur ein gutes Stück unterhalb ihres Lagers bei den Klippen aufsammeln. Der Weg dorthin ist zwar nicht weit, doch lang genug, um zu zeigen, wie begehrt diese Stücke waren, die nicht zu irgendeinem Gebrauch bestimmt waren.

Ein weiteres Beispiel ist der obere Backenzahn eines Nashorns, der Anfang der 1970er Jahre am Neandertalerfundort in der Höhle von Hortus in Frankreich entdeckt wurde.[12] Dieser Zahn ist insofern bemerkenswert, als er zu einer Spezies gehört – *Dicerhorinus mercki* –, die im

Moustérien bereits ausgestorben war. Es handelt sich demnach nicht um Abfall von einer Jagd, sondern um ein Fossil, das den Neandertalern aufgefallen war und das sie mit ‹nach Hause› nahmen. Schon Ende der 1950er Jahre hatte André Leroi-Gourhan in den paläolithischen Schichten der Grotte de l'Hyène bei Arcy-sur-Cure in Burgund eine ungewöhnliche Ansammlung von ‹Kuriositäten› entdeckt.[13] Das Sammelsurium umfasste Schnecken, kugelförmige Polypen und Knollen aus Eisenpyrit, alle in seltsamen Formen.

Wozu dienten diese seltenen Stücke? War das Sammeln dieser Gegenstände nur eine Marotte? Spielten sie eine Rolle innerhalb der Hierarchie oder der Geschlechterbeziehungen innerhalb des Clans? Lauter offene Fragen. Klar ist nur, dass hinter diesen von weither gebrachten Objekten ein ästhetischer und/oder symbolischer Wert stecken konnte, eine Hypothese, die Funde von Schmuckteilen an den archäologischen Stätten eindeutig belegen.

Der Schmuck der Neandertaler

Im Jahr 2011 entdeckte man, dass die Neandertaler des Fundorts Fumane in der Nähe von Verona nicht genießbare Vögel jagten (Rabenvögel, Falken, Adler, Geier), um deren Federn zu verwenden.[14] Nur auf den Flügelknochen fanden sich Schnitt-, Kratz- und Zerlegungsspuren, die zeigen, dass diese späten Neandertaler vor etwa 44 000 Jahren den Vögeln allein wegen ihrer Schwungfedern nachstellten. Wozu dienten diese? Bei zahlreichen Populationen des *Homo sapiens*, nicht zuletzt bei den Prärieindianern Nordamerikas, beobachtet man die Herstellung von Schmuck, Besen, Fächern und anderen Gegenständen von symbolischer Bedeutung.

Eine ähnliche Interpretation kommt einem in den Sinn, wenn man eine Halskette aus acht Seeadlerkrallen mit Einkerbungen betrachtet, die angebracht wurden, um die Stücke mit einem Band aneinanderzureihen; die Objekte stammen aus der Höhle von Krapina in Kroa-

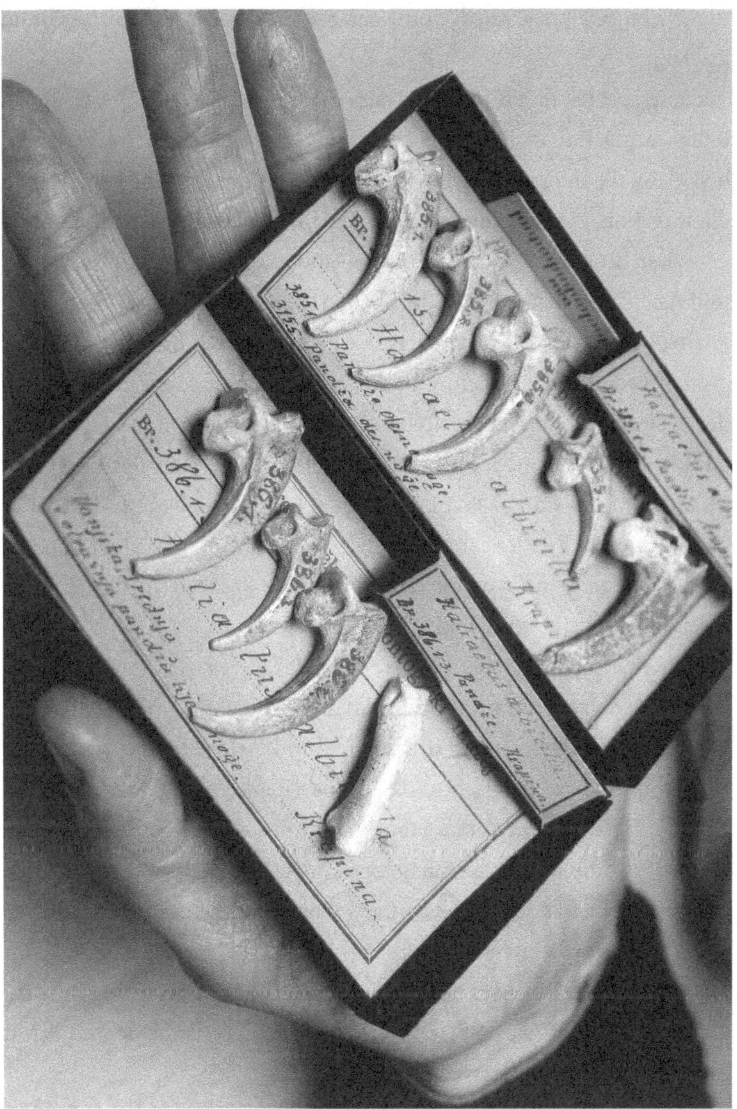

Abb. 8.2: Dieses Halsband aus durchbohrten Adlerkrallen wurde von Neandertalern vor 120 000 Jahren mit viel Geschick verfertigt. Sie bewohnten die Höhle von Krapina im heutigen Kroatien, wo sie auch eine Form von Anthropophagie betrieben.

tien.[15] Der Schmuck wurde von Neandertalern vor etwa 120 000 Jahren gefertigt.

Diese spektakulären Indizien, dass die Neandertaler Schmuck anfertigten, bringen manche skeptischen Forscher in eine gewisse Verlegenheit, denn die Interpretation passt nicht in ihr Konzept. Und trotzdem ist das Ergebnis zweier Studien (eine über den Neandertalerfundort auf Gibraltar und eine zweite zu 1699 Neandertalerfundstätten in Europa und Asien[16]) eindeutig: Auch dort haben späte Neandertaler[17] Raub- und Krähenvögeln die Schwungfedern ausgerissen. Die Verwendung dieser großen Federn scheint demnach ein kulturelles Merkmal insbesondere der späten Neandertaler gewesen zu sein (und alles deutet darauf hin, dass sie dunkles Gefieder wie das des Raben, der Krähe, der Elster, des Milans und des Rötelfalken besonders schätzten). Was bezweckten sie damit? Am ehesten leuchtet die folgende Erklärung ein: Die Neandertaler benutzten eine symbolisch-ornamentale Sprache, Ausdruck einer fortgeschrittenen Denkfähigkeit.[18]

Falls man noch Zweifel hegt, ob von der Verwendung von Symbolen die Rede sein kann, betrachte man die prächtigen Halsketten aus Hirschzähnen sowie anderen Schmuck und Artefakte, die von André Leroi-Gourhan in der Grotte du Renne (Rentierhöhle) bei Arcy-sur-Cure im Département Yonne geborgen wurden. Diese Fundstelle, die typisch ist für die Kultur des Châtelperonnien (zeitgleich mit dem späten Moustérien und anderen sogenannten Übergangskulturen), wurde lange dem *Homo sapiens* zugeschrieben, bis das Schläfenbein eines Kindes, das Silvana und ihre Kollegen untersuchten, sowie Zähne gefunden wurden, die einem Zeitfenster von 41 000 bis 35 000 Jahren vor heute und damit den späten Neandertalern zugeordnet wurden.[19]

Wenn also die Neandertaler raffinierten Schmuck trugen, besaßen sie zweifellos auch ein ganzes Inventar anderer Vorzeigesymbole, und zwar schon vor ihren ersten Begegnungen mit dem *Homo sapiens*. Man könnte daraus den Schluss ziehen, dass diese symbolische Sprache spontan entstand, doch wäre das voreilig. Man kann allenfalls auf die Gleichzeitigkeit der Erfindung neuer materieller Kulturen durch die Neandertaler nach 200 000 Jahren relativen Stillstands und nach dem Auftauchen des *H. sapiens* verweisen. Diese Koinzidenz springt zu sehr ins Auge, um ein Zufall zu sein. Möglicherweise waren diese neuen Kulturen unter dem Konkurrenzdruck mit dem *H. sapiens* entstanden. Tatsächlich sind die Neandertalerkulturen gegen Ende ihrer Geschichte ähnlich komplex wie die des *Sapiens* derselben Epoche. Allerdings darf man nicht außer Acht lassen, dass sie sich auch durch Akkulturation im Kontakt mit dem *H. sapiens* sowie durch Kulturübertragung, das heißt durch Ausbreitung der bereits ganz vom *Sapiens* getragenen Kultur vom Vorderen Orient aus, entfaltet haben könnten.

Wer hat das symbolische Denken erfunden?

War der Neandertaler nun ein Imitator oder ein Erfinder? Die Frage bleibt offen: Einige Wissenschaftler sehen ihn als Produkt der Akkulturation, für andere sind die späten Neandertalerkulturen Ergebnis einer Vermischung mit dem *Homo sapiens*. Eines ist jedenfalls sicher: Selbst unter dem Druck des *H. sapiens* ist das symbolische Denken des Neandertalers nicht aus dem Nichts entsprungen; seine Entwicklung mag am Ende rasant verlaufen sein, aber seine Wurzeln reichen weit zurück. Man kann daran kaum noch zweifeln angesichts der Tatsache, dass vor 250 000 Jahren die Präneandertaler der Fundstätten C und F von Maastricht-Belvédère im Tal der Meuse aller Wahrscheinlichkeit nach roten Ocker für die Körperbemalung benutzten.[20]

An diesen Orten fand man nämlich Reihen winziger roter Flecken auf dem lehmigen Sediment, das von der nahen Meuse abgelagert worden war. Die chemische Analyse hat ergeben, dass es sich um rötliches, eisenoxydhaltiges Material, kurzum Ocker, handelt. Nun befinden sich aber die nächsten Ockervorkommen in einer Entfernung von 40 Kilometern. Versuche, diese Flecken zu reproduzieren, legen nahe, dass sie in der beobachteten Form auf dem Sediment nur haften bleiben konnten, wenn sie von Tropfen einer färbenden Flüssigkeit herrühren. Somit scheint ein Neandertaler vor 250 000 Jahren eine ockerfarbene Flüssigkeit über das lehmige Sediment geschüttet zu haben, die mit einem Mineral angereichert war, das aus einiger Entfernung beschafft worden war. Woher man das weiß? Weil er bei der Bemalung seines Körpers Tröpfchen verschüttete, die auf das Sediment spritzten.

Die enorme Bedeutung dieser Entdeckung wird klar, wenn man sich daran erinnert, dass man bis dahin sämtliche Beweise für das symbolische Denken nur in Südafrika gefunden hatte. In der Blombos-Höhle zeugen mit Streifen versehene Brocken aus Ocker sowie durchlochte Muscheln mit Ockeranhaftungen und Steinspitzen von entwickelten Techniken und künstlerischen Aktivitäten, mithin von symbolischem Denken beim *Homo sapiens* vor 75 000 Jahren.[21] Andere, auf ein Alter von 82 000 Jahren datierte ockerbemalte und durchbohrte Muscheln wurden in der Tauben-Höhle in der Nähe des marokkanischen Dorfs Taforalt zutage gefördert. Auch im Nahen Osten wurde am *Homo-sapiens*-Fundort von Qafzeh (100 000 vor heute) Ocker nachgewiesen.[22] Alle diese Funde führten zu der Ansicht, dass sich symbolisches Denken beim *H. sapiens* entwickelt hätte, das dann von Südafrika Richtung Norden über den Nahen Osten schließlich nach Europa gekommen wäre.

Wenn nun vor über 200 000 Jahren Präneandertaler an der Meuse tatsächlich ihren Körper mit Ocker schmückten, wäre die Vorstellung von einer Pionierrolle des *H. sapiens* hinsichtlich des symbolischen Denkens hinfällig, und diese Rolle müsste jetzt dem Neandertaler eingeräumt werden, der viel früher gelebt hat. Auf die Gefahr hin, unserem Stolz als den Planeten beherrschende Spezies einen Dämpfer aufzusetzen, sehen wir uns die Sache genauer an: Diente der Ocker den Neandertalern von der Meuse tatsächlich zu symbolischen Handlungen? Vielleicht schützten sie sich ja mit diesem Mineral vor der Sonne oder vor lästigen Stechmücken? Möglich, aber unwahrscheinlich, wenn man bedenkt, dass Ocker bei den Neandertalern später vor allem im Zusammenhang mit Bestattungsbräuchen wieder auftaucht, eine Praxis, die bis heute in zahlreichen Kulturen zu beobachten ist. Daher scheint es einleuchtender, dass die Neandertaler an der Meuse ihren Körper mit einem roten Pigment in symbolischer Absicht bemalten.

Offensichtlich wurde die Tradition der Körperbemalung danach beibehalten, wie die Entdeckung von durchbohrten Meeresmuscheln mit Pigmentanhaftungen in den Neandertalerstätten der Provinz Murcia in Spanien belegt, die auf ein Alter von etwa 50 000 Jahren veranschlagt werden, das heißt 10 000 Jahre vor der Ankunft des ersten *H. sapiens* in Europa.[23] Heute liegt einer der beiden Fundorte an der Küste (Los aviones), doch vor 50 000 Jahren war der eine mindestens fünf, der andere sogar mindestens 60 Kilometer vom Meer entfernt – es ist also ausgeschlossen, dass die Muscheln von den Wellen in die Höhlen gespült worden waren.

Die Überreste von Jakobsmuscheln, anderen Kammmuscheln und Austern zeigen Pigmentspuren und sind durchbohrt (um sie aufzuhängen, wozu sonst?). Die Löcher scheinen natürlichen Ursprungs, befinden sich aber alle an der gleichen Stelle, was den Gedanken nahelegt, dass die Neandertaler sie nach bestimmten Kriterien für einen besonderen Zweck gewählt haben. Die Muschelinnenseite ist mit orangefarbenen (goethit-gelb) und roten (Hämatit) Pigmenten gefärbt, die aus einer fünf Kilometer von den Höhlen entfernten Lagerstätte stammen. Die Lochungen sowie die einheitliche Größe der Muscheln machen deutlich, dass sie von Neandertalern als Schmuck getragen wurden. Da sich die Farbspuren nur auf der Innenseite der Muscheln befinden, könnten sie auch als Gefäße gedient haben. Vielleicht als Schminkset für die Gesichts- oder Körperbemalung?

Vor dieser Entdeckung galten genau die gleichen Befunde als Beweise dafür, dass dem *Homo sapiens* das symbolische Denken geläufig war. Dies jetzt dem Neandertaler abzusprechen, hieße, mit zweierlei Maß zu messen.

Der Neandertaler – ein Maler?

Bis jetzt konnten wir nur mutmaßen, dass auch der Neandertaler wie der *Sapiens* künstlerisch tätig war. Das wird schon vermutet, seitdem die Uran-Thorium-Datierung der mit Wandmalereien bedeckten Sinterablagerungen in elf spanischen Höhlen zur Anwendung kam.[24] Diese Datierungsmethode fußt auf der Anzahl der Thorium-Atome, die beim Zerfall der natürlich im Kalk enthaltenen Uran-Atome frei werden. Dies ist eine Alternative zur Radiokarbondatierung, die bei einem Alter der Untersuchungsobjekte von über 40 000 Jahren ungenau und für mineralische Pigmente nicht anwendbar ist. Die Uran-Thorium-Datierung liefert nicht das Alter der Malereien, grenzt aber den Zeitraum ihrer Entstehung ein. Nach den Ergebnissen der Forschungen in der Höhle von El Castillo sind ein Handabdruck und eine große rote Scheibe mindestens 37 000 beziehungsweise 40 800 Jahre alt.

Wie ist das zu interpretieren? Dieses Alter kann zweierlei bedeuten: Entweder waren *Sapiens*-Künstler bereits vor etwa 41 000 Jahren auf der Iberischen Halbinsel angekommen, was sehr früh erscheint und wofür wir keinerlei Beweise haben; oder aber die Maler waren Neandertaler. Hören wir dazu den Spezialisten für Wandmalerei Michel Lorblanchet (CNRS), der erklärt, dass die neuen Datierungen «nur das Problem der Herkunft der Höhlenkunst aufwerfen: Das bleibt zu lösen; es wäre zu beweisen, dass der Neandertaler die tiefen Höhlen regelmäßig aufgesucht und die unterirdische Welt so eingenommen hat wie der *H. sapiens*».[25] Der Klärung dieser Frage kam man im Jahr 2016 einen Schritt näher, als man in der Grotte de Bruniquel im Aveyron-Tal merkwürdige, vor etwa 180 000 Jahren errichtete Strukturen entdeckte. Sie befinden sich 300 Meter hinter dem Eingang und sind nur schwer zu erreichen. Ja, die Präneandertaler und wahrscheinlich auch ihre Nachfolger, die Neandertaler, haben «die tiefen Höhlen regelmäßig aufgesucht».[26]

Für Lorblanchet ist der Fall klar: «Nichts war dem Neandertaler unmöglich, denn seit mindestens zwei Millionen Jahren, von seinen Ursprüngen an, ist der Mensch ein ‹*Homo estheticus*›.[27] Wir waren immer der Meinung, dass die Begegnung des Neandertalers mit dem modernen Menschen eine Zeit des kulturellen und spirituellen Wettstreits war, aus der die große Kunst der Wandmalerei als Fortsetzung von zwei Millionen Jahren Kunstgeschichte hervorging …»

Die kompetentesten Gelehrten in Fragen der Geschichte der Wandmalerei sind der Auffassung, der Neandertaler sei zumindest mit der Kunst des *H. sapiens* in Kontakt gekommen oder hätte selbst Künstler sein können. Wie dem auch sei, es scheint offensichtlich, dass er das Potential für bildende Kunst hatte, stammte er doch wie der *Sapiens* von Vorfahren ab, die schon ästhetische Bemühungen bekundet hatten, zumindest wenn man anerkennt, dass die angestrebte Schönheit eines Faustkeils ein solches Bemühen verrät. Für die Autoren dieses Buches sind die neuen Datierungen der Werke in spanischen Höhlen Anlass, den Neandertalern komplexe künstlerische Inhalte zuzuschreiben. Unserer Meinung nach waren die Neandertaler bereits vor der Ankunft des *Sapiens* in Europa innovativ, und danach erst recht. Sicher können wir nicht sein, doch höchstwahrscheinlich hatten Kontakte stattgefunden, und somit kannten die Neandertaler die Innovationen der Ankömmlinge, die ihnen Anreize gegeben haben könnten, sie nachzuahmen und Neuerungen zu versuchen.

Die Gräber und der Kannibalismus

Wer noch daran zweifelt, dass die kognitiven Fähigkeiten des Neandertalers denen des *Sapiens* ähnelten, den wird die Betrachtung des Bereichs der Bestattungen vollends überzeugen. Allgemein gesprochen, können die einem Toten dargebrachten Gesten nichts anderes als in hohem Maße symbolisch sein. Das gilt für uns heute ebenso wie für die Neandertaler. Diese Gesten ergeben nur dann einen Sinn, wenn es eine kollektive Vorstellung gibt, die die Bemühungen rechtfertigt, dem Verstorbenen Ehrerbietung und Zuneigung zu erweisen und ihm auf seinem Weg ins Jenseits zu helfen. In Europa beginnt das Phänomen der Neandertalerbestattungen etwa 10 000 Jahre vor jeglichem Kontakt mit dem *H. sapiens*, vor etwa 50 000 Jahren. Der zahnlose Greis, der kaum mehr gehen konnte (um den sich deshalb sein Clan kümmerte) und der vor 50 000 Jahren in La Chapelle-aux-Saints beerdigt wurde, ist hierfür ein bezeichnendes Beispiel (vgl. Tafel II).

Entdeckt wurde das Grab im Jahr 1908 von den Brüdern Jean und Paul Bouyssonie und 2013 erneut untersucht, um herauszufinden, ob der Mann von La Chapelle-aux-Saints tatsächlich mit Absicht bestattet worden war oder nicht.[28] Durch die Neubewertung konnte ausgeschlossen werden, dass die Grube, in der sich das Skelett befand, auf natürlichem Wege entstanden sein konnte, vor allem weil die Vertiefung, in der die Knochen lagen, in vertikale weiche Kalk- und Lehmschichten gegraben war, während sie in der natürlichen Formation immer horizontal verlaufen. Diesem hochbetagten und schwer behinderten Individuum (vgl. Kapitel 5) widmeten also die Stammesmitglieder viel Zeit mit der Errichtung eines Grabes, indem sie Erde über seinem Leichnam aufhäuften. Die Arbeit verrichteten sie rasch, andernfalls wären die Knochen nicht so gut erhalten geblieben. Diese Tätigkeit war nicht entscheidend für das Überleben der Gruppe, jedoch nichtsdestoweniger von Bedeutung – von spiritueller, was sonst?

Die Entdeckung einer Neandertalergrabstätte in der Höhle von Kebara im Jahr 1983, in der das Individuum vor 60 000 Jahren in die Erde gelegt wurde, hat die Ansicht bekräftigt, dass sich die Neandertaler um manche Verstorbenen kümmerten und sie beerdigten. Die ältesten Gräber der Menschheit wurden übrigens im Nahen Osten zutage gefördert; es handelt sich um die Gräber von Qafzeh und von Skhul, die mit dem *H. sapiens* in Verbindung gebracht werden. Sie sind 100 000 Jahre alt, stammen also aus einer Epoche, aus der kein einziges Neandertalergrab in Europa bekannt ist. Dagegen lieferten viele Fundstätten stark fragmentierte Knochen, die Schnittspuren vom Abtrennen

Abb. 8.3: Vor 50 000 Jahren begannen die Neandertaler, manche ihrer Toten zu bestatten, was sie zuvor nicht getan hatten. Die anthropophagen Traditionen dauerten fort, ohne dass man wüsste, ob sie an Verstorbenen aus anderen Clans oder aus der eigenen Gruppe praktiziert wurden.

des Fleisches aufweisen, für manche Forscher ein Beweis für Kannibalismus…[29]

Der Gedanke liegt nahe, dass die Neandertaler die Bestattungskultur des *Sapiens* übernahmen und die Einführung von Beerdigungsritualen eine wichtige symbolische und konzeptionelle Neuerung bedeutete.

Spuren symbolischen Denkens können auch in einem anderen Bereich gesucht werden: im Kannibalismus. Unbestreitbare Spuren von Neandertaler-Kannibalismus finden sich an mehreren Stätten: Spuren von Zerlegung, indem man die Sehnen durchtrennte, Aufbrechen der Knochen, um an das Mark zu gelangen, Schnittmarken auf Knochen.[30] Allerdings sagen die archäologischen Befunde kaum etwas darüber aus, was die Toten mit der Gemeinschaft der Lebenden verband.[31] Auch wenn wir Gewissheit haben, dass die Neandertaler jahrtausendelang Kannibalen waren, so wissen wir nicht, ob dies endogam (also in der eigenen Gruppe) oder exogam (an clanfremden Individuen) praktiziert wurde.

Zumindest beim *H. sapiens* zeigen die ethnologischen Befunde, dass diese Formen von Kannibalismus unterschiedliche Bedeutung haben: Während dem exogamen Kannibalismus Ernährungsmotive zugrunde liegen können, geht es beim endogamen Kannibalismus oft darum, dem Toten ein Weiterleben im Körper seiner Angehörigen zu ermöglichen. Er stellt also auch eine Handlung dar, die symbolischen Sinn hat. Auch wenn man annimmt, dass die Bestattung Verstorbener durch die europäischen Neandertaler etwa 10 000 Jahre vor den ersten Begegnungen mit dem *H. sapiens* auf eine kulturelle Verbreitung vom bereits vom *Sapiens* besiedelten Osten aus zurückzuführen ist, so könnte ein schon vorher praktizierter möglicher ritueller Kannibalismus von einem ausgeprägten symbolischen Leben herrühren.

War nun der Neandertaler ein Tier? Nur getrieben von seinen «vegetativen oder tierischen Funktionen», wie Boule und Vallois schrieben? Dessen einzige Kultur in Jagdstrategien bestand? Ohne Spuren irgendeiner «ästhetischen oder kulturellen Betätigung»? Ohne Schmuck? Ohne symbolisches Denken?

Alles, worauf wir bis jetzt eingegangen sind, beweist zusammengenommen eher das Gegenteil: Bei den Präneandertalern und Neandertalern half man sich gegenseitig (vgl. Kapitel 6), man schmückte den Körper mit Ocker, vielleicht bemalte man auch Wände in Höhlen und errichtete dort Aufbauten, man stellte effiziente Werkzeuge her, kooperierte und stimmte sich mittels der Sprache aufeinander ab. Als der *H. sapiens* auf der Bildfläche erschien, legte der Neandertaler bald seine alten, seit Urzeiten geübten Gewohnheiten ab und begann, neue Bräuche zu entwickeln. Und der Neandertaler konnte sich nur deshalb neu erfinden, weil er das in weniger wahrnehmbarer Form schon zuvor getan hatte. Es stimmt: Die Kultur der Neandertaler war reich und komplex. Gleichwohl bleibt ein großer Teil ihres Geheimnisses ungelöst.

Abb. 9.1: Die Clans der Neandertaler und des *Homo sapiens* müssen sich erstmals im Vorderen Orient und in Nordasien begegnet sein. Begründeten sie dort eine Mischkultur, bevor sie nach Europa kamen?

9 | Die Ankunft des Störenfrieds *Homo sapiens* im Leben des Neandertalers

«Alles entartet unter den Händen des Menschen. [...]
Er kehrt alles um [...]; er will nichts so, wie es die
Natur gemacht hat, nicht einmal den Menschen.»
Jean-Jacques Rousseau[1]

Die Tochter von Ber ist gestorben. Die Nacht war kalt, und die alte Frau ist heute Morgen nicht aufgewacht, trotz der Decken und des Strohlagers, die ihr der Clan gegeben hat. Die Medizinfrau, die sie mit ihrer warmen Brühe kurieren wollte, ist traurig. Sie fragt Bera, die Schamanin der Bers, wann die Tote im Wald abgelegt werden wird, doch sie versteinert, als sie die Antwort hört.

«Wir werden es halten wie die Clans im Osten, wir betten sie in die Erde. Onkel Ber und die Kinder heben im Tal bereits eine Grube aus.»

«Ihr legt sie in die Erde?»

«Ja, die Clans im Osten, mit denen wir zusammen gejagt haben, machen es so, denn sie wollen nicht, dass die Tiere ihre Verstorbenen fressen. Sie haben uns gezeigt, wie es geht ...»

Die Medizinfrau ist entsetzt. «Ja, aber... aber, du bist Steppe und musst wieder zur Steppe werden.»

«Ja, ich weiß», antwortet Bera, «aber wenn man in der Erde ist, wird das nicht verhindert, sagen die Schamanen im Osten.»

«Aber wer sind diese Leute im Osten?», fragt die Medizinfrau irritiert.

«Wie, die kennt ihr nicht?», fragt Bera, nicht ohne schelmischen Stolz. «Das sind die Leute mit der hohen Stirn.»

Kommen wir nun zum heikelsten Kapitel dieses Buchs: zur Frage nach dem Übergang vom Neandertaler zum *Homo sapiens* in Europa. Warum ist der Neandertaler verschwunden, und wie ist es passiert? Das Verschwinden einer ganzen menschlichen Population im Dunkel der Zeiten ist ein spannender Vorgang. Am ehesten mag einleuchten, dass es mit dem Auftauchen des *H. sapiens* zusammenhängt, doch ist es sehr schwierig, das Szenario des Geschehens zurückzuverfolgen, denn der Prozess des Aussterbens der Neandertaler hat kaum Spuren hinterlassen.

Bevor wir uns mit den Einzelheiten dieses Rätsels befassen, sollten wir allerdings unsere Eitelkeit als Menschen hintanstellen: Selbst wenn uns das Aussterben unserer Neandertalerbrüder in ökologischer Hinsicht zu Herzen geht, so handelt es sich im Kontext der Evolutionsgeschichte unseres Planeten um eine ganz banale Erscheinung, ähnlich zu bewerten wie das Verschwinden des roten europäischen Eichhörnchens im Vereinigten Königreich nach der Ankunft des amerikanischen Grauhörnchens.[2] Das rote europäische Eichhörnchen verschwand, weil ihm die Ressourcen seines Lebensraums auf einmal von einem Konkurrenten streitig gemacht wurden, der eben etwas dynamischer war. Dieses Beispiel macht eine grundlegende ökologische Regel deutlich: Eine Spezies stirbt entweder aus, weil ihr Lebensraum verschwindet, oder – und das läuft auf dasselbe hinaus –, weil er sich in einer Weise verändert, dass der biologische Fortbestand ihrer Mitglieder nicht mehr gewährleistet ist.

Im europäischen Pleistozän lebten die widerstandsfähigen Neandertaler von der Nutzung riesiger Naturräume, in denen sie den großen Herbivoren nachstellten. Die Ankunft des *Homo sapiens* scheint diese Lebensweise beeinträchtigt zu haben. Doch Vorsicht, wir behaupten gerade nicht, dass der *Sapiens* eine aktive Rolle beim Aussterben des Neandertalers gespielt habe. Wären die Neandertaler gewaltsam ausgerottet

Neandertaler, *Homo sapiens* und Denisova-Mensch

Im Jahr 2008 wird in der Denisova-Höhle im sibirischen Altaigebirge das 30 000 bis 50 000 Jahre alte Stück eines Fingerglieds entdeckt. Der winzige Knochen gehörte allem Anschein nach einem siebenjährigen Kind und ist zu klein für eine morphologische Identifizierung. Trotzdem ist der Fund ein Glücksfall, denn der Knochen enthält genügend genetisches Material, damit seine Mitochondrien-DNA wiederhergestellt und sequenziert werden kann. Nach ihrer Veröffentlichung im Jahr 2010 setzen die Ergebnisse die Wissenschaftlergemeinde in Erstaunen, denn es handelt sich um die DNA einer neuen Humanspezies. Die in zwei Backenzähnen enthaltene DNA gehört ebenfalls dieser neuen Spezies an: *Homo sapiens Altai*, gemeinhin als «Denisova-Mensch» bezeichnet.

Die Sequenzierung der Kern-DNA des Fingerglieds von Denisova und ihr Vergleich mit dem Genom des Neandertalers und des modernen *Homo sapiens* haben bestätigt, dass die Denisovaner weder der Neandertaler- noch der *Homo-sapiens*-Linie angehören, doch ist ihre DNA näher an der Neandertaler-DNA. Die Paläogenetiker haben errechnet, dass der älteste Vorfahr der Denisovaner vor etwa 640 000 Jahren gelebt hat. Danach trennte sich die Geschichte der Denisova-Menschen von der der Neandertaler, was sich in den Genen abbildet, die sie den verschiedenen heutigen Populationen weitergegeben haben. So haben die Melanesier von Papua-Neuguinea und die australischen Aborigines Anteile der Mutationen der Denisova-Menschen, während die Neandertaler gemeinsame Anteile mit den Bewohnern Eurasiens haben.

worden, so hätte man das daran ablesen können, dass Neandertalerfossilien viel plötzlicher verschwunden wären, als es tatsächlich der Fall war.

Wir konstatieren hier nur, dass angesichts der geringen Zahl der Neandertaler und der mangelnden Flexibilität in ihrem Verhalten das Eindringen einer territorial und demographisch so expansiven Spezies wie der des *H. sapiens* nach erdgeschichtlichen Maßstäben einer Explosion gleichzukommen scheint. Man vermutet im Übrigen, dass der *H. sapiens* nicht nur die Neandertaler, sondern auch mehrere Tierarten und noch eine weitere, im Osten Eurasiens beheimatete menschliche Spezies ins Jenseits befördert hat: die Denisovaner[3] (vgl. Textkasten auf S. 163). Somit ist beim jetzigen Stand der Forschung die relevante wissenschaftliche Frage nicht so sehr: «Warum starben die Neandertaler aus?», sondern vielmehr: «Woher rührt die plötzliche territoriale Expansion des *Homo sapiens*, die alle anderen indigenen Bevölkerungen zum Verschwinden brachte?» Um das Szenario der letzten Augenblicke des Neandertalers vor dem Untergang nachzuzeichnen, muss man sich von dem Toten abwenden und sich stattdessen mit seinem Bruder beschäftigen.

Homo sapiens, der große Konkurrent

Wer waren die ersten Mitglieder der Spezies *Homo sapiens*, die Afrika verließen? Die Fossilien der Qafzeh- und Skhul-Höhlen in Israel[4] belegen die Anwesenheit des archaischen *H. sapiens* vor etwa 100 000 Jahren im Vorderen Orient.[5] Anfang 2018 haben wir zudem erfahren, dass man einen halben Kiefer der Spezies *H. sapiens* in der Misliya-Höhle auf dem Karmelberg in der Nähe von Haifa, ebenfalls in Israel, gefunden hat. Die Datierung ergab ein Alter von ca. 200 000 Jahren. Also kam *H. sapiens* als Erster in die Levante-Region, was seit langem vermutet wurde. Er praktizierte, wie die Neandertaler, eine Abschlagtechnik im Moustérien-Stil. Seit einigen Jahren hält man es sogar für möglich, dass sich der *H. sapiens* noch früher, wahrscheinlich vor 125 000 Jahren, auf dem Weg über die Arabische Halbinsel[6] in Richtung Osten zur Südküste Asiens bewegte. Tatsächlich ist er vor etwa 100 000 Jahren in Südchina (Zhiren-Höhle) nachgewiesen, wo er sich mit lokalen homininen Formen vermischt haben könnte.[7]

Zwar haben die ersten modernen Menschen außerhalb Afrikas nicht Europa besiedelt, aber sind sie Neandertalern begegnet? Die Frage ist immer noch offen. Manche, darunter auch die Autoren dieses Buches

(Silvana hat viele Jahre über die Neandertaler der Levante gearbeitet)[8], bejahen diese Frage, was den Levante-Korridor betrifft. Vergessen wir nicht, dass auch der Neandertaler seine europäische Wiege verlassen hat: Seine Anwesenheit im Vorderen Orient vor ungefähr 120 000 Jahren ist gut belegt durch das mutmaßliche Grab einer Frau, Tabun C, das in der Tabun-Höhle im Karmelgebirge in Israel entdeckt wurde (allerdings ist die Datierung umstritten). Später wurden in der Kebara- und der Amud-Höhle[9] in Israel nahezu vollständige, 60 000 Jahre alte Neandertalerskelette gefunden.[10] Vergleichbar alte Neandertalerfossilien kennt man auch aus Dederiyeh in Syrien und Shanidar im Irak.[11] Zwischen diesen beiden von Neandertalern besiedelten Gebieten könnte sich die älteste *Sapiens*-Bevölkerung außerhalb Afrikas befunden haben. Die Fossilien stammen aus den israelischen Höhlen Qafzeh und Skhul (Tafel VII). Aller Wahrscheinlichkeit nach sind sich *H. sapiens* und Neandertaler vor 100 000 Jahren begegnet, und zweifellos schon davor im Vorderen Orient.

Wir wissen nicht, wann genau eine neue Welle des nun voll entwickelten *Homo sapiens* aus Afrika emigrierte, möglicherweise vor ungefähr 70 000 Jahren. Vermutlich überquerten sie die Meerenge von Bab al-Mandab, die Ostafrika (Dschibuti) vom Jemen trennt, vermieden aber den Weg nach Norden, vor allem den von Neandertalern besiedelten Levante-Korridor, und wichen nach Osten aus. Wie dem auch sei, diesem ersten Auftauchen des *H. sapiens* folgten noch etliche weitere, deutlich stärker expandierende Wellen. Im Lauf mehrerer Zehntausend Jahre sollte der moderne Mensch ganz Asien, Indonesien, Australien und Europa bevölkern.

Wir wissen, dass es vor etwa 45 000 Jahren Siedlungsplätze des *Homo sapiens* östlich[12] und südlich[13] von Europa gab. Zehntausend Jahre später sollte der moderne *H. sapiens* ganz Europa einschließlich des britischen Raums bewohnen, während die letzten Neandertalerpopulationen vielleicht noch in abgelegenen Regionen Südeuropas, vor allem auf der Iberischen[14] und der Italischen[15] Halbinsel lebten. Das Vordringen der vollentwickelten modernen Menschen erfolgte unglaublich rasch: In nur

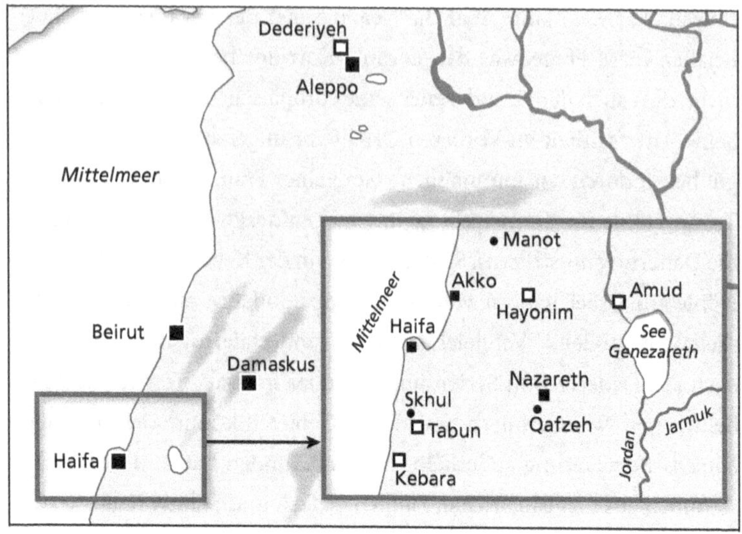

Abb. 9.2: Im Vorderen Orient sind sich Neandertaler (□) und *Homo sapiens* (•) erstmals begegnet, wie diese Übersicht über die Fundorte von Fossilien nahelegt.

40 000 Jahren betrat der *H. sapiens* alle zu Fuß und wahrscheinlich bereits einige über das Wasser erreichbaren Gebiete wie Australien (Abb. 9.3).

Diese explosive Landnahme in großem Maßstab traf die Neandertaler mit voller Wucht. Offenbar konnten sie sich ihr nicht widersetzen. Die Art, wie sich der *Homo sapiens* verbreitete und in allen möglichen Umgebungen zurechtkam, zeigt, dass er offenbar äußerst anpassungsfähig war: Ob als Erfinder oder Nachahmer (auch das ist eine Art, zu erfinden!), scheint er in der Lage gewesen zu sein, sich flexibel an jedes Klima und jede Umwelt anzupassen und sich dort fortzupflanzen. Die Evolution des Neandertalers dagegen scheint von ökologischem Beharren geprägt zu sein, einem Charakteristikum, das für den Fortbestand der Neandertalerlinie im eiszeitlichen Klima wahrscheinlich unerlässlich war (vgl. Kapitel 7).

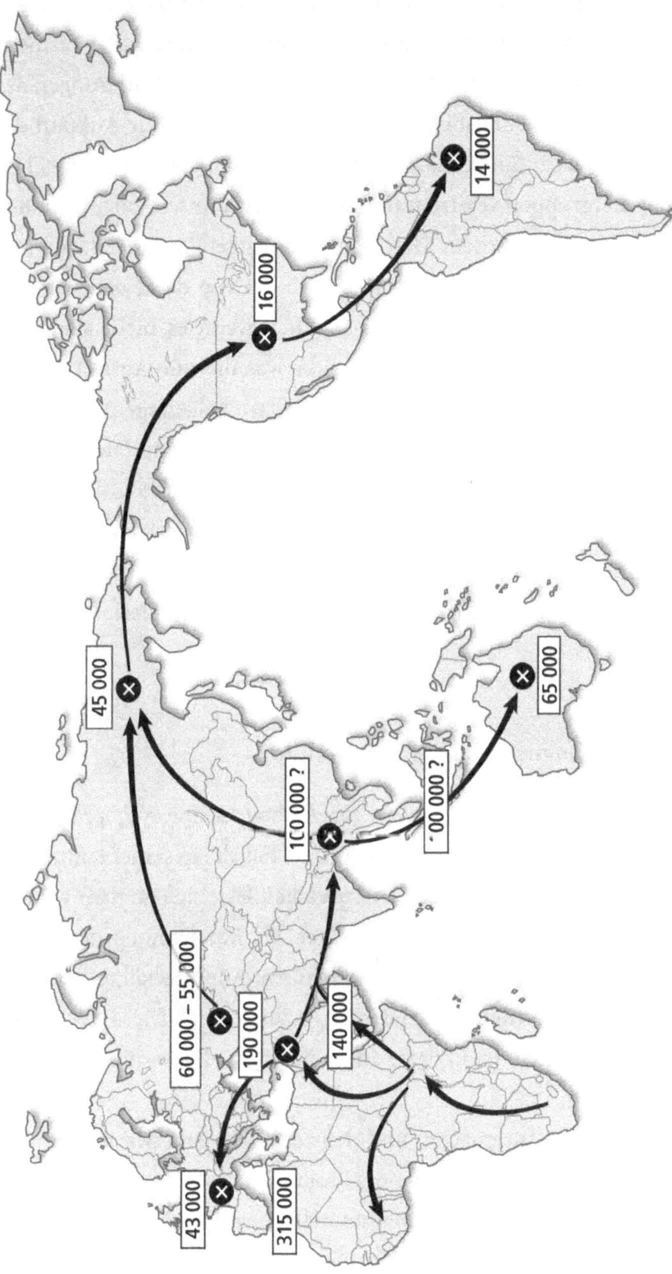

Abb. 9.3: Die wichtigsten Daten zur Verbreitung des *Homo sapiens* weltweit.

Wir kennen die Dichte der ersten *Sapiens*-Populationen in Eurasien nicht, aber ihre territoriale Expansion war nur durch eine starke Vermehrung ihrer Bevölkerung möglich. Die immer präziseren Datierungen der späten Moustérien-Fundstätten in Europa belegen, dass die Ankunft des *Homo sapiens* dazu führte, dass die an sich schon nicht sehr zahlreichen Neandertalergruppen verstreut und in territoriale Inseln oder in Randgebiete abgedrängt wurden. Man kann sich denken, dass der *H. sapiens* zusätzlichen Druck ausübte, indem er sich der von den Neandertalern bevorzugten Ressourcen bemächtigte. Auch wenn es nicht allein die Konkurrenz um Nahrung und Territorium war, die zum Aussterben der Neandertaler führte, so hat sie doch gewiss dazu beigetragen.

Gleichwohl ist es erstaunlich, wie schnell die Neandertaler von der Bildfläche verschwanden, hatten sie doch wie ihre Vorfahren, die Heidelberger Menschen, mindestens 450 000 Jahre unter widrigen Bedingungen überlebt. Aus ökologischer Sicht kann das kein Zufall sein: Der *Homo sapiens*, der Störenfried, hat das Leben der Neandertaler gründlich verändert.

Zusammenprall der Kulturen

Tatsächlich legte der *Homo sapiens* von Anfang an eine ausgeprägte Anpassung an die europäische Umwelt an den Tag, die in seiner kulturellen Vielfalt zum Ausdruck kommt. Diese Vielfalt lässt sich an dem reichen Vokabular ablesen, das die Prähistoriker zur Bezeichnung der unterschiedlichen Werkzeugindustrien verwenden: Aurignacien, Gravettien, Solutréen, Épigravettien, Magdalénien, Azilien etc.[16] Diese Techniken lösten sich nacheinander in den 20 000 Jahren ab, die das jüngere Paläolithikum bilden.

Ab dem Proto-Aurignacien und dem Aurignacien (zwischen 42 000 und 35 000 vor heute) gestaltete der *Homo sapiens* häufig Gegenstände aus Knochen, Rentiergeweih, Mammutelfenbein etc., besonders Speerspitzen, Harpunen, Schmuck und Statuetten. Oft verwendete er Knochen, um immer feinere Werkzeuge wie Nähnadeln mit einer Öse, Harpunenspitzen, Angelhaken sowie neue Gerätschaften wie Speerschleudern, Bogen oder Spielzeug herzustellen. Alle diese Objekte erleichterten das Alltagsleben auf tausenderlei Weise; die Kleidung gewährte besseren Schutz, Jagd und Fischfang wurden effizienter, die Kinderspiele lehrreicher.[17]

Wir wissen nicht, wodurch diese intensive kulturelle Produktivität des *Homo sapiens* ausgelöst wurde. Durch den Wettstreit zwischen Gruppen dieser Spezies? Die Arbeitsteilung innerhalb des Clans? Eine höhere Lebenserwartung, die es ermöglichte, dass man sich besser um die Aufzucht des Nachwuchses kümmerte? Den Einfluss der Schamanen? Eine biologische Evolution? Das Rätsel ist umso größer, als die ersten Vertreter des *Homo sapiens* im Vorderen Orient, deren Überreste man um 100 000 vor heute datiert (vor allem die Fossilien von Qafzeh und Skhul), eine materielle Moustérien-Kultur betrieben, die der Neandertalerindustrie sehr ähnlich und keineswegs von derselben kulturellen Produktivität gekennzeichnet war.

Wie dem auch sei, jedenfalls veranschaulicht die Periode, die wir derzeit durchleben, zwei Eigenschaften des kulturellen Lebens, die sich schon im Paläolithikum gezeigt haben: Es ist erstens von ständigen kulturellen Innovationen geprägt, die zweitens immer schneller aufeinander folgen. Hierzu mag der Hinweis genügen, dass die Art und Weise, wie unser soziales Leben verläuft, sich allein in der Zeitspanne des Lebens der Autoren dieser Zeilen zweifellos stärker verändert hat als in den Jahrhunderten von den Römern bis zum Zeitpunkt ihrer Geburt. Heute staunen wir darüber, dass die Beschleunigung des sozialen Lebens beim *Homo sapiens* bereits im Gange war, als die Neandertalerkultur noch gleichmäßig wie ein Uhrwerk funktionierte.

Die kulturelle Produktion des *Homo sapiens* und die damit verbundene Symbolwelt stellten gewiss eine enorme Herausforderung für die Neandertaler dar, als sie mit den umtriebigen modernen Menschen in Kontakt kamen. Man braucht sich nur die Umwälzung anzuschauen, die heute der Einbruch der westlichen Kultur in eine traditionelle Gesellschaft bewirkt. Jahrhundertelang besaßen die Inuit beachtliche technische Traditionen. Ihre Waffen, ihre Kleidung, ihre Kajaks und andere Geräte, die ihnen das Überleben sicherten, wurden von Ethnologen wie Paul-Émile Victor bewundert. Dennoch kaufen die Inuit heute kanadische Parkas, fahren auf Schneemobilen und jagen mit dem Karabiner. Innerhalb von etwa fünfzig Jahren wurden ihre traditionelle Lebensweise und wesentliche Teile ihrer zumindest im technischen Bereich so ausgefeilten Kultur hinweggefegt. Dasselbe gilt für nahezu sämtliche indianischen Kulturen im Amazonas-Regenwald, sobald der Kontakt mit den Brasilianern hergestellt war. Um die letzten Ureinwohner der Andamanen-Inseln zu schützen, die zu den sogenannten Negrito-Ethnien gehören, hat Indien eine strikte Trennlinie zwischen ihnen und der Zivilisation verfügt, die kein Angehöriger der übrigen Weltbevölkerung überschreiten darf.

Wenn eine kleine, randständige Population, deren soziales Leben in ruhigen Bahnen verläuft, plötzlich mit einer zahlenmäßig größeren und dynamischeren Bevölkerung konfrontiert wird, verschwindet Erstere zumeist, es sei denn, sie vermischen sich und es gelingt ihnen eine Synthese der beiden Kulturen.

Ungeschlachter und tumber Neandertaler versus «Super»-Sapiens

Kann man, auch wenn feststeht, dass der Neandertaler im Vergleich zu seinem afrikanischen Bruder rückständig war, deshalb sagen, dass Biologie und Kulturen der Neandertaler es nicht mit denen des *Homo sapiens* aufnehmen konnten? Sicher nicht, obwohl diese Meinung lange reflexhaft vorherrschte. Primitive Neandertaler (sind die ausgeklügelten Techniken der Inuit etwa primitiv?) wurden angeblich von der ‹intelligenteren› Spezies des *Homo sapiens* verdrängt, der ‹moderne› Techniken besaß. Um diesen Eindruck zu unterstützen, versuchte man systematisch, die ‹behindernden› anatomischen Merkmale der Neandertaler hervorzuheben, um die Unterlegenheit der Lebensweise dieser derben Rohlinge vor Augen zu führen. Der Neandertaler sei einfach zu dumm gewesen, um seine Lebensweise weiterzuentwickeln.

Wie wir gesehen haben, geben zahlreiche archäologische Entdeckungen ein ganz anderes Bild ab und liefern sogar Hinweise auf eine Realität, die in die entgegengesetzte Richtung weist, insbesondere der Umstand, dass sich die Neandertaler im Kontakt mit den modernen Menschen ohne Zweifel sehr schnell entwickelten, so wie jede kleine, isoliert in der Natur lebende *Sapiens*-Population, sobald sie auf eine viel größere Gemeinschaft trifft. Vielleicht ging es der zahlenmäßig geringen Neandertalerbevölkerung wie so vielen kleinen *Sapiens*-Populationen, die verschwanden, nachdem sie in Kontakt mit der großen Weltgesellschaft gekommen waren: indem sie entweder ganz ausstarben oder in der Masse aufgingen.

Das rätselhafte Verschwinden der Neandertaler war zumindest teilweise Folge eines komplexen Zusammenspiels von Akkulturationsprozessen, ausgelöst durch den Zusammenprall der Kulturen, den das Zusammentreffen mit der Spezies *Homo sapiens* bewirkte. Andere äußere Faktoren wie insbesondere das Klima, aber auch interne biologische Gründe könnten dazugekommen sein. Das fossile Inventar liefert zu wenige Indizien, als dass man genauer zu erkennen vermöchte, welche Verkettung von Ursachen das Unvermeidliche herbeiführte. Zumindest eines können wir jedoch tun: einen ungefähren Überblick über die zahlreichen Hypothesen geben, die aufgestellt wurden, um das Aussterben der Neandertaler auf eine Ursache zurückzuführen. Das ist nicht nur interessant, sondern auch unterhaltsam, weil manche so verrückt klingen. Jedenfalls können wir zwei Typen unterscheiden: Schuld sind einmal interne Ursachen im Zusammenhang mit der Biologie und den angeblich zurückgebliebenen Kulturen der Neandertaler, oder aber den Ausschlag gaben externe Ursachen, die mit Ereignissen zu tun hatten, die von außen auf das Leben der Spezies *Homo neanderthalensis* einwirkten. Beginnen wir mit den Letzteren.

Krieg, immer wieder Krieg …

Die erste Hypothese, die äußere Einwirkungen geltend macht, ist eher düster: Der *Homo sapiens* hätte den Neandertaler gezielt ausgerottet. Dabei handelt es sich offenkundig um eine vom Sozialdarwinismus inspirierte Deutung. Gemäß dieser Lehre dominieren die Starken in einer Gesellschaft die Schwachen, was schließlich zur Eliminierung der Letzteren führe. Nach diesen Theorien hätte der *Homo sapiens* eine Art ‹paläolithische ethnische Säuberung› durchgeführt und systematisch in den Weiten Europas Jagd auf die harmlosen Neandertaler gemacht, um sie allesamt auszulöschen.

Solche kriegerischen Vorgänge sind zwar denkbar und könnten sich auf lokaler Ebene auch abgespielt haben, doch gibt es keinerlei belastbare Indizien, die diese Hypothese stützen könnten. Wir werden im folgenden Kapitel sehen, dass die Sequenzierung der *Sapiens*- und Neandertaler-Genome belegt, dass teilweise eine Vermischung zwischen den beiden Spezies stattgefunden hat und dass es wohl aus biologischen Gründen häufiger zu Paarungen von Neandertalerinnen und Männern der Gattung *Homo sapiens* als umgekehrt kam.[18] Es ist also nicht ausgeschlossen, dass die Eroberung oder die Besiedelung von Territorien von kriegerischen Auseinandersetzungen zwischen modernen Menschen und Neandertalern begleitet war, bei denen es zum Beispiel darum ging, sich der Frauen zu bemächtigen.

Angesichts der Gewalt in unserer heutigen Welt erscheint diese Hypothese banal, allerdings müsste erst noch bewiesen werden, dass die Neandertaler gegeneinander Gewalt anwendeten. Und wir haben einen diesbezüglichen Beleg, was ihre Vorfahren betrifft. Vor ungefähr 423 000 Jahren wurde in Atapuerca eine junge Heidelbergerfrau offenbar umgebracht. Ihr Skelett wurde aus 52 in der Sima de los Huesos entdeckten Teilen zusammengesetzt und weist zwei Schlagverletzungen auf der Stirn auf. Die spanischen Prähistoriker untersuchten den Schädel mit kriminaltechnischen Methoden und kamen zu dem Schluss, dass die Verletzungen von Menschenhand stammten. Dieser Fall belegt, dass es im Paläolithikum Morde gab,[19] aber das hat auch niemand bezweifelt... Jedenfalls ist dies der erste dokumentierte Mordfall der Menschheitsgeschichte.

Trotzdem stützt nichts die These von einer allgemein verbreiteten Gewalt unter den Menschen des Paläolithikums und damit zwischen Neandertalern und Vertretern des *Homo sapiens* (ganz am Ende des Paläolithikums herrschte dagegen viel Gewalt). Tatsächlich haben wir im gesamten fossilen Neandertalerinventar nur zwei Stücke mit Verletzungsspuren, die als Einwirkung von Gewalt zwischen Personen interpretiert werden können (Shanidar 3 und Saint Césaire 1).[20] Auch wenn das Fehlen fossiler Belege nicht schlüssig beweist, dass es keine lokalen Tötungsaktionen größeren Ausmaßes gegeben hat, so scheinen Aktionen in großem Maßstab doch ganz unwahrscheinlich. Wäre dies dennoch der Fall gewesen, wären die Neandertaler vielleicht binnen weniger Jahrhunderte ausgerottet worden und nicht erst im Lauf von 5000 Jahren oder mehr.

Virenalarm

Die zweite bedeutsame externe Ursache sind endemische Krankheiten, die ständig in einer Population latent vorhanden sind. Sahen sich die Neandertaler mit etwas vergleichbar Gefährlichem wie einem aus Afrika vom *Homo sapiens* eingeschleppten Ebola-Virus konfrontiert? Diese Möglichkeit muss in Betracht gezogen werden, nach allem, was man über die Ansteckung der amerikanischen Ureinwohner durch die europäischen Siedler weiß. Heutige Historiker glauben, dass vor der Ankunft von Kolumbus zwischen 50 und 100 Millionen Menschen in den beiden Amerika lebten. Nach der Ankunft der Europäer wurden die indigenen Völker von den verheerenden, durch Viren und Bakterien verursachten Krankheiten der Europäer mit voller Wucht getroffen. Es ist schwierig, den Verlauf dieser Epidemien nachzuvollziehen, denn die meisten von ihnen spielten sich außerhalb des Blickfelds der Europäer ab. Ihre Auswirkungen sind im Einzelnen nicht bekannt, doch die Historiker beziffern die Bevölkerungsverluste in einigen Gebieten innerhalb weniger Jahre auf bis zu 90 Prozent, für die präkolumbianische Gesamtbevölkerung auf 50 bis 70 Prozent![21]

Hat der *Homo sapiens* nach seiner Ankunft eine vergleichbare biologische Katastrophe ausgelöst? Noch einmal: Dafür fehlt jeder konkrete Beweis, was freilich nicht überraschend ist. Die meisten Krankheiten oder rasch zum Tod führenden Infektionen hinterlassen keine Spuren auf fossilen Knochen. Das schließt also eine mögliche Überprüfung der Hypothese von einer bakteriellen oder viralen Erkrankung auf den wenigen verfügbaren Fossilien aus. Im Übrigen ist die Vorstellung, es habe bei den Jägern und Sammlern genau solche Ansteckungskrankheiten gegeben wie bei den dicht bevölkerten Gesellschaften gegen Ende der Renaissance, ein Anachronismus. Die Europäer, die in Amerika landeten, stammten aus Gesellschaften mit hoher Bevölkerungsdichte und demnach hohem Pandemierisiko und kamen mit ebensolchen Gesellschaften in Berührung, die auch untereinander in engem Kontakt standen.

Wir haben wiederholt betont, dass die Neandertalergesellschaften eine sehr geringe Bevölkerungsdichte aufwiesen, an der Grenze zur Überlebensfähigkeit. Zwar waren die ersten Clans des *Homo sapiens* vermutlich demographisch dynamischer, aber da sie kaum sehr viel zahlreicher waren, gab es nur sehr begrenzt Gelegenheit zur Übertragung von Krankheiten. Angenommen, der *H. sapiens* hätte tatsächlich zahlreiche Viren und Bakterien eingeschleppt, gegen die die Neandertaler keine Immunabwehr besaßen, so scheint es doch wahrscheinlich, dass es so selten zu Begegnungen der verschiedenen Neandertalerclans kam, dass ihre Population vor einem möglichen bakteriellen oder viralen Desaster geschützt war. Jedenfalls steht die Vorstellung von einer verheerenden Epidemie in Widerspruch zu einem sich über mehr als 5000 Jahre erstreckenden Verschwinden. Und wenn die Krankheiten nicht zu einem schnellen Massensterben führten, hätte das Immunsystem der Neandertaler Zeit gehabt, sich auf die Erreger einzustellen. Die Theorie, der Neandertaler sei durch einen biologischen Angriff ausgelöscht worden, ist schlicht unglaubwürdig.

Auf einmal droht Gefahr vom Himmel ...

Und wenn das Übel, das unseren europäischen Bruder dezimierte, vom Himmel gekommen wäre? Schließlich hat ein Meteoriteneinschlag das Schicksal der Dinosaurier besiegelt. Für die Neandertaler hätte die Bedrohung eher in gefährlicher Strahlung bestanden als in einem dicken Brocken, der aus dem All fiel. Die Ablösung des Neandertalers durch den *Homo sapiens* zog sich über den Zeitraum von 43 000 bis 34 000 hin. In dieser Periode fand eine kurzzeitige Umkehrung des Erdmagnetfeldes – Laschamp-Ereignis genannt – statt. Durch dieses Phänomen verringerte sich der atmosphärische Schutz vor UVB, ultravioletter Sonneneinstrahlung, die Melanome, Augenschäden und eine Schwächung des Immunsystems verursacht.[22]

Starb also der Neandertaler durch ultraviolette Strahlung aus? Höchst unwahrscheinlich, denn die ersten Europäer, die Ahnen der Neandertaler in Europa, hatten schon vor 780 000 Jahren die Auswirkungen einer kurzzeitigen Umkehrung des Erdmagnetfeldes überlebt. So interessant diese Hypothese ist, die Neandertaler seien dem Einfluss kosmischer Strahlung erlegen, so hat sie doch den großen Nachteil, dass sie nur durch eine epidemiologische Untersuchung des Melanoms und anderer pathologischer Folgen im Zusammenhang mit der Sonneneinstrahlung verifiziert werden könnte. Derzeit besteht auch kaum Aussicht auf die Realisierung einer solchen Studie.

Und wenn die Neandertaler ganz einfach erfroren wären? Der Übergang vom Neandertaler zum *Homo sapiens* erfolgte während eines besonders turbulenten Interglazials: Plötzliche Kälteeinbrüche folgten auf rasante Erwärmungen – die Dansgaard-Oeschger-Ereignisse –, die vom Anstieg des Meeresspiegels aufgrund der Gletscherschmelze begleitet waren – den Heinrich-Ereignissen. Dieser klimatische Jo-Jo-Effekt muss für den Neandertaler wie für den *Homo sapiens* schlimm gewesen sein: Die starken, in Abständen von Jahrzehnten auftretenden Kälteeinbrüche verlangten ihnen eine beschleunigte Anpassung an Temperaturschwankungen und entsprechend veränderte Fauna ab. Beutetiere der Neandertaler, in erster Linie die Huftiere, verstreuten sich in alle Winde oder migrierten; so ist in manchen Regionen ein Rückgang der Artenvielfalt zu beobachten.[23] Zwangsläufig litten die Neandertalerpopulationen darunter, denn normalerweise füllte vor allem die Makrofauna ihre Speisekammer.

Könnten vielleicht auch Vulkanausbrüche dazu beigetragen haben, den Neandertalern vollends den Garaus zu machen? Wir wissen, dass die fragliche Periode in einem Gebiet, das von Italien bis Mitteleuropa reichte, von vulkanischen Ereignissen geprägt war.[24] Keine Frage, dass die Verschmutzung der Atmosphäre durch vulkanische Aschewolken die Auswirkungen des rauen Klimas nur noch verschlimmerte. Die Vulkanasche setzte sich manchmal in mehrere Dutzend Zentimeter dicken Schichten auf Hunderttausenden Quadratkilometern ab. Diese Art vulkanischen Schnees muss über Jahre hindurch das Wachstum der Vegetation beeinträchtigt und dadurch das Überleben der großen Grasfresser gefährdet haben. Hinzu kommt, dass in jeder ökologischen Nische eine Verschlechterung der Klimabedingungen den Konkurrenzkampf zwischen den Prädatoren verschärft. Und *Homo sapiens* und Neandertaler besetzten die gleiche Nische.

Oder sollte der moderne Mensch, wie behauptet wurde,[25] in diesem Konkurrenzkampf durch die Domestizierung des Wolfs einen entscheidenden Vorteil bei der Jagd bekommen haben? Indem er dem Jäger half, die Beute aufzuspüren, zu ihm zu bringen und das Wild (sowie die Jagdausrüstung) zu tragen, hätte der Wolf bzw. Hund dem *Homo sapiens* geholfen, Energie einzusparen. Außerdem hätte die größere Menge Fleisch, die die *Sapiens*-Jäger dank Hundebegleitung beibringen konnten (man spricht von einer Zunahme von 40%), den ganzen Clan besser ernährt, damit weniger anfällig für Krankheiten gemacht, Lebenserwartung und Fruchtbarkeit erhöht (zwischen Ernährung und Fertilität besteht ein Zusammenhang)[26]. Das hätte zu einem Rückgang der Kinder- und Erwachsenensterblichkeit geführt, so dass die Kinder, weil sie länger lebten, länger von den Erfahrungen der Alten profitiert hätten. Schon im Paläolithikum waren die Vorteile zahlreich, die dem *Homo sapiens* dank seines wertvollen vierbeinigen Verbündeten zugutekamen.

Die Frage nach der Intelligenz des Neandertalers

Nachdem wir eine Reihe externer Ursachen genannt haben, wenden wir uns nun denkbaren internen Gründen zu, die möglicherweise aus der Neandertalergesellschaft selbst, vielleicht sogar von der Biologie des Neandertalers herrührten. Wir haben uns bemüht, die alten Klischees vom brutalen und wenig intelligenten Neandertaler zu widerlegen, sind allerdings bisher nicht direkt die Frage angegangen, ob er nicht doch vielleicht kognitiv unterlegen war. Waren die Neandertaler dümmer als unsere *Sapiens*-Vorfahren?

Das Gehirn des Neandertalers war groß und offenbar manchmal sogar größer als das des *Homo sapiens*. Funktionierte es aber auch wie das unsere? Nein. Und zwar, einigen Forschern zufolge, aus einem einfachen biologischen Grund: Die Neandertaler sahen um so vieles besser. Bitte lachen Sie nicht: Einfallsreiche Wissenschaftler, die einen Zusammenhang zwischen der Größe der Augenhöhlen und dem Gehirnvolumen von dreizehn Neandertalern annahmen, errechneten den Gehirnanteil, der für kognitive Aufgaben zur Verfügung stand.[27] Und sie kamen zu dem Schluss, dass die Neandertaler die Ressourcen ihres Gehirns vor allem dazu benutzten, ihren mächtigen Körper und ihre Bewegungen unter Kontrolle zu halten. Kurzum, diese Großköpfigen wären also dumm gewesen, weil sie große Augen hatten, und hätten weniger kognitive Ressourcen gehabt, um ihre Erfahrung weiterzugeben und zu kommunizieren.

Der Schwachpunkt dieser Überlegungen, der dahinterliegende Kurzschluss ist stets derselbe: großes Gehirn gleich große Intelligenz, großes Gewicht gleich große Stärke etc. Geringeres Gehirnvolumen bedeute also geringeres Denkvermögen, und große Augen würden die Sache noch verschlimmern, weil sie das zum Denken zur Verfügung stehende Hirnvolumen vermindern würden.

Heutzutage scheint die Gleichung «je mehr Hirn, desto mehr Denkvermögen» mehr als trügerisch, und man ist vielmehr der Ansicht, dass das Niveau der Kognition eines Individuums in der Organisation des Gehirns zum Ausdruck kommt (was man auch daran sehen kann, dass viele berühmte Geistesgrößen wie Descartes keinen großen, sondern einen kleinen Kopf hatten). Im Hinblick auf die Organisation des Gehirns haben neuere Studien interessante Ergebnisse erzielt: Ein Forscherteam stellte mit Hilfe hochauflösender tomographischer Scanner virtuelle Endokraniumabgüsse von Neugeborenen und Kindern von Neandertalern und modernen Menschen her. Dabei zeigte sich, dass sich die äußere vaskuläre Vernetzung des Gehirns des kleinen Neandertalers von der des *Sapiens*-Kleinkinds unterscheidet, obwohl beide Gehirne bei der Geburt etwa gleich groß sind. Natürlich erlaubt dieser interessante Befund keinerlei Rückschlüsse auf die innere Funktion des Gehirns; allerdings scheint die Durchblutung des Neandertalergehirns weniger entwickelt gewesen zu sein als beim *Homo sapiens*, und dies wäre bereits ab dem Ende des ersten Lebensjahrs des Neandertalerkindes erkennbar.[28]

Wie sind diese wenigen Hinweise auf das Denkvermögen unseres Bruders zu deuten? Bekanntlich sind die kognitiven Fähigkeiten die Gesamtheit der mentalen Prozesse wie Gedächtnis, Sprache, Denken, Lernen, Wahrnehmung, Verständnis, Kontrolle der Gefühle beim Treffen von Entscheidungen. Wenn man auch das Vorhandensein von Sprache und das Erlernen von Techniken (vgl. Kapitel 8) in Betracht ziehen kann, wie soll man das Gedächtnis, das Denkvermögen, die Wahrnehmung und die Emotionen der Neandertaler beurteilen und mit denen des *Homo sapiens* vergleichen? Das zu erforschen übersteigt unsere Möglichkeiten.

Von daher beruhen Studien, die in Abständen immer wieder die These vom Niedergang des Neandertalers mit seinem unterlegenen Denkvermögen begründen, zwangsläufig auf einer vorgefassten Meinung hinsichtlich der Möglichkeit, die menschliche Intelligenz zu beurteilen. Die Vorstellung einer geringeren Denkfähigkeit des Neandertalers ist natürlich einleuchtend, aber ist sie auch überprüfbar? Nein. Jedoch verraten die Fossilien Spuren komplexer kultureller Systeme und große technische Fertigkeiten, die jedenfalls mit denen des *Homo sapiens* vergleichbar sind.

Deshalb ist der Verdacht, mangelnde ‹Intelligenz› des Neandertalers erkläre seinen Untergang, höchstwahrscheinlich dem unbewussten Vorurteil geschuldet, unsere Spezies sei allen anderen überlegen. Dieses fußt auf dem Gedanken, man könnte die Hierarchien zwischen den Intelligenzgraden der verschiedenen modernen Menschen, den wir automatisch und ohne Berücksichtigung ihres kulturellen Ursprungs und damit ihrer zeitlichen Gebundenheit hegen, auch auf die Vorgeschichte anwenden.

Ist ein Mensch von heute, der in seinem Alltag ständig vor Bildschirmen voller Icons lebt, die die elementarsten Funktionen des geistigen Lebens (rechnen, sich orientieren, betrachten etc.) ersetzen oder in einen Rahmen einpassen, intelligenter als einer seiner Zeitgenossen, der sich zum Beispiel als Fischer mit dem Meer und den Fischen auskennt? Ist er intelligenter als ein Ureinwohner Australiens, der sich im Verwandtschaftssystem seiner Ethnie auskennt, einem der kompliziertesten der Welt? Ist er intelligenter als ein arktischer Jäger des 19. Jahrhunderts, der es schaffte, seine Familie dank seines Know-hows und seiner zahllosen praktischen Fertigkeiten zu ernähren, die bei Weitem das übersteigen, was irgendein westlicher Heimwerker zustande bringt? Nein, aber der heutige Mensch der westlichen Welt neigt dazu, dem Büroangestellten, der gut mit Bildschirmen, Icons, SMS und sämtlichen modernen Techniken der virtuellen Kommunikation zurechtkommt, einen oberen Rang in der Intelligenzskala zuzuweisen.

Wenn man wie die Autoren dieses Buchs Intelligenz als die Fähigkeit begreift, sich einer gegebenen Situation anzupassen und die dafür geeigneten Mittel zu wählen, dann war unser Neandertalerbruder ohne jeden Zweifel intelligent. Außerdem weist nichts darauf hin, dass die Neandertaler weniger intelligent als ihre zeitgenössischen Verwandten der Spezies *Homo sapiens* gewesen wären. Vor ihrer Begegnung mit dem modernen Menschen, der sich vermutlich im europäischen Klima zunächst ungeschickt und hilflos anstellte, hatten sie erstaunlich lange in einem Umfeld überlebt, das weit rauer war als jenes, aus dem der *H. sapiens* kam. Gerade weil die europäische Umgebung eine größere Herausforderung für das Überleben der Neandertaler darstellte, kam das vielleicht ihrer Intelligenz zugute. Gleichwohl ist individuelle Intelligenz nicht proportional zum Gehirnvolumen, zur Anzahl sozialer Bindungen, die ein Mensch haben kann, und auch nicht zu den Problemen seiner Umwelt. Alles nicht so einfach!

Welcher andere interne Grund konnte also unseren Bruder in den Untergang geführt haben? Seine geringe Fertilität? Das ist denkbar, weil man weiß, dass die Neandertalerpopulationen zahlenmäßig immer schwach waren und sehr geringe Geburtenraten aufwiesen. Wir wissen nichts über die Fruchtbarkeit der ersten modernen Menschen außerhalb Afrikas, aber es scheint, als habe irgendein Umstand sie gesteigert, nachdem sie Afrika verlassen hatten, sofern dies nicht bereits in Afrika geschehen war, was auch ihre Expansion erklären könnte. Auf jeden Fall hat dieses rätselhafte (biologische, ökonomische, soziale …) Phänomen einen allmählichen Bevölkerungszuwachs seit dem Aurignacien (38 000 bis 28 000 vor heute) in Gang gesetzt, der sich in Europa seit dem Gravettien (ab 28 000 vor heute) spürbar fortsetzte. Gegenüber dem Neandertaler hatte der *Homo sapiens* die Demographie auf seiner Seite.[29]

Sollten die Männer der Neandertaler etwa wenig geeignet für die Zeugung von Nachkommen gewesen sein (wir kommen in Kapitel 10 darauf zurück)? Warum blieben die Neandertaler zahlenmäßig so schwach? War eine Art biologisches Verhängnis daran schuld? Eine der Hypothesen, die in dieser Richtung aufgestellt wurden, argumentiert mit einer vorzeitigen sexuellen Reife, die eine kürzere Lernzeit zur Folge gehabt und dadurch zu einer geringeren Weitergabe der Erfahrungen zwischen den Generationen geführt haben soll.[30] Dadurch hätten sich die Überlebenschancen der Clans verschlechtert. Obwohl der Gedankengang nachvollziehbar ist, wird er durch keinen konkreten Tatbestand bestätigt. Die Neandertalerskelette und die Gebisse, an denen sich die Lebensgeschichte ablesen lässt, haben gezeigt, dass die Neandertaler etliche Jahre früher in die Pubertät kamen als die heutigen modernen Menschen (die Mädchen im Durchschnitt mit 11,5, die Jungen mit 12,5 Jahren).[31] Der Eintritt in die Pubertät und damit der Beginn der Geschlechtsreife verkürzten natürlich die Lehrzeit eines Neandertalerkindes. Allerdings gilt diese Verkürzung grundsätzlich genauso für die lange Phase, in der die fragilen Neandertalerpopulationen Bestand hatten, wie für die Zeit ihres allmählichen Verschwindens. Dieser Umstand kommt also eher als ein Element zum Verständnis ihrer Anfälligkeit in Betracht denn als hinreichender Grund für ihr Aussterben. Im Übrigen ist diese Argumentation nur stichhaltig, wenn man unterstellt, dass die ersten europäischen *Sapiens*-Populationen, die während des Übergangs vom Neandertaler zum *Homo sapiens* lebten, im gleichen Alter geschlechtsreif wurden wie die heutigen Menschen. Und das ist höchst fraglich.

Angenommen, diese frühen europäischen Vertreter der Spezies *H. sapiens* hätten ungefähr um die gleiche Zeit die Geschlechtsreife erreicht wie die Neandertaler, dann scheint es plausibler, eine höhere Kindersterblichkeit und aufgrund der Jugend der erstgebärenden Neandertalermütter kompliziertere Geburten in Betracht zu ziehen. Man weiß um die Folgen von Frühgeburten für das Überleben der Kinder. Es liegt auf der Hand, dass in einer zahlenmäßig schwachen Population viele Frühgeburten zwangsläufig negative demographische Folgen haben.

Aber auch wenn diese Hypothese einleuchtet, deutet auf den Skeletten der Neandertalerinnen nichts darauf hin, dass sie Schwierigkeiten beim Gebären gehabt hätten. Warum also sollte man davon ausgehen, dass ein unbekannter Faktor ausgerechnet in der Zeit des Übergangs vom Neandertaler zum *Homo sapiens* einen Unterschied bewirkt hätte? Und vielleicht war ja genau das Gegenteil der Fall. In diese Richtung tendiert eine Studie über das Becken der Neandertalerinnen,[32] die nachweisen möchte, dass sie leichter gebären konnten als ihre *Sapiens*-Schwestern. Diese eingehende anatomische Studie hat gezeigt, dass der Geburtsvorgang bei der Neandertalerfrau anders verlief, weil die Drehung des Neugeborenen dabei leichter vonstattenging, zumindest wenn die hormonale Entspannung im Augenblick der Geburt gleich wie beim *Homo sapiens* war. Das ist alles doch etwas spekulativ, aber das Argument ist nicht ganz von der Hand zu weisen, denn angesichts der Breite des Beckens der Neandertalerin war die Geburt für die Frauen sicherlich leichter.

Tradition versus Innovation

Geben wir zu, dass die biologischen Ursachen für das Aussterben kaum überzeugen können und durch das fossile Inventar schlecht belegt sind. Wenden wir uns daher den internen, kulturellen Ursachen zu. Zwischen den Kulturen der Neandertaler und denen des *Homo sapiens* gab es bestimmt erhebliche Unterschiede. Könnte die Familienstruktur die Neandertaler benachteiligt und den *H. sapiens* begünstigt haben?

Grundsätzlich lebten die Neandertaler in einer erweiterten Familienstruktur (einem Clan); der *H. sapiens* der Übergangsperiode vom Neandertaler zum *Sapiens* könnte bereits in deutlich größeren Verbänden gelebt haben. Die Neandertalerclans waren demographisch möglicherweise schlechter gerüstet, um die Innovationen zu leisten, die durch die Konkurrenz mit den *Sapiens*-Clans erforderlich waren. Tatsächlich weiß man, dass technische Traditionen in größeren Gruppen eher beibehalten werden und dass es dort aber auch viel häufiger zu Neuerungen kommt (vgl. Kapitel 7). In einer sich selbst überlassenen kleinen Gruppe werden

Traditionen beharrlich beibehalten, um das Überleben zu sichern, und aus demselben Grund werden Neuerungen vermieden, denn das Neue kann gefährlich sein, wenn es sich als ineffizient erweist oder neue unabsehbare Lernprozesse erfordert, zumal das Überleben allein schon alles abverlangt. Nach dieser These hätten also die schwachen sozialen Beziehungen der Neandertaler ihr Verschwinden bewirkt, das Aussterben der Neandertaler wäre demnach vor allem ein soziales Phänomen.

Wenn aber die sozialen Beziehungen für das Überleben der Clans nicht ausreichten, wie hätten dann die Neandertaler und ihre direkten Vorfahren mehr als 450 000 Jahre und mehrere Eiszeiten überstehen können? Das Überleben der nicht sehr zahlreichen Präneandertaler und Neandertaler bedeutet im Gegenteil, dass ihre zwischen den Clans bestehenden sozialen Bindungen sehr stark waren, auch wenn diese Bindungen wahrscheinlich ganz andere waren als unsere heutigen. In der römischen Antike hatten die Vorfahren der Inuit in der Arktis zweifellos weniger vielfältige und komplexe Beziehungen untereinander als zum Beispiel Cicero oder Seneca. Was Ersterem nicht seine Ermordung erspart und den Zweiten nicht daran gehindert hat, sich auf Geheiß des Kaisers Nero umzubringen. Letztlich sind Cicero und Seneca wegen ihrer sozialen Beziehungen ums Leben gekommen. Es ist auch denkbar, dass ein Paläo-Eskimo ermordet wurde oder Selbstmord beging, aber eines steht fest: Ohne die Bindung an seinen Stamm hätte er den nächsten Winter nicht überlebt – ein Problem, das Cicero nicht hatte.

Kurzum, das Überleben in Relation zur Menge der sozialen Beziehungen zu setzen, die wiederum in Relation zum Gehirnvolumen steht, das zu ihrer Pflege benötigt wird, ist problematisch, denn das Überleben scheint auch davon abzuhängen, welche Art sozialen Lebens praktiziert wird. Wenn die Menge der sozialen Beziehungen ein signifikanter Parameter ist, dann ist es mehr noch ihre Qualität, und wer kennt schon die Qualität der familiären und affektiven Beziehungen, die die Neandertaler untereinander und zwischen den Clans pflegten? Man weiß zum Beispiel, dass sie sich um Alte und Behinderte kümmerten (vgl. Kapitel 6);

auch weiß man, dass sie häufig ihr Leben für den Clan riskierten, um höchst gefährliche Beutetiere zu erlegen.

Die Frau ist die Zukunft des Cro-Magnon-Menschen

Gleichwohl machen wir uns vielleicht etwas vor, denn mehrere Studien legen doch nahe, dass die Neandertaler nicht die kognitiven Fähigkeiten besaßen, die für ein reiches Sozialleben erforderlich wären. Konnte die soziale Organisation der Neandertalergesellschaften von Nachteil sein? Möglicherweise hätte besonders die Aufgabenverteilung innerhalb der *Sapiens*-Clans jenen enorme Vorteile verschafft.

An diesem Punkt der Debatte kann man nicht umhin, eine gewisse Ironie am Werk zu sehen, denn in der heutigen westlichen Gesellschaft gilt die Arbeitsteilung zwischen eher weiblichen und anderen, eher männlichen Aufgaben je nach Standpunkt als Ungerechtigkeit der Frau gegenüber (untergeordnete häusliche Arbeit, Verschwendung von Talenten, beschränkte Rolle in der Gesellschaft etc.) oder gegenüber dem Mann (weniger Zeit für die Familie, ungeteilte finanzielle Verantwortung, Verpflichtung zum Kriegsdienst etc.). Und wenn nun gerade in einer solchen Verteilung der Grund für die Stärke des *Homo sapiens* läge?[33] Wenn die Idee, dass die Frauen in der Höhle (zu Hause) bleiben mussten, dort für das Sammeln (den Gang zum Markt) sorgen, die Nahrung zubereiten (kochen), die Kleidung herstellen (flicken, waschen), sich um die Kinder kümmern (heute gelten die ‹neuen Väter› auch als sehr gute ‹Mütter›) und die Vorräte überwachen (das Familienvermögen im Auge behalten) mussten, wenn also diese Idee aus anthropologischer Sicht so zweckmäßig und korrekt gewesen wäre, wie sie heute politisch unkorrekt ist? Die Dinge so zu betrachten würde bedeuten, die traditionelle Frauenrolle, die in den Augen unserer Zeitgenossen geradezu als unterwürfig gilt, als den entscheidenden Anpassungsvorteil des paläolithischen *Homo sapiens* zu begreifen.

Die Hypothese, bei den Neandertalern habe es keine Arbeitsteilung gegeben, ist jedoch nur ein Gedankenspiel. Die Beobachtung von Populationen, die noch heute als Jäger und Sammler leben oder vor nicht allzu langer Zeit so gelebt haben, legt im Gegenteil nahe, dass es solche Aufteilungen auch innerhalb der Neandertalergesellschaften gegeben haben muss, auch wenn die Neandertalerinnen vielleicht mit auf die Jagd gingen. Schließlich beobachtet man bei heutigen Jägern und Sammlern, dass die Männer die großen Beutetiere jagen, während Frauen und Kinder dem Niederwild nachstellen und sich um das Sammeln von Nahrung kümmern. Meistens nehmen die Frauen und Kinder nicht an allen Jagdgeschäften teil, vor allem nicht am Töten der Beute.

Der Anthropologe Alain Testart hat darauf hingewiesen, dass die Jäger-und-Sammler-Gesellschaften der Menschheit ein universelles Tabu hinterlassen haben: Frauen vergießen kein Blut. Kennzeichnet dieses soziale Gebot auch die Neandertalerin? Man kann es nicht beschwören, doch immerhin darf man annehmen, dass die Neandertalerinnen Menschen waren wie die anderen und dass die Kultur sie geprägt hat, genau so wie sie auch die Frauen der Spezies *Homo sapiens* prägte.

Fleisch und immer wieder … Menschenfleisch

Eine weitere Erklärung für das Aussterben könnte angeblich die zu große Abhängigkeit der Neandertaler vom Fleisch gewesen sein. Da sie ihr Leben nur durch den Verzehr von überwiegend großen Säugetieren fristen konnten, hätten sie jedes Mal Hunger gelitten, wenn der Jagderfolg ausblieb. Der *Homo sapiens* dagegen, der alle Arten von Kleinwild aß und sich als Allesfresser vielfältiger ernährte, hätte die fleischlosen Perioden besser überstanden. Sehr fleischlastig und daher mehr vom Jagdglück abhängig, weniger vitamin- und weniger abwechslungsreich, hätte die Ernährung des Neandertalers zudem seine Fortpflanzung und seine Entwicklungsmöglichkeiten begrenzt.

Die Neandertaler hätten sich also zum Aussterben verurteilt, da sie sich ausschließlich vom Fleisch großer Tiere ernähren konnten. Ziemlich fragwürdig. Wie bereits erwähnt, haben neuere Studien gezeigt, dass die Neandertaler keineswegs kleine Beutetiere wie Vögel, Fische oder kleine Säuger verschmähten (die Küstenbewohner aßen auch Muscheln). Zweifellos verzehrten sie auch Schnecken und gruben Wurzeln aus. Ihre Nahrung variierte je nach ihrem Lebensraum (vgl. Kapitel 5 und 6). Man kann sich nicht vorstellen, dass hungerleidende Neandertaler darauf verzichtet hätten, Frösche oder Schnecken zu essen wie die Franzosen, deren merkwürdige Gewohnheit vielleicht von dem Ausweg stammt, den die Ahnen in einer früheren Hungersnot gefunden hatten.

Eine befremdliche Variante dieser These behauptet, die Neandertaler hätten eine große Vorliebe für Menschenfleisch gehabt (vgl. Kapitel 5) und hätten häufig menschliches Hirn verzehrt,[34] ein hochgefährliches Nahrungsmittel. Diese Ernährung kann nämlich eine spongiforme Enzephalopathie auslösen, eine Krankheit, die mit einer Vermehrung bestimmter Proteine (Prione) im Gehirn einhergeht und die auch wir, wie wir in den 1990er Jahren mit Schrecken festgestellt haben, durch den Verzehr von infiziertem Rindfleisch bekommen können. Da diese tödliche Krankheit eine allmähliche Degeneration des Nervensystems verursacht, sollen unsere Neandertalerbrüder als Antropophagen häufig krank gewesen sein, was sie in der Konfrontation mit dem *Homo sapiens* noch anfälliger gemacht hätte. Ein nachvollziehbares Argument, das jedoch wenig überzeugt, da nichts darauf hinweist, dass die wenigen nach Eurasien eingewanderten Mitglieder der archaischen Spezies des *Homo sapiens* nicht im gleichen Maße Kannibalen waren wie die Neandertaler. Schließlich gibt es zahlreiche Beweise für Anthropophagie auch beim prähistorischen *H. sapiens.*

Welcher Schluss ist nun aus dieser Suche nach den externen und internen Ursachen für das Aussterben der Neandertaler zu ziehen? Höchstens der, dass der Prozess, der zum Erlöschen der Spezies geführt hat, nur multikausal begriffen werden kann. Eindeutig ist, dass dieser Vorgang durch das Eindringen des *H. sapiens* in die ökologische Nische der Neandertaler beschleunigt wurde. Steht er deshalb aber in direktem Zusammenhang mit dem *H. sapiens*? Mit seiner Anwesenheit schon, so viel ist sicher, aber mit seinem unmittelbaren Eingreifen eher nicht. Die angeblichen kognitiven Unterschiede zwischen *H. sapiens* und Neandertaler sind nicht bewiesen und ihre etwaigen Auswirkungen nicht erkennbar.

Was die externen Ursachen angeht, so betrafen sie den europäischen *H. sapiens* ebenso wie den Neandertaler. Als ursprünglich aus den Tropen stammender Mensch litt der *H. sapiens* gewiss mehr unter den plötzlichen Kälteeinbrüchen des MIS 3 (57 000 bis 29 000 vor heute). Die Neandertalerpopulationen hätten unter der Verknappung ihrer bevorzugten Beutetiere gelitten? Möglich, aber durch nichts bewiesen. Die widrigen Auswirkungen eines möglichen großen Vulkanausbruchs hätten beide Populationen gleichermaßen betroffen. Durch die natürliche Selektion erhielten die Neandertaler ihre helle Haut und ihre hellen Augen, was sie grundsätzlich empfindlicher für UVB-Strahlen machte, doch das reicht noch lange nicht als Grund für ihre Vernichtung.

Für die Autoren dieser Zeilen ist eines klar: Mit der Ankunft des *Homo sapiens* in Europa gab es eines Tages zu viele Menschen in derselben ökologischen Nische, und die komplexen Interaktionen, die daraus folgten, führten zum Verschwinden der demographisch fragileren Spezies. Nun ja, wenn sie denn wirklich ganz verschwunden ist.

Abb. 10.1: Die expandierenden Clans des *Homo sapiens* entsandten wahrscheinlich regelmäßig Späher auf der Suche nach neuen Territorien.

10 | Und wenn der Neandertaler immer noch in uns schlummern sollte?

Die sexuelle Selektion hängt «von dem Vortheile ab, welche gewisse Individuen über andere Individuen desselben Geschlechts [...] erlangen in ausschließlicher Beziehung auf die Reproduction.»
Charles Darwin[1]

Onkel Ber schaut zu Onkel Stark und wartet auf seine Reaktion. Es ist ihm unangenehm, aber er muss es ihm sagen.

«Da streunt ein fremder Jäger umher.»

Onkel Stark, der gerade ein Messer schärft, richtet sich ruckartig auf.

«Die Kinder haben ihn gesehen, als sie Wasser holten. Ausnahmsweise waren sie einmal leise und haben ihn bemerkt, wie er die Pferde beobachtete.»

«Der muss richtig Hunger haben, wenn er allein ein Pferd erlegen will. Hat er es probiert?»

«Nein, nach einer Weile hat er lieber im Fluss Krebse gefischt.»

«Bei dem kalten Wasser! Wenn er trotzdem Krebse fischt, ist er bestimmt fix und fertig. Also gut, wir heißen ihn willkommen. Ich werde ihn rufen und ihm sagen, hier wartet eine heiße Brühe auf ihn.»

Onkel Stark holt seine mächtigen Stäbe und will anfangen, sie aufeinanderzuschlagen, da fasst ihn Onkel Ber am Arm.

«Ich glaube, er versteht die Sprache der Jäger nicht.»

Onkel Stark schaut ihn verdutzt an.

«Ja, die Kinder haben auch gesagt, dass er eine hohe Stirn hat. Er ist ein umherziehender Jäger von den Clans aus dem Osten.»

Und was, wenn der Neandertaler doch nicht ganz verschwunden wäre? Und wenn er seit eh und je in uns schlummerte? Diese Hypothese galt lange als unsinnig, doch vieles weist in diese Richtung. Zahlreiche Paläoanthropologen sind der Auffassung, der *Homo neanderthalensis* sei in uns aufgegangen und gar nicht völlig verschwunden. Diese These geht davon aus, dass Neandertaler und *Homo sapiens* sich biologisch nahe genug standen, um gemeinsame Nachkommen zu zeugen. Im Klartext heißt das, sie konnten sich gemeinsam fortpflanzen und ihre Gene vermischen, und der Neandertaler wäre durch «Rassenmischung» untergegangen.

Diese These ist nicht neu, und es lohnt sich, sie genauer zu betrachten. Zum ersten Mal taucht dieser Gedanke in den 1940er Jahren bei dem berühmten deutschen Anthropologen Franz Weidenreich auf, der aus Nazi-Deutschland hatte fliehen müssen und in den Vereinigten Staaten arbeitete. Weidenreich zufolge hatten sich die unterschiedlichen menschlichen «Rassen», das heißt, die verschiedenen *Homo-sapiens*-Populationen, unabhängig voneinander in der Alten Welt (Afrika und Eurasien) entwickelt, ausgehend von ein und derselben Form: dem *Homo erectus*. Mehrere Populationen existierten gleichzeitig, bewahrten jedoch ihre Nähe dank umfangreicher Genflüsse, weshalb es für Weidenreich keinerlei Hierarchie zwischen ihnen gab.

Unter dem Einfluss von Carleton Coon bekam der Gedanke einen rassistischen Beigeschmack. Diesen Schüler von Weidenreich haben wir schon in Kapitel 3 erwähnt im Zusammenhang mit seiner Interpretation der Neandertalermerkmale als Anpassung an die Kälte. Als überzeugter Darwinist wollte er die physischen Unterschiede zwischen den menschlichen Bevölkerungen durch natürliche Auslese erklären. In seinem 1962 erschienenen Buch *The Origin of Races* argumentierte er, dass sich bestimmte Populationen der Alten Welt nicht im gleichen Rhythmus entwickelten, so dass einige das ‹Stadium› *Homo sapiens* vor den anderen erreichten, was Coon zufolge die Existenz von Hierarchien zwischen den «Rassen» bestätigte, die ihm unbestreitbar schienen.

Erst in den 1980er Jahren brachte eine Theorie ‹à la Weidenreich› – nun aber endlich vom rassistischen Ballast befreit – den Gedanken einer Vermischung der verschiedenen Populationen der Alten Welt und besonders zwischen Neandertaler und *Homo sapiens* erneut ins Gespräch: die Theorie der Multiregionalität.[2] Heftig vertreten vom Paläoanthropologen Milford Wolpoff von der Universität Michigan, postuliert sie die Existenz einer einzigen Humanspezies, die sich überall auf der Welt zum *H. sapiens* entwickelt haben soll. Somit wäre vor über zwei Millionen Jahren der *Homo* aus Afrika gekommen und in Europa zum Neandertaler, in Asien zum *Homo erectus* (Java- und Pekingmensch) und ohne Zweifel auf dem Indischen Subkontinent und anderswo zu weiteren lokalen Formen geworden. In Afrika hätte sich dieser *Homo* zum archaischen *Homo sapiens* entwickelt. Alle diese menschlichen Formen, durch Genfluss miteinander verbunden, hätten sich demnach in ihrer jeweiligen Region zum modernen *H. sapiens* entwickelt.

Der Ring für die dicken Finger des Neandertalers

Im Lauf der 1980er und 1990er Jahre, als die paläoanthropologischen Befunde immer zahlreicher, die Datierungen sicherer und die ersten Einschätzungen der Vielfalt der mitochondrialen DNA der heutigen Menschen bekannt wurden,[3] entwickelte sich die Theorie der Multiregionalität und wurde zum «Assimilationsmodell». Wolpoff und seine Schüler hielten es nun für denkbar, dass der *Homo sapiens* auf seinem Zug von Afrika nach Eurasien auf Humanpopulationen in allen Teilen der Alten Welt getroffen war.[4] Diese wären den *Sapiens*-Einwanderern nahe genug gewesen, um sich mit ihnen zu vermischen. Im Assimilationsmodell wären die verschiedenen Typen des modernen Menschen das

Ergebnis der Verbindung der aus Afrika kommenden Spezies des *H. sapiens* mit den Menschenformen, denen sie auf ihrem Weg begegneten. Für Europa würde diese Version des Assimilationsmodells bedeuten, dass die Europäer Abkömmlinge sowohl der Neandertaler als auch des *H. sapiens* sind. Dies erkenne man auch auf den fossilen Formen des modernen Menschen, wo sich viele Merkmale des Neandertalers erhalten haben sollen, darunter besonders auffällig der typische Hinterhauptwulst des Neandertalers, den man auch «Neandertaler-Chignon» nennt.

In den 1980er und 1990er Jahren wurde dieses Modell der verzweigten Evolution des Menschen von der Mehrheit der europäischen Paläoanthropologen angezweifelt,[5] die damals der Auffassung zuneigten, dass überall in der Alten Welt und vor allem in Europa die alten Formen durch den *Homo sapiens* abrupt abgelöst worden seien. Dieser hätte den Neandertaler kurzerhand aus seiner ökologischen Nische vertrieben, ohne dessen Gene mit den seinen zu vermischen. Die Sequenzierung des gesamten mitochondrialen Genoms des Neandertalers[6] im Jahr 2008 stützte diese Ansicht, schien sie sogar voll und ganz zu bestätigen. Im Gegensatz zur Kern-DNA besteht die mitochondriale DNA (mtDNA) aus nur einem einzigen DNA-Strang. Er wird nur von der Frau weitergegeben und stellt einen wichtigen Marker in der phylogenetischen Rekonstruktion dar, denn sein Vorhandensein in einer Humangruppe mit mehreren mitochondrialen Linien verweist auf das Vorhandensein mehrerer weiblicher Linien.

Nach der Sequenzierung der mtDNA der Neandertaler stellten die Paläogenetiker fest, dass sie sich von der unseren stark unterscheidet. Der *Homo sapiens* hatte also andere mitochondriale Linien als der Neandertaler. Keine über die Frau vererbte Verwandtschaft verband uns mit Neandertalervorfahren, die Hypothese von der Ablösung des Neandertalers durch den *Sapiens* schien sich durchzusetzen.

In uns allen steckt noch etwas vom Neandertaler

Zum großen Erstaunen der Paläoanthropologen änderte sich 2010 alles, als 60% des Kern-Genoms des Neandertalers sequenziert wurden.[7] Die im Zellkern befindliche DNA stammt je zur Hälfte von der Mutter und vom Vater. Mit ihr kann auch die männliche Linie zurückverfolgt werden, da das männliche Y-Chromosom nur über den Vater vererbt wird. Beim Vergleich von 60% des ersten sequenzierten Neandertalergenoms mit den entsprechenden Teilen von fünf vollständigen Genomen heutiger Menschen aus verschiedenen Teilen der Welt gelangten die Paläogenetiker zu dem Schluss, dass Europäer und Asiaten zwischen 1 und 4 Prozent ihrer Kern-DNA mit den Neandertalern gemein haben. Die Afrikaner hingegen teilen keine einzige Kern-DNA mit dem Neandertaler, wodurch bewiesen ist, dass diese Hybridisierung erst erfolgte, nachdem der *Homo sapiens* Afrika verlassen hatte. Diese ersten Arbeiten wurden durch neuere bestätigt,[8] die zeigen, dass die Eurasier tatsächlich insgesamt 20% ihres Genoms mit dem Neandertaler teilen, auch wenn jeder Einzelne weniger als 3 Prozent davon in seinen Genen hat (vgl. Abb. 10.2). Es hat also sehr wohl eine Vermischung von *Homo sapiens* und Neandertaler stattgefunden!

Eine flüchtige Liebe

Wann und wo sind sich Neandertaler und *Homo sapiens* begegnet? Ein erstes, zahlenmäßig geringes Kontingent von modernen Menschen könnte sich nach seinem Auszug aus Afrika mit Neandertalern ein erstes Mal vermischt haben. Nach den Berechnungen der Paläogenetiker könnte diese ‹Primär›-Mischung vor etwa 100 000 Jahren im Vorderen Orient stattgefunden haben (vgl. Kapitel 9). Gestützt wird diese These von Fossilien, die im Levante-Korridor entdeckt wurden, denn eine *Sapiens*-Präsenz in dieser Zeit ist an den Fundstätten von Skuhl und

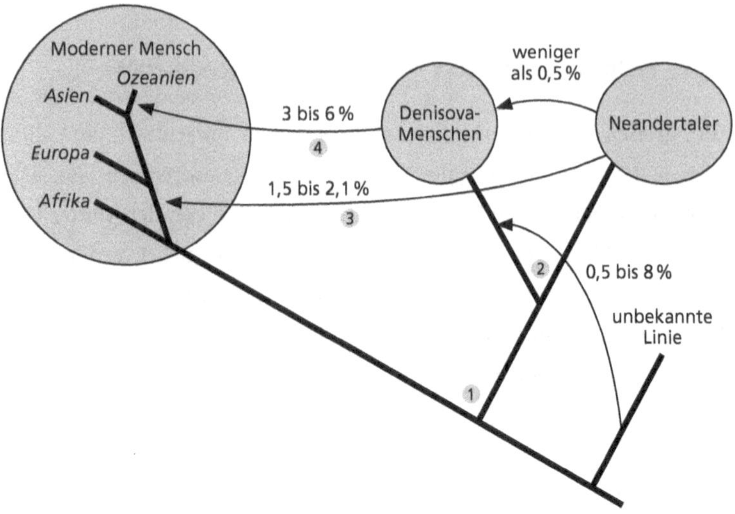

Stammbaum des modernen Menschen.

Abb. 10.2: Die heute lebenden Menschen haben in ihrem Genom Beiträge mehrerer fossiler Linien, zumindest die der Neandertaler und des Denisova-Menschen.

Die zum modernen Menschen führenden Linien einerseits und die zum Neandertaler und Denisova-Menschen führenden andererseits verzweigten sich (1). Vor etwas mehr als 400 000 Jahren trennten sich die beiden Letzteren (2). Danach vermischten sich die Neandertaler mit dem modernen Menschen außerhalb Afrikas (3), und der Denisova-Mensch vermischte sich mit den Vorfahren der heutigen Bewohner Ozeaniens (4) (Pfeile). Eine ältere, unbekannte Linie trug möglicherweise zum Genom des Denisova-Menschen wie auch des Neandertalers in geringem Umfang bei. (Nach Kay Prüfer et al., The complete genome sequence of a Neanderthal from the Altai Mountains, *Nature*, Nr. 5005, 2014, S. 48).

Qafzeh in Israel nachgewiesen, wo auch Steingeräte im Moustérien-Stil geborgen wurden. Diese modernen Menschen besetzten ein Gebiet, in dem seit Zehntausenden von Jahren Neandertaler lebten. Jedenfalls legt dies der Fund eines etwa 120 000 Jahre alten Neandertalerfossils in der

Tabun-Höhle nahe. Dieser Gedankengang wird auch durch eine neuere Genstudie von Wissenschaftlern am Max-Planck-Institut für evolutionäre Anthropologie in Leipzig und von anderen Forschern gestützt, die belegen, dass sich die Neandertaler im Altai, dem Bergmassiv in Sibirien und der Mongolei, vor über 100 000 Jahren mit dem archaischen *Homo sapiens* vermischt haben.[9]

Woher kamen die ersten Vertreter des *Homo sapiens* in den Vorderen Orient? Aus Afrika! Klimatisch breiteten sich die Ökosysteme Nord- und Ostafrikas in die angrenzenden Regionen des riesigen Kontinents aus. Was wissen wir über die ältesten modernen Menschen, die wir in Afrika kennen? Bis vor kurzem sehr wenig: Abgesehen von zwei 160 000 Jahre alten Schädeln mit den bezeichnenden Namen Omo-1 und Omo-2, die in Äthiopien im Omo-Tal gefunden wurden, haben wir nur einen 259 000 Jahre alten Schädel aus Florisbad in Südafrika, ein paar Schädelfragmente und einen 125 000 Jahre alten Kieferknochen, die in den Höhlen am Fluss Klasies in Südafrika geborgen wurden. Seitdem ist die Lage erheblich komplizierter geworden: In Jebel Irhoud (Marokko) waren in den 1960er Jahren menschliche Fossilien gefunden worden, zusammen mit Moustérien-Werkzeugen, das heißt Artefakten von derselben Industrie, die mit den ersten modernen Menschen im Vorderen Orient (in Qafzeh und Skhul) in Zusammenhang steht; die erneute Untersuchung des Fundorts und der Fossilien im Jahr 2017 ergab eine neue Datierung: 315 000 Jahre.[10] Dieses erstaunliche Alter wurde kurz darauf 2018 von Misliya-1 bestätigt, dem auf dem Karmel in Israel aufgetauchten, vom *Homo sapiens* stammenden Fossil eines halben linken Kieferknochens, das auf ein Alter von 177 000 bis 194 000 Jahren datiert wurde.[11] Misliya-1 liefert den Beweis, dass Individuen unserer Spezies vor 100 000 Jahren in der Levante lebten.

Damit war klar, dass aus Afrika zunächst sehr archaische moderne Menschen kamen und dann während einer sehr langen Phase solche, die immer weniger archaische Merkmale aufwiesen: Die Eroberung des Planeten durch unsere Spezies begann also viel früher als bisher ange-

Abb. 10.3: Welle auf Welle und immer zahlreicher kommt der *Homo sapiens* an, der sich bald nicht mehr damit begnügt, leere Gebiete zu besetzen, sondern in die der Neandertaler eindringt. Die Bedingungen im europäischen Lebensraum ändern sich, und die Neandertaler tun sich immer schwerer, ihre traditionelle Lebensweise beizubehalten.

nommen und verlief anfangs in Richtung warmer, für Menschen aus den Tropen günstige Klimata. Im Übrigen hinterließ der *Homo sapiens* eine Spur seines Durchzugs in Arabien: In den etwa 125 000 Jahre alten Schichten im Abri von Djebel Faya am Horn der Arabischen Halbinsel. nicht weit von Dubai, förderte Hans-Peter Uerpmann von der Universität Tübingen Werkzeuge zutage, gefertigt mit Techniken, die für die damals in Ostafrika beheimateten modernen Menschen charakteristisch waren.

Die Präsenz des archaischen *Homo sapiens* in Nordafrika vor etwa 315 000 Jahren macht den seit zwei Jahrzehnten bestehenden wissenschaftlichen Konsens *de facto* hinfällig: die Vorstellung von der Wiege des *H. sapiens* in Ostafrika. Vielmehr muss man davon ausgehen, dass diese Menschenform in ganz Afrika verbreitet war. Im Jahr 2018 untersuchte eine ganze Reihe illustrer Wissenschaftler – unter ihnen Francesco d'Errico und Lounes Chicki vom CNRS – erneut und eingehend die für die Periode der Entstehung des *H. sapiens* charakteristischen klimatischen, genetischen und kulturellen Gegebenheiten und legte ein neues Paradigma vor: Den Forschern zufolge war die Entwicklung des *H. sapiens* in Afrika multiregional.[12]

Doch zurück zur Frage nach der Vermischung von Neandertaler und *Homo sapiens*: Die Levante konnte jedenfalls nicht der einzige Ort sein, an dem sich die beiden Schwester-Spezies Neandertaler und *Homo sapiens* mischten. Im Jahr 2014 deutete die Sequenzierung zweier Fossilien des archaischen *Sapiens* auf eine weitere Vermischung in Nordasien hin. Das eine Genom gehörte zum «Mann aus Ust'-Ishim», einem Individuum, das vor 45 000 Jahren in Westsibirien lebte. Man kennt von ihm nur ein Fragment seines Oberschenkelknochens, ein Zufallsfund im Jahr 2008 am Ufer eines Flusses. Die Sequenzierung[13] seiner DNA ergab, dass er gleichzeitig mit den letzten europäischen Neandertalern gelebt hatte und bereits mit dem Neandertaler vermischt war, da etwa 2 Prozent seiner Gene von diesem stammen. Die Paläogenetiker schätzten, dass sich diese Vermischung zwischen 7000 und 13 000 Jahren vor dem Tod des Mannes von Ust'-Ishim vollzogen hatte, das heißt zwischen 58 000 und 52 000 vor heute. Das ist gerade die Zeitspanne, in die das Fossil von Manot[14] gehört, das 2009 per Zufall in der gleichnamigen Höhle in Israel gefunden wurde. Der Schädel weist unverkennbar die anatomischen Merkmale auf, die man bei einem Hybrid aus Neandertaler und *Homo sapiens* erwartet. Seine Form ist derjenigen sehr ähnlich, die man auf den Fossilien des *Homo sapiens* findet, der in Europa zwischen 30 000 und 20 000 im MIS 2 (29 000 bis 14 000 vor heute) lebte (Mladeč 1 oder Předmostí 4, entdeckt in Tschechien), auf denen das Assimilationsmodell beruht. Wie die Letztgenannten weist auch das Fossil von Manot den Neandertaler-Chignon auf.

Das führte zu der Auffassung, dass sich Neandertaler und *Homo sapiens* nicht nur im Vorderen Orient um das Jahr 100 000, sondern auch in Eurasien begegnet sind, als sie weiter nach Norden vorankamen. Diese zweite Phase der Vermischung könnte bis etwa 45 000 vor heute gedauert haben. Tiefer, weil dauerhafter verankert im *Sapiens*-Genom, könnte sie insbesondere die Populationen hervorgebracht haben, die danach Europa von Norden her bevölkerten.

Diese wahrscheinliche zweite Vermischung der beiden Spezies ist erkennbar im Genom des Fossils von Kostenki 14, einem *Homo sapiens*, der vor ungefähr 37 000 Jahren in einem heute zu Russland gehörenden Gebiet lebte. Nach dem Individuum von Ust'-Ishim ist die DNA, die in seinem linken Schienbein gefunden wurde, die älteste jemals sequenzierte *Sapiens*-DNA.[15] Auch das Fossil von Kostenki enthält einen kleinen Prozentsatz Neandertaler-DNA, wodurch belegt wird, dass bereits vor etwa 54 000 Jahren eine Kreuzung von Neandertaler und *H. sapiens* stattgefunden hat. Der geringe Anteil an Neandertalergenen verweist auf die geringe Vermischung der beiden Spezies, was angesichts der wenig zahlreichen Neandertaler vor allem in den Randbereichen ihrer Siedlungsgebiete nicht überrascht.

Blutsbrüder?

Homo sapiens und Neandertaler haben also zunächst im Vorderen Orient und danach im weiteren Verlauf des Zuges der modernen Menschen nach Norden ihre Gene vermischt. Und was geschah in Europa? Aller Wahrscheinlichkeit nach kam es bei der Ankunft des *H. sapiens* vor etwa 43 500 Jahren auch auf europäischem Boden zu einer Vermischung.[16] Wird dies durch die bekannten Relikte bestätigt? Gibt es im fossilen Inventar Individuen mit hybrider Morphologie? Genau das versuchen die Anhänger der Theorie der Multiregionalität seit mehreren Jahrzehnten zu beweisen und suchen dazu auf den ältesten *Sapiens*-Fossilien, die auf europäischem Boden gefunden wurden, nach Merkmalen des Neandertalers.

Die besagten Paläoanthropologen[17] befassten sich besonders mit der Untersuchung der Nackenregion und des Gesichts. Doch zu ihrem Bedauern ergab keine ihrer äußerst gründlichen Forschungen einen Anhaltspunkt für eine gesicherte Verbindung zwischen Neandertaler und *Homo sapiens*, teils, weil die unter die Lupe genommenen Fossilien falsch datiert, teils, weil sie zu fragmentarisch waren. Dies war zum Beispiel der Fall bei den späten Neandertalern von Vindija in Kroatien.[18] Im Jahr 1999 wurde in Lagar Velho in Portugal das Skelett eines ungefähr vierjährigen Kindes entdeckt, das offenbar vor etwa 25 000 Jahren bestattet worden war, also sehr lange nach dem Aussterben der Neandertaler.[19] Die Mischung von *Sapiens*- und Neandertaler-Merkmalen führte zu der Vermutung, das Kind sei Abkömmling einer Hybridpopulation aus Neandertaler und *Homo sapiens*; diese Hypothese wurde scharf kritisiert,[20] was lange Polemiken auslöste.[21]

Auch das Fossil Oase 1, das 2002 von Speläologen im System der Karsthöhlen von Pestera cu Oase in Rumänien zufällig entdeckt wurde, zeigte ebenfalls eine Mischung aus anatomischen Neandertaler- und *Sapiens*-Merkmalen.[22] Dieses zwischen 37 000 und 42 000 Jahre alte Fossil könnte ein *Sapiens*-Neandertaler-Hybrid sein, doch das Fehlen bearbeiteter Steine oder anderer Elemente eines kulturellen Kontexts ließ keinen eindeutigen Schluss zu.

Heute ist die Hypothese einer Hybridisierung der beiden Spezies in Europa zur Gewissheit geworden: Im Jahr 2015 gelang es einem Team von Paläogenetikern des Max-Planck-Instituts in Leipzig, die noch im Kieferknochen von Oase 1[23] enthaltene DNA zu sequenzieren. Dabei zeigte sich, dass dieses Individuum tatsächlich ein ‹Mischling› aus Neandertaler und *Homo sapiens* war. Es stellte sich auch heraus, dass Oase 1 nicht weniger als 6 bis 8 Prozent Neandertalergene besaß, und das ist sehr viel! Er hatte einen Neandertalerahn, der vier bis sechs Generationen vor ihm gelebt hatte und sein Ururgroßvater gewesen sein könnte. Dass es eine Vermischung von Neandertalern und spätem *H. sapiens* auf europäischem Boden gegeben hat, steht somit fest.

Im Übrigen wird das späte Verschwinden der Moustérien-Neandertaler in Europa durch die Daten von 26 europäischen Fundorten bestätigt, die im August 2014 veröffentlicht wurden.[24] Unter der Leitung von Tom Higham von der Universität Oxford untersuchten etwa fünfzig Spezialisten Fossilien von Neandertalerfundstellen von Spanien bis Russland mit den derzeit modernsten Datierungsmethoden, der Radiokarbondatierung mit Beschleuniger-Massenspektrometrie mit Korrektur durch *Bayessche Inferenz*. Die Altersbestimmung dieser Fossilien kann als die momentan zuverlässigste gelten und deutet darauf hin, dass das Verschwinden der Neandertaler der Moustérien-Industrie vor etwa 42 000 Jahren abgeschlossen war. Den Forschern zufolge hatte sich die Begegnung in einem Zeitfenster zwischen 2500 und 5000 abgespielt, und während dieser Periode existierte in Europa ein Bevölkerungsmosaik. Es ist also immer wahrscheinlicher, dass die Begegnung und die Vermischung von *Homo sapiens* und Neandertaler und das Aussterben der Letzteren innerhalb von weniger als 20 000 Jahren zwischen 60 000 und 40 000 vor heute stattgefunden haben. Der *Homo sapiens*, der vor etwa 43 500 Jahren in Europa eindrang, war bereits das Produkt mehrerer Hybridisierungen von Neandertaler und *Sapiens* im Vorderen Orient und in Westasien.

In welchem Ausmaß sich diese Vermischung vollzog, ist sehr schwer zu sagen. Wissenschaftler haben versucht, mit Hilfe mathematischer Modelle darauf eine Antwort zu finden.[25] Ihre Studien ergaben, dass die Hybridisierung kaum ins Gewicht fiel, dass es nur alle 180 Jahre zu einem Fall kam. Die Tatsache jedoch, dass die eurasische Bevölkerung auch mindestens 2500 Generationen nach dem Aussterben der Neandertaler, also fünf Generationen pro Jahrhundert, immer noch zwischen 1 und 3 Prozent deren Gene in sich trägt, sollte uns von vorschnellen Schlüssen abhalten. Im Lauf einer so langen Zeit führte eine kontinuierliche genetische Erosion zum Verschwinden sehr vieler Neandertalergene, und nur ‹nützliche› Gene blieben erhalten; der Anstieg bestimmter *Sapiens*-Bevölkerungen der Vergangenheit, die mehr oder weniger mit den Neandertalern vermischt waren – vor allem während der demographischen Explosion im Neolithikum –, hatte auch Einfluss auf die heute feststellbare Mischung. In Anbetracht der äußerst dünnen Verteilung der Neandertalerbevölkerungen (vgl. Kapitel 7) – ein Umstand, der aber mit Sicherheit auch auf die Pionierpopulationen des *Homo sapiens* zutraf –, scheint es uns wahrscheinlich, dass der genetische Abdruck der Vermischung der beiden Spezies anfangs sehr stark war, in der Folge aber zum Großteil verwischt und seitdem unkenntlich wurde.

Dies gilt umso mehr, als genetische Verzerrungen auch eine Rolle spielten: Die Paläogenetiker fanden nämlich eine Besonderheit bei der Kreuzung von Neandertaler mit *Homo sapiens*. Eine vor kurzem erschienene Arbeit zur Genetik[26] kommt zu der überraschenden Erkenntnis, dass zwar das Y-Chromosom des *Homo sapiens* eine Hybridisierung von Neandertalerin und *Sapiens*-Mann erlaubt, aber das Neandertaler-Y-Chromosom dies in umgekehrter Richtung zu verhindern scheint. Das heißt, eine Verbindung von Neandertaler-Mann und *Sapiens*-Frau war praktisch unfruchtbar, anders als eine Verbindung von Neandertaler-Frau und *Sapiens*-Mann (vgl. Textkasten «Die Vereinigung von Neandertaler-Mann und *Sapiens*-Frau war vermutlich steril», S. 205). Die Vermischung war also nur erfolgreich in der Richtung, in der sie die männliche *Sapiens*-Linie begünstigte! All das legt nahe, dass die kulturellen und biologischen Vermischungen häufig vorkamen, doch von vornherein ungleich waren – zum Vorteil der männlichen *Sapiens*-Linien – und mit der Zeit verdünnt und verwischt wurden. Die Frage nach dem Ausmaß der Vermischung bleibt unseres Erachtens weitgehend offen, doch eines steht fest: Sehr lange nach dieser Vermischung bleiben davon nicht unerhebliche Spuren.

Warum ist der Neandertaler nun eigentlich ausgestorben?

Sind also unsere Neandertalerbrüder verschwunden, indem sie in der Masse der Spezies *Homo sapiens* aufgingen? Beim gegenwärtigen Stand der Forschung ist diese Erklärung zumindest einleuchtend, weil wir wissen, dass es unter den Vorfahren der Bewohner Eurasiens Neandertaler gab. Vor 40 000 Jahren hatten die ersten Vertreter des *Homo sapiens* in Europa bereits mehrere Hybridisierungen von Neandertaler und *H. sapiens* im Vorderen Orient und in Westasien hinter sich. Nach Meinung der Autoren dieses Buchs ist die Frage nach dem Aussterben der Neandertaler auf dem besten Weg, geklärt zu werden, auch wenn die Debatte noch nicht abgeschlossen ist: Wir glauben, das Verschwinden der Neandertaler hat verschiedene Gründe, und einer der wichtigsten ist einfach ihr allmähliches Aufgehen in der großen Menge moderner Menschen, mit denen sie sich vermischten. Die Vermischung war für die Neandertalerlinie nachteilig, denn das Y-Chromosom des Neandertalers führte offenbar zu einer Abstoßung des Fötus durch das Immunsystem der *Sapiens*-Mutter; umgekehrt lösten die Y-Chromosomen des *Homo sapiens* keine solche Abstoßung des Kindes im Leib der Neandertalerin aus.[27] Die Folge war, dass die Neandertalermänner ihren Clan nicht vergrößern konnten, indem sie sich mit *Sapiens*-Frauen mischten, wogegen die *Sapiens*-Männer den ihren verstärkten, indem sie sich mit Neandertalerinnen fortpflanzten. Wann immer ein neuer Hybrid entdeckt werden wird und noch präzisere Genanalysen am Y-Chromosom des Neandertalers möglich sind, werden wir mehr darüber wissen.

Fassen wir ein letztes Mal die Problematik des Aussterbens unseres Bruders, des Neandertalers, zusammen, so wie wir sie verstehen. Bereits erwähnt wurden die Fragmentierung des Territoriums der Neandertaler, ihre geringe Populationsdichte und deren wahrscheinliche Auswirkungen auf ihr Überleben und ihre Innovationsfähigkeiten. Höchstwahrscheinlich übernahm der *Homo sapiens* bei seiner Ankunft in Europa zunächst die von den Neandertalern nicht besetzten Gebiete. Denkbar ist, dass es danach bei ihren Begegnungen – gewaltsame Zusammenstöße können weder ausgeschlossen noch bewiesen werden – zu häufigen Wechselbeziehungen zu beiderseitigem Nutzen kam. Dieser biologische und kulturelle Austausch kann als Hybridisierung verstanden werden, die wir in Bezug auf die Neandertaler des späten Moustérien beschrieben haben. Eigentlich ist nicht der Neandertaler verschwunden, sondern nur sein Phänotyp, seine äußere Erscheinung, und seine Kultur.

Warum der *Homo sapiens* erfolgreich war

Nun stellt sich die dringende Frage nach den Ursachen des Erfolgs des *Homo sapiens*, nämlich, warum er in nur wenigen, höchstens fünf Jahrtausenden den Neandertaler in Europa abgelöst hat. Schon 1989 meinten Prähistoriker, selbst ein geringer reproduktiver Vorteil des eingewanderten *Homo sapiens* habe genügen können, um zum Untergang der Neandertaler[28] in sehr kurzer Zeit zu führen, vor allem aber die bis heute anhaltende Vermehrung des *H. sapiens*. Wenn es also einen fundamentalen Unterschied zwischen Neandertaler und *H. sapiens* gibt, dann in diesem Punkt, denn alle paläogenetischen und paläodemographischen Daten weisen auf die geringe Zahl der Neandertaler hin. Die Bevölkerungsdichte war nie höher als 0,02 Bewohner je Quadratkilometer. Wir haben zwar keine konkreten Daten, aber einiges weist darauf hin, dass die Population der ersten *Sapiens*-Kultur in Europa – im Aurignacien (39 000 bis 28 000 vor heute) – deutlich größer war als die der Moustérien-Kultur der Neandertaler. Und das Bevölkerungswachstum, das im Aurignacien begonnen hat, wird weitergehen. Etwa 15 000 Jahre nach Ankunft des ersten *Homo sapiens* auf europäischem Boden sind die Menschen im Gravettien – eine vor etwa 31 000 Jahren nach den Neandertalern in Westeuropa entstandene Kultur, die um 22 000 wieder verschwindet – mindestens zehnmal zahlreicher, als die Neandertaler je waren. Aufgrund von Erhebungen an Gravettien-Fundstätten schätzt man, dass in West- und Mitteleuropa etwa 0,5 Bewohner auf den Quadratkilometer kamen.

Obwohl wir die Bevölkerungsdichte der ersten *Sapiens*-Bevölkerungen außerhalb Europas nicht kennen, ist offenkundig, dass ihre territoriale Expansion ohne eine demographische und ökonomische Dynamik nicht möglich war, die, nach dem fossilen Inventar für diesen Zeitraum zu schließen, ganz erheblich war. Die Sequenzierung der Gene zweier früher Vertreter des *Homo sapiens* bestätigt, dass lange vor der Ankunft auf europäischem Boden eine Vermischung von Neandertaler und *H. sapiens* außerhalb Europas stattgefunden hat.

Die Ablösung des Neandertalers durch den *Homo sapiens* wäre demnach eine allmähliche Verdrängung des Neandertalers durch den *Sapiens*, der bereits mit anderen, aus Eurasien stammenden Neandertalern in Kontakt gekommen war. Vermutlich ist die schon immer schwache und im Niedergang befindliche europäische Neandertalerpopulation anfangs durch die Ankunft des *H. sapiens* beeinträchtigt worden und danach infolge der geschlechtlichen Selektion und der Hybridisierung Neandertaler/*Sapiens* weiter zurückgegangen. Denkbar ist weiterhin, dass diese allmähliche Ablösung durch moderne Menschen, die bereits mit Neandertalern vermischt waren, durch biologische und kulturelle Absorption entlang einer Besiedlungsfront erfolgte, die zahlreiche *Sapiens*-Pioniere überschritten. Dieser Prozess erfolgte zwar nach den Maßstäben eines Menschenlebens langsam, war jedoch überwältigend hinsichtlich des fossilen Inventars: So wie es der nordamerikanischen Urbevölkerung erging, die innerhalb von drei Jahrhunderten dezimiert wurde und mit einer ‹weißen› Masse verschmolz, wurden vielleicht auch die Neandertaler immer mehr bedrängt und gingen schließlich in einer zahlenmäßig weit überlegenen Bevölkerung auf, die immer weitere Gebiete eroberte. Nachdem der *Homo sapiens* in Europa eingedrungen war, begannen Ablösung und Absorption/Auslöschung der letzten Neandertaler schließlich vor etwa 45 000 Jahren.

Es ist anzunehmen, dass diese Hybridisierung der europäischen *Sapiens*-Population Impulse gegeben hat (das Gegenteil wäre unwahrscheinlich). Manche genetischen Daten zeigen, dass der moderne Mensch enorm von Genen profitierte, die mit der Anpassung an die Kälte zu tun haben. Sehr wahrscheinlich übernahm er von den Neandertalern auch Techniken des Überlebens in den frostigen Nebeln des Nordens und

Die Vereinigung von Neandertaler-Mann und *Sapiens*-Frau war vermutlich steril

Der Neandertaler-Mann und die *Sapiens*-Frau konnten vermutlich keine gemeinsamen Nachkommen haben. Dennoch stammen 2 bis 4 Prozent unserer Gene von den Neandertalern. Wie ist das möglich? Dank Verbindungen von *Sapiens*-Mann und Neandertaler-Frau, denn keine einzige Neandertaler-DNA findet sich heute auf dem vom Mann vererbten Y-Chromosom.

Zwei Theorien könnten allerdings das Verschwinden der Neandertaler-DNA auf dem Y-Chromosom erklären. Die erste und durchaus plausible besagt, dass die Gene des Y-Chromosoms sehr wohl auf den *Homo sapiens* übergingen, jedoch im Lauf der Jahrtausende ausgeschieden wurden. Um dies zu beweisen, muss man also das Y-Chromosom der ältesten Neandertaler-*Sapiens*-Hybride untersuchen.

Die andere Theorie, die zu erhärten wäre, läuft darauf hinaus, dass das Neandertaler-Y-Chromosom weitgehend eine Schwangerschaft verhindert. Die Paläogenetiker haben nämlich beim Neandertaler drei Hauptvarianten der kleinen Histokompatibilitätsantigene gefunden, die die Gewebeverträglichkeit herabsetzen, das heißt im Klartext: Bei einer Schwangerschaft nach einer Empfängnis durch einen Neandertaler-Mann konnten diese Antigene des Vaters eine Immunreaktion gegen den Fötus und dadurch eine Fehlgeburt auslösen. Dies würde das Fehlen von Genen erklären, die vom Y-Chromosom des Neandertalers stammen, denn der männliche hybride Neandertaler-*Sapiens*-Fötus hätte nicht ausgetragen werden können.

Diese Theorie scheint umso einleuchtender, als Fehlgeburten bei männlichen Föten aus ähnlichen Gründen auch heute vorkommen. Bei der Verbindung von Neandertaler-Mann und *Sapiens*-Frau ging es also mehr um den Spaß als um die Erzeugung von Nachkommen.

profitierte also auch hier von den Neandertalern. Die biologische und kulturelle Vermischung verlief zweifellos in beiden Richtungen.

Hat etwa ein Hund alles verändert?

Vor kurzem kam der Gedanke auf, der *Sapiens*-Jäger sei dank seines Bündnisses mit dem Wolf überlegen gewesen.[29] Für den Ethologen Pierre Jouventin, der sich mit dem Thema beschäftigte,[30] ist offensichtlich, dass die Domestizierung des Wolfs für den *Sapiens*-Jäger einen beträchtlichen Vorteil darstellte, denn, so betont er, «die Beobachtung heute lebender Jäger und Sammler zeigt, dass ein von einem Hund begleiteter Jäger im Durchschnitt dreimal mehr Wild heimbringt».[31]

Natürlich konnte eine solche Neuerung für den *Homo sapiens* demographisch von großem Vorteil sein, da ein Zusammenhang zwischen der Menge der verfügbaren Nahrung und der Fertilität des Menschen besteht. Mehr Nahrung und die Möglichkeit der Bevorratung bedeuten, dass mehr Personen ernährt werden und gesund bleiben können. Das äußert sich in einer längeren Lebensdauer und geringerer Kindersterblichkeit und damit in einer Zunahme der Personen, die das Alter erreichen, in dem sie sich fortpflanzen können. Die Verlängerung der Lebensdauer führt auch zu einer verbesserten Weitergabe des Wissens durch die Alten und ermöglicht zugleich den Eltern, sich auf die noch hilflosen Kleinkinder zu konzentrieren.[32] Vermehrte Kenntnisse bei den jüngeren Generationen wirken sich wiederum günstig auf Überlebenschancen und Innovationen aus.

Ob der Hund nun den Jagderfolg des modernen Menschen förderte oder nicht, die Entwicklung der *Sapiens*-Kulturen zeigt jedenfalls etwas anderes erstaunlich deutlich: ihre anhaltende Tendenz zu wachsen, territorial wie demographisch. Am Ende ist die ‹Überlegenheit› des *Homo sapiens* über den Neandertaler, die so viele Prähistoriker beweisen zu können hoffen, vielleicht gar nicht technischer oder kultureller Art, sondern hängt einfach mit der kollektiven Psyche des *Homo sapiens* und den daraus folgenden sozialen Verhaltensweisen zusammen. Vermutlich liegt darin der Unterschied zwischen den Linien des Neandertalers und des *Homo sapiens*, denn Erstere hat niemals das eurasische Ökosystem zerstört noch verändert, sondern blieb 300 000 Jahre lang im Gleichgewicht mit der Natur. Die auf gemeinschaftliches Teilen ausgerichteten Neandertaler hatten es, schon weil sie so wenige waren, gewiss nicht nötig zu expandieren. Ihnen reichte das Überleben. Da nun einmal Wachstum um jeden Preis uns Erben der verschwisterten Spezies Neandertaler und *Homo sapiens* an den Rand des ökologischen und demographischen Bankrotts gebracht hat, ist es vielleicht an der Zeit, auf diejenigen unserer Ahnen zurückzublicken, die Hunderttausende von Jahren ohne Wachstum zu überleben verstanden, und von ihnen zu lernen.

Das Testament des Neandertalers

Haben Sie verstanden, wer letzten Endes der *Homo neanderthalensis* war? Genauer gesagt, eine Frau, die Neandertalerin, und ein Mann, der Neandertaler. Ihre Widerstandskraft gegen die Kälte und selbst gegen heftige Klimaumschwünge über die Zeiten hinweg ist beeindruckend. Er, der geschickte Werkzeughersteller, jagte Großwild und ging dabei enorme Risiken ein, denn richtiges Fleisch zu teilen ist im Leben wichtiger, als bloß Karnickel zu teilen, und dafür setzte der Neandertaler sein Leben aufs Spiel. Über sie, die tüchtige Sammlerin und möglicherweise auch Jägerin, wissen wir zu wenig, außer dass sie ihre Kinder wohl leichter als ihre Schwestern von der Spezies *Homo sapiens* zur Welt brachte und dass sie sich vielleicht lieber mit Männern aus anderen Clans zusammentat als mit den Onkeln, Brüdern und Vettern ihres eigenen. Wenn jedoch eine Klimakrise oder zu große Entfernung zum nächsten Clan die Familie eine oder mehrere Generationen lang isolierte, blieb ihr nichts anderes übrig, als sich mit einem nahen Verwandten zu vereinigen.

Die Neandertaler waren auch Männer und Frauen, die eine Kultur besaßen, freilich eine raue Kultur, die darauf abzielte zu überdauern, den Fortbestand des Clans zu sichern, gegen die Kälte und den Wandel gewappnet zu sein. Das erklärt, warum sich ihre Technik der Steinbearbeitung 250 000 Jahre lang praktisch kaum geändert hat. Was wissen wir sonst noch von ihrer Kultur? Vor allem, dass sie komplex war, auch wenn sie für uns in vielem rätselhaft bleibt; jedenfalls sorgte sie dafür, dass die Verletzten und die Alten überlebten, und ihr verdankten die Neandertaler und ihre Vorfahren, dass sie drei Eiszeiten überstanden. Sie hätten auch noch länger überdauert, wenn nicht schließlich die Konkurrenz des *Homo sapiens* ein Jahrhunderttausende altes ökologisches Gleichgewicht so weit zerstört hätte, dass die Menschheit heute nicht mehr gegen die periodisch wiederkehrende Kälte ankämpft, sondern gegen die langfristig einsetzende Wärme. Wie hat der Neandertaler auf das Eindringen seines Bruders, des *Homo sapiens,* reagiert? Stets unter Aufbietung seiner Widerstandskräfte, und indem er versuchte, sich mit allen Mitteln anzupassen, bis er am Schluss so weit ging, diesen Bruder zu imitieren und neue Techniken zu erfinden, was er zuvor verabscheut hatte. Dann wurde der Druck zu groß, nicht zuletzt weil die sexuelle Selektion offenbar die Verbindung *Sapiens*-Mann mit Neandertalerin begünstigte, zum Nachteil der Verbindung Neandertaler mit *Sapiens*-Frau, die seine patrilokalen Clans hätte stärken können. Und dann musste der Neandertaler, der letzte wahrhaft ‹animalische›, also wirklich im Einklang mit seiner Umwelt lebende Mensch, seinen Lebensraum an eine Schwester-Spezies abtreten, die sich sowohl territorial als auch demographisch durchsetzte. Dank der Neandertalerin überlebt er aber in uns in Form der 1 bis 4 Prozent der Gene, die der eurasische *Homo sapiens* in sich trägt.

Der *Homo neanderthalensis* war also tatsächlich der prähistorische Bruder des *Homo sapiens*. Er erschien in Europa, als der *H. sapiens* in Afrika auftauchte, und verschmolz schließlich mit ihm zum anatomisch modernen Menschen. Wie dem auch sei, bei seinem Verschwinden hat der Neandertaler seinem Bruder *Sapiens* eine bedeutsame Botschaft hinterlassen:

Ich überlebte eine so lange Zeit, ohne zu wachsen
Ich verschwand, weil ich nie habe wachsen können
Du hast überlebt, weil du immer wusstest, wie man wächst
Wirst du verschwinden, weil du nicht weißt, wie man aufhört?

Immer nur wachsen! Niemals abnehmen! Dies ist in der Tat das wesentliche Merkmal des *Homo sapiens*, der nur zur Koexistenz bereit ist, um «die Früchte des Wachstums zu teilen».[1] Der kluge *Sapiens* – *sapiens* ist lateinisch und bedeutet u. a. intelligent, weise, vernünftig oder vorsichtig – möchte wachsen, bei allem, was er unternimmt. Die Weisen der Wissenschaft und der Feder, also auch die Autoren des vorliegenden Buchs wollen wachsen, wollen, dass das Wissen wächst. Und weil wir und auch Sie kluge Vertreter des *Homo sapiens* sind, stellen wir ein paar Beispiele vor, wie die Erforschung der Neandertaler fortgeführt werden könnte mit dem Ziel, das Wissen zu vermehren.

Zunächst einmal machen Sie sich gewiss so wie wir Gedanken darüber, was die in diesem Buch vorgelegten Thesen untermauern könnte, die auf schwankenden Füßen stehen, sind sie doch Ergebnis von nur 160 Jahren Forschung. Was also ist zu tun?

In erster Linie brauchen wir neue Fundorte und neue Fossilien vom Neandertaler und vom frühen *Homo sapiens*, vor allem außerhalb Afrikas. Durch solche Knochenfunde werden wir wertvolle Kenntnisse erlangen und genauer wissen, auf welchen Wegen sich die territoriale Ausbreitung des *H. sapiens* vollzog; das wird uns Aufschluss geben über Zonen, wo sich die beiden verwandten Spezies vermischt haben könnten, die kluge und die, die nicht wachsen wollte. In diesem Sinne sollte die Forschung vorrangig im Levante-Korridor fortgesetzt werden, besonders in Syrien, auf der Arabischen Halbinsel und im Jemen, in den Golfstaaten und weiter in den unerforschten, aber vielversprechenden Gebieten im Iran, Irak und in Afghanistan. Im Moment ist diese Arbeit schwierig, denn einige hindern diejenigen Vertreter der Gattung *Homo sapiens*, die einen Wissenszuwachs anstreben, sich in etliche dieser Länder zu begeben, sich dort frei und ohne Angst zu bewegen und archäologische Erkundungen anzustellen, um dann Grabungen mit kompetenten Wissenschaftlern durchzuführen. Seit der *H. sapiens* allein auf der Welt ist, hat die Geopolitik immer das Wachstum der Ideen eingeschränkt, wenn sie sie nicht gleich im Keim erstickt hat. Hoffen wir, dass die nächste *Sapiens*-Generation – die bestimmt noch klüger sein wird als die unsrige – auf diesem Feld weiterkommt.

Selbstverständlich wird das Fortschreiten der Wissenschaft nach wie vor zu überraschenden Entdeckungen über den Neandertaler und seine Lebensweise beitragen. So haben manche Wissenschaftler bereits das ungeheuerliche Vorhaben angekündigt, anhand der wiederhergestellten Neandertaler-DNA unseren Bruder zu klonen, ihn somit wiederauferstehen zu lassen. In der Tat war die Sequenzierung der Neandertaler-DNA ein so unverhofftes Meisterstück, dass ihre chemische Synthese dagegen wie ein Kinderspiel erscheint. Manche Vertreter der Gattung hegen solche Gedanken, doch das schockiert die Autoren dieses Buchs – diese Rückständigen! –, die den Neandertaler als eigenständigen Menschen betrachten, der folglich das Menschenrecht genießt, tot zu bleiben, wenn er einmal gestorben ist.

Auch wenn sich der Neandertaler in mancherlei Hinsicht von uns unterschied, ist er deswegen nicht Mensch genug, dass ihm dieses Recht zugestanden wird? Wenn ein verrückter Gelehrter (also ein *Sapiens*-Gelehrter, das heißt «klug», aber verrückt) so vermessen wäre, gleich dem Doktor Mabuse dieses wahnsinnige Vorhaben anzugehen, was fingen wir mit unserem Neandertaler-Klon an? Würden wir von ihm verlangen, sich *Sapiens*-Frauen zu nehmen, um zu verifizieren, dass sein Neandertaler-Y-Chromosom eine Befruchtung ausschließt, wie wir aus den Neandertalergenen geschlossen haben? Das wäre übrigens ganz einfach, haben wir doch der Presse entnommen, dass sich ganz normale *Sapiens*-Frauen bereits freiwillig gemeldet haben sollen. Demnach besteht keinerlei Notwendigkeit, auf ‹gefallene Frauen› zurückzugreifen, was im 19. Jahrhundert angeblich gemacht wurde, um sich zu vergewissern, dass Verbindungen zwischen Schimpanse und *H. sapiens* unfruchtbar sind.[2]

Und wenn wir dann unsere Kenntnisse in dieser Weise erweitert hätten und unsere Neugier befriedigt wäre, was täten wir dann mit unserem geklonten Bruder? Bestimmt würden wir versuchen, ihn mit allen Mitteln zum *Homo sapiens* zu machen, genau wie die viktorianischen Engländer versuchten, Jeremy Button zu einem Menschen des viktorianischen Zeitalters zu machen.[3] Oder schlimmer noch, wir würden ihn vielleicht wie ein wildes Tier behandeln und in einem Vergnügungspark zur Schau stellen, so wie man es einst in den «Schwarzendörfern» von Kolonialausstellungen getan hat? Unsere Altvorderen, die so etwas wagten, glaubten, sie würden archaische Menschen vorführen, aber sie stellten in Wirklichkeit die *Sapiens*-Vertreter ohne Neandertalergene aus – und dachten ja dabei, der Neandertaler, von dem sie nicht wussten, dass er in ihnen steckte, sei ein primitiver Geselle. Sehr klug, das alles. Natürlich würde sich, falls der Neandertaler jemals geklont würde, manch eine barmherzige und politisch korrekte Stimme erheben, wie es im England des 19. Jahrhunderts der Fall war, damit unser geklonter Neandertalerbruder in die gesetzliche Krankenversicherung aufgenommen und mit Hartz-IV-Bezügen in einen Wohnblock seines *Sapiens*-Bruders verfrachtet würde.

Interessanter und wirklich klüger ist die Frage: Werden wir die Ergebnisse der Mikrobiomforschung auf die fossilen Menschen und vor allem auf den Neandertaler ausweiten können? Der Begriff Mikrobiom bezeichnet das Metagenom aller Organismen, die die Mikrobiota des Menschen bilden, das heißt die Gesamtheit der Mikroorganismen, die unseren Körper besiedeln und unter anderem unsere Darmflora bilden.[4] Diese Bakterien, Pilze und anderen Mikroorganismen sind uns zum Teil von Mutter und Vater vererbt, werden aber auch durch Ernährung und Umwelt stark beeinflusst. Insofern das Mikrobiom die Zustände im Körperinneren abbildet (Temperatur, Säuregrad, Hormonwerte, Fette, Proteine, Schleimhaut-Typus etc.), versprechen Forschungen zum Mikrobiom fossiler Menschen zahlreiche Aufschlüsse, denn um derzeit wirklich die Geschichte unserer Evolution zu kennen, muss man auch die der Diversität der Mikrobiota und ihrer gleichzeitigen Evolution mit dem Menschen kennen. Wann beginnen wir endlich mit der Erforschung der Neandertalerexkremente?[5] Das müssen wir angehen, um anhand des Neandertaler-Bioms unsere Hypothesen zur Ernährung, zum Stoffwechsel und zu den Hormonen unseres Neandertalerbruders zu bestätigen oder zu widerlegen.

Utopisch? Da unser Wissen über den Neandertaler seit der Zeit, seit der Silvana forscht, und eigentlich sogar seit 1856, als alles begann, laufend und immer schneller zunimmt, sind wir sicher, dass die kommenden Jahrzehnte viele Überraschungen bereithalten werden, ganz besonders dank der Genanalyse, die kontinuierlich Fortschritte macht. Aber vergessen wir über dem andauernden großartigen Wissenszuwachs nicht die ganz einfache Wahrheit, von der unser Bruder, der Neandertaler, durch die Zeiten hinweg Zeugnis ablegt: Eine Spezies verschwindet, wenn ihr Lebensraum verschwindet.

MIS-Tabelle
(Marine Isotopenstufen)

MIS	Beginn	Ende	Klima	Auffällige Merkmale
MIS 2	29 000	14 000	Sehr strenges Klima, bestimmten Perioden des MIS 6 vergleichbar	Die *Sapiens*-Kulturen werden immer zahlreicher und diversifizierter.
MIS 3	57 000	29 000	Sehr instabiles Interglazial: «Heinrich-Ereignisse» mit eher kalten Phasen	Ankunft des *Homo sapiens* in Europa und Aussterben des Neandertalers
MIS 4	71 000	57 000	Kurzes Glazial mit Folgen für Bevölkerungszahl der Neandertaler	Individuelle Neandertaler-Bestattungen, z. T. mit Grabbeigaben
MIS 5	130 000	71 000	Interglazial-Periode, etwas wärmer als unsere heutige, mit vielen Schwankungen	Territoriale Ausdehnung der Neandertaler in den Nahen Osten und in Zentralasien
MIS 6	191 000	130 000	Lange, extrem strenge Glazialzeit	Präneandertaler dringen tief in Höhlen ein (z. B. Bruniquel).
MIS 7	243 000	191 000	Mäßig warmes Interglazial	Präneandertaler nutzen den Fundort Biache-Saint-Vaast Zehntausende von Jahren lang.
MIS 8	300 000	243 000	Extreme Kälteperiode	Die Präneandertaler überstehen diese lange Kaltzeit.
MIS 9	337 000	300 000	Eher warmes Interglazial	Der Neandertaler entwickelt sich. Frühe Moustérien-Industrie

MIS 10	374 000	337 000	Kurzes, extrem kaltes Glazial	Die Diversität der europäischen Population nimmt ab.
MIS 11	424 000	374 000	Interglazial, vergleichbar dem unseren	*Homo heidelbergensis* stellt Verbundwerkzeuge her (Holzspeere mit Steinklingen von Schöningen).
MIS 12	478 000	424 000	Extrem kalte Periode	*H. heidelbergensis* übersteht die Kälteperiode wahrscheinlich, weil er das Feuer beherrscht.
MIS 13	533 000	478 000	Interglazial	Einige Verstorbene werden samt Faustkeil als Grabbeigabe von *H. heidelbergensis* in die Grube Sima de los Huesos geworfen.
MIS 14	563 000	533 000	Glazial	*H. heidelbergensis* stellt vorzüglich gearbeitete Faustkeile in verschiedenen Teilen Europas her (z. B. im Tal der Somme).
MIS 15	621 000	563 000	Interglazial	Ankunft einer afrikanischen Menschenform aus Afrika in Europa; der Kiefer von Mauer gibt der Spezies ihren Namen: *H. heidelbergensis*.
MIS 16	676 000	621 000	Glazial	*H. antecessor*, der seit mehreren Hunderttausend Jahren in Spanien lebt, hinterlässt ein fossiles Zeugnis in der Gran Dolina von Atapuerca.
MIS 17	712 000	676 000	Interglazial	
MIS 18	761 000	712 000	Glazial	
MIS 19	790 000	761 000	Kurzes, nur mäßig warmes Interglazial	Fußabdrücke auf einem fossilen Strand in Happisburgh, England

Bildnachweis

Schwarzweißabbildungen

Sämtliche Abbildungen © Benoît Clarys mit Ausnahme von 1.1: © Benoît Clarys/Service public de Wallonie; 1.2, 2.2, 2.4, 9.2., 9.3: Laurent Blondel/Corédoc; 1.3 Aus Carl Fuhlrott, *Menschliche Überreste aus einer Felsengrotte des Düsselthals*, 1859; 2.1: © Benoît Clarys/Éditions Casterman; 4.1: © Benoît Clarys/Cedarc, Musée du Malgré-Tout; Abb. 5.1, 8.1: © Benoît Clarys/Éditions Fleurus; Abb. 5.2, 8.3: © Benoît Clarys/Musée national d'histoire et d'art, Luxemburg; Abb. 6.1: © Benoît Clarys/Espace de l'homme de Spy; Abb. 6.2: © Benoît Clarys/Musée national d'histoire naturelle, Luxemburg; 6.3; 10.2: nach K. Prüfer et al. 2014; Abb. 8.2: © STR/AFP/Getty; Abb. 9.1: © Benoît Clarys/Cité de la Préhistoire, Aven d'Orgnac; Abb. 10.1: © Benoît Clarys/Musée national d'histoire, Luxemburg; 10.3: © Benoît Clarys/*SPM 1, La Suisse du Paléolitique à l'aube du Moyen Âge*, Éditions de la Société suisse de préhistoire e d'archéologie.

Tafelteil

Taf. I: © Science Photo Library/Javier Trueba/MSF; Taf. II, III: © Musée de l'Homme de Néandertal, La Chapelle-aux-Saints (Corrèze); Taf. IV: © Maria Giovanna Belcastro, Dipartimento di Scienze Biologiche, Geologiche e Ambientali, Università di Bologna; Taf. V: J.-P. Eschmann, © Musée de Solutré; Taf. VI: M. Jeandeau, © Musée de Solutré (links), M. Jeandeau, © Musée de Solutré/A. Lamotte (rechts); Taf. VII: © Israel Hershkowitz, Sackler Medical School, University of Tel Aviv; Taf. VIII: Daniel Ponsard © MNHN

Anmerkungen

1 | Neandertaler, Kind Europas und der Kälte

1 Thales von Milet, griechischer Philosoph und Gelehrter, geboren um 625 v. Chr. in Milet, gestorben um 547 daselbst. Er war einer der «Sieben Weisen» der griechischen Antike.

2 B. Vandermeersch, *Les Hommes fossiles de Oafzeh*, Les Éditions du CNRS, 1981; R. E. Green et al., «A draft sequence of the Neandertal genome», *Science*, Nr. 328, 2010, S. 710–722.

3 F. Savatier, «Expansion de l'homme moderne: la voie arabe», http://www.pourlascience.fr, 08/02/2011; S. J. Armitage et al., «The southern route ‹Out of Africa›: Evidence for an early expansion of modern humans into Arabia», *Science*, Nr. 331, 2011, S. 453–456; A. Lawler, «Did Modern Human travel ‹Out of Africa› via Arabia?», *Science*, Nr. 331, 2010, S. 387.

4 MIS 5.

5 S. Condemi, *Les Hommes fossiles de Saccopastore*, CNRS Éditions, 1992.

6 M. Milanković, der heute als Vater der Paläoklimatologie gilt, benutzte seine epochale Entdeckung (die Zyklen der Sonneneinstrahlung), um den ersten Isotopenkalender zu entwickeln. Trotz zwischenzeitlicher Verfeinerung findet diese chronologische Skala immer noch Anwendung.

7 G. Ménot et al., «Early reactivation of European rivers during the last deglaciation», *Science*, Bd. 313, 2006, S. 1623–1625; S. Toucanne et al., «The first estimation of Fleuve Manche paleoriver discharge during the last deglaciation: Evidence for Fennoscandian ice sheet meltwater flow in the English Channel ca 10–19 ka ago, Earth and Planetary», *Science*, Nr. 290, 2010, S. 459–473.

2 | Der Neandertaler betritt die Bühne der Geschichte

1 Platon, *Der Staatsmann* 269b (übers. v. Rudolf Rufener, Zürich, 1965, S. 245f.).

2 L. Gabunia & A. Vekua, «A Plio-Pleistocene hominid from Dmanisi, East Georgia, Caucasus», *Nature*, Nr. 373, 1995, S. 509–512; L. Gabunia et al., «Earliest Pleistocene Hominid Cranial Remains from Dmanisi, Republic of Georgia: Taxonomy, Geological Setting, and Age», *Science*, Nr. 288, 2000, S. 1019–1025.

3 O. Bar-Yosef & E. Tchernov, *On the Paleo-Ecological History of the Site of 'Ubeidiya*, Jerusalem: The Israel Academy of Science and Humanities, 1972; O. Bar-Yosef & N. Goren-Inbar, *The Lithic Assemblages of 'Ubeidiya, a Lower Paleolithic Site in the Jordan Valley*, Jerusalem: The Institute of Archeology, The Hebrew University of Jerusalem, *Qedem* Nr. 34, 1973; M. Belmaker et al., «New evidence for hominid presence in the Lower Pleistocene of the Southern Levant», *Journal of Humam Evolution*, Nr. 43/1, 2002, S. 43–56.

4 A. Vialet et al., «*Homo erectus* found still further west: reconstruction of the Kocabaş cranium (Denizli, Turkey)», *Comptes Rendus Palevol.*, Nr. 11, 2012, S. 89–95. A. E. Lebatard et al., «Earth and Planetary», *Science*, Nr. 390, S. 8–18.

5 N. Ashton et al., «Hominin Footprints from Early Pleistocene Deposits at Happisburgh, UK», *PLoS ONE*, Nr. 9/2, 2014.

6 J.-M. Bermúdez de Castro et al., «A Hominid from the Lower Pleistocene of Atapuerca, Spain: Possible Ancestor to Neandertals and Modern Humans», *Science*, Nr. 276, 1997, S. 1392–1395.

7 C. J. Lepre et al., «An earlier origin for the Acheulian», *Nature*, Nr. 477, 2011, S. 82–85.

8 A. Leroi-Gourhan, *Le geste et la parole*, 1.: *Technique et langage*, 2.: *La mémoire et les rythmes*, Paris, Albin Michel, 1964–1965.

9 E. Carbonell et al., «Les premiers comportements funéraires auraient-ils pris place à Atapuerca, il y a 350000 ans?», *L'Anthropologie*, Nr. 107/1, 2003, S. 1–14.

10 M. B. Roberts & S. A. Parfitt, *Boxgrove. A Middle Pleistocene Hominid Site at Eartham Quarry, Boxgrove, West Sussex*, London, English Heritage Archeological Report Nr. 17, 1999.

11 J. L. Arsuaga et al., «Three new human skulls from the Sima de los Huesos Middle Pleistocene Site in Sierra de Atapuerca, Spain», *Nature*, Nr. 362, 1993, S. 534–537; J. L. Arsuaga et al., «Sima de los Huesos (Sierra de Atapuerca, Spain). The site», *Journal of Human Evolution*, Nr. 33, 1997, S. 109–127.

12 A. Mounier et al., «Is *Homo heidelbergensis* a distinct species? New insight on the Mauer mandible», *Journal of Human Evolution*, Nr. 56/3, 2009, S. 219–264.

13 D. Richter et al., «The age of the hominin fossils from Jebel Irhoud, Morocco, and the origins of the Middle Stone Age», *Nature*, Nr. 546, 2017, S. 293–296.

14 C. B. Springer et al., «The middle Pleistocene human tibia from Boxgrove», *Journal of Human Evolution*, Nr. 34, 1998, S. 509–547; M. Wolpoff, *Human Evolution*, The McGraw-Hill Companies, Inc., College Custom Series, 1996.

15 M. Meyer et al., «A mitochondrial genome sequence of a hominin from Sima de los Huesos», *Nature*, Nr. 505, 2014, S. 403–406.

16 M. Meyer et al., «Nuclear DNA sequences from the Middle Pleistocene Sima de los Huesos hominins», *Nature*, Nr. 531, 2016, S. 504–507.

17 A. L. Price et al., «The Impact of Divergence Time on the Nature of Population Structure: An Example from Iceland», *PLoS Genet*, Nr. 5/6, Juni 2009, e1 000 505.

18 H. Lumley & M. A. Lumley (de) (Hrsg.), *L'Homo erectus et la place de l'homme de Tautavel parmi les hominidés fossiles*, préactes du 1er Congrès de paléontologie humaine, Nizza, 1982.

19 S. Condemi, *Les Néandertaliens de la Chaise*, Éditions du CTHS, Nr. 15, 2001.

20 J. L. Voisin, «A preliminary approach to the neandertal speciation by distance hypothesis: a view from the shoulder complex», in *Continuity and discontinuity in the peopling of Europe: One hundred fifty years of Neanderthal*, S. Condemi & G. C. Weniger (Hrsg.), Springer, *Vertebrate, paleobiology and paleoanthropology series*, 2011, S. 127–138.

21 MIS 5e.

22 S. Condemi, *Les Hommes fossiles de Saccopastore*, CNRS Éditions, 1992.

23 M. Urbanowsk et al., «The first Neanderthal tooth found North of the Carpathian Mountains», *Naturwissenschaften*, Nr. 97, 2012, S. 411–415.

24 J. Krause et al., «Neanderthals in central Asia and Siberia», *Nature*, Nr. 449, 2007, S. 902–904.

3 | Ein stämmiger Athlet mit kräftigen Fäusten

1 Lukrez (lateinischer Dichter und Philosoph, 1. Jahrhundert v. Chr.), *Von der Natur* 5925–927 (übers. v. Hermann Diels, München, 1993, S. 476).

2 R. E. Green et al., «A draft sequence of the Neandertal genome», *Science*, Nr. 328, 2010, S. 710–722.
K. Prüfer et al., «The complete genome sequence of a Neanderthal from the Altai Mountains», *Nature*, Nr. 505, 2014, S. 43–49.

3 H. Schaaffhausen, «Zur Kenntnis der ältesten Rassenschädel», *Archiv für Anatomie, Physiologie und wissenschaftliche Medicin, in Verbindung mit mehreren Gelehrten herausgegeben*, 1858, S. 453–488; C. J. Fulrott, «Menschliche Überreste aus einer Felsengrotte des Düsselthals. Ein Beitrag zur Frage über die Existenz fossiler

Menschen», *Verhandl. Naturhist. Ver. Preuss. Rheinlande Westphalen*, 16, 1859, S. 131–153.

4 R. Virchow, «Untersuchung des Neanderthal-Schädels», *Zeitschr. Ethnol.* Nr. 4, 1872, S. 157.

5 J. Fraipont & M. Lohest, «La race humaine de Néandertal ou de Canstadt en Belgique», *Archives de biologie*, VII, 1887, S. 587–757.

6 M. Boule, *L'Homme fossile de La Chapelle-aux-Saints, Annales de paléontologie*, Bd. VI–VII-VIII, 1911–1913.

7 M. Boule, *Les Hommes fossiles: éléments de paléontologie humaine*, Masson, 1921. In der gemeinsam mit dem Anthropologen und Rassentheoretiker H. V. Vallois verfassten Ausgabe von 1941 sollte Boule noch einen Schritt weiter gehen (M. Boule & H. Vallois, *Fossile Menschen. Grundlinien menschlicher Stammesgeschichte*, Baden-Baden, 1954).

8 A. Hrdlicka, *Some Results of Recent Anthropological Exploration in Peru*, Smithsonian Miscellaneous Collections, Nr. 56/16, 1911.

9 Marie-Antoinette de Lumley und ihr Mann Henry de Lumley führten Grabungen in der Caune de l'Arago in der Nähe des Dorfes Tautavel in den Ostpyrenäen und in der Höhle von Hortus im Gard durch. Sie untersuchte zahlreiche *Heidelbergensis*- und Neandertalerfossilien, die an diesen Fundstätten geborgen worden waren.

10 B. Vandermeersch, *Les Hommes fossiles de Qafzeh*, CNRS éditions, 1991.

11 B. Vandermeersch, «Les Néandertaliens de Charente», in H. de Lumley (Hrsg.), *La Préhistoire française*, Bd. I.1, Paris, CNRS éditions, 1976, S. 584–587.

12 W. Hennig, *Grundzüge einer Theorie der phylogenetischen Systematik*, Berlin, 1950.

13 C. L. Brace, «Refocusing on the Neanderthal problem», *American Anthropologist*, Nr. 64/4, 1962, S. 729–741; C. L. Brace, «A non-racial approach towards the understanding of human diversity», in M. F. A. Montagu (Hrsg.), *The Concept of Race*, Free Press of Glencoe, 1964, S. 103–152; C. L. Brace, «Biological parameters and Pleistocene hominid life-ways», in I. S. Bernstein und E. O. Smith (Hrsg.), *Primate Ecology and Human Origins*, Garland Press, 1979, S. 263–289; C. L. Brace, «Krapina ‹classic› Neanderthals, and the evolution of the European face», *Journal of Human Evolution*, Nr. 8/5, 1979, S. 527–550; D. W. Frayer, «Evolution at the European edge: Neandertal and Upper Paleolithic relationships», *Préhistoire européenne*, Nr. 2, 1993, S. 9–69.

14 Zum Beispiel bei dem Fossil von La Ferrassie 1 aus einem Fundort in der Dordogne oder dem von Shanidar 1 in Kurdistan, Irak.

15 T. D. Weaver et al., «Neonatal postcrania from Mezmaiskaya, Russia, and Le Moustier, France, and the development of Neandertal body form», *PNAS*, Nr. 12/23, 2016, S. 6472–6477.

16 M. Ben-Dor et al., «Neandertals' large lower thorax may represent adaption to high protein diet», *Amer. Journ. of Phys. Anthr.*, Nr. 160/3, 2016, S. 367–378.

17 E. S. Churchill, *Thin on the Ground: Neandertal Biology, Archeology and Ecology*, Wiley-Blackwell, 2014; J. L. Voisin, «Krapina and other neanderthal clavicles: a peculiar morphology?», *Periodicum Biologorum*, Nr. 108/3, 2006, S. 331–339.

18 S. Levy et al., «The Diploid Genome Sequence of an Individual Human», *PLoS Biol.*, Nr. 4–5/10, 2007, e254.

19 M. Krings et al., «Neanderthal DNA sequences and the origin of modern humans», *Cell*, Nr. 90, 1997, S. 19–30.

20 R. E. Green et al., «A complete Neanderthal mitochondrial Genome sequence determined by high-throughput sequencing», *Cell*, Nr. 134/3, 2008, S. 416–426; A. W. Briggs et al., «Targeted retrieval and analysis of five Neanderthal mt DNA genomes», *Science*, Nr. 5938, 2009, S. 318–321.

21 R. E. Green et al., «A draft sequence of the Neandertal genome», *Science*, Nr. 328/5979, 2010, S. 710–722; K. Prüfer et al., «The complete genome sequence of a Neandertal from the Altai Mountains», *Nature*, Nr. 505, 2014, S. 43–49.

22 M. Kuhlwilm et al., «Identification of putative target genes of the transcription factor RUNX2», *PLoS One*, Nr. 12/8, 2013, e83 218.

23 C. Lalueza-Fox et al., «A melanocortin 1 receptor allele suggests varying pigmentation among Neanderthals», *Science*, Nr. 318/5855, 2007, S. 1453–1455.

24 C. Lalueza-Fox et al., «Bitter-taste perception in Neanderthals through the analysis of TAS2R38 gene», *Biol. Lett.*, Nr. 5, 2009, S. 809–811.

4 | Neandertaler: Ein an die Kälte angepasster Körper?

1 T. Dobzhansky (1900–1975), Biologe und Genetiker, einer der Väter der synthetischen Evolutionstheorie.

2 J. Jaubert, «Que faisait Néandertal dans la grotte de Bruniquel?», *Pour la science*, Nr. 465, Juli 2016.

3 F. C. Howell, «The Place of Neanderthal Man in Human Evolution», *Am. Journ. Phys. Anthrop.*, Nr. 9, 1951, S. 379–416.

4 J. A. Allen, «The influence of physical conditions in the genesis of species», *Radical Review*, Nr. 1, 1877, S. 108–140; K. Bergmann, «Über die Verhältnisse der Wärmeökonomie der Thiere zu ihrer Größe», *Göttinger Studien*, Nr. 3/1, 1847, S. 595–708.

5 J. Fraipont & M. Lohest, «La race humaine de Néandertal ou de Canstadt en Belgique», *Archives de biologie*, VII, 1887, S. 587–757.

6 E. Trinkaus, «Neanderthal limb proportions and cold adaption», in C. B. Stringer (Hrsg.), *Aspects of Human Evolution*, Taylor and Francis, London, 1981, S. 187–224.

7 Inzwischen wurde auch gezeigt, dass beim Neandertaler das Schlüsselbein im Verhältnis zum Humerus (Oberarmknochen) länger ist, was vielleicht durch ein größeres Brustkorbvolumen (Anpassung an die Kälte) oder im Vergleich zum *Homo*

sapiens kürzeren Humerus erklärbar ist (Allensche Regel). Trotzdem bleibt der Zusammenhang zwischen dem Wert dieses Index beim Neandertaler und einer Anpassung an das kalte Klima umstritten. S. E. Churchill, «Medial clavicular length and upper thoracic shape in Neandertals and European early modern humans», *Am. J. Phys Anthropol.* S18, 1994, S. 67–68; S. E. Churchill, *Thin on the Ground: Neandertal Biology, Archeology and Ecology*, Wiley-Blackwell, 2014.

8 T. W. Holliday, «Body proportions in Late Pleistocene Europe and modern human origins», *Journ. of Hum. Evol.*, Nr. 32, 1997, S. 423–447.

9 C. S. Coon, *The Origin of Races*, A. Knopf, New York, 1962.

10 S. Márquez et al., «The Nasal Complex of Neanderthals: An Entry Portal to their Place in Human Ancestry», *The Anatomical Record*, Nr. 297/11, 2014, S. 2121–2137.

11 E. Vlček, «Die sinus frontalis bei europäischen Neanderthalern», *Anthropologischer Anzeiger*, Nr. 28, 1965, S. 166–189.

12 A. M. Tillier, «La pneumatisation du massif cranio-facial chez les hommes actuels et fossiles», *Bull. et mém. de la Soc. d'anthrop. de Paris*, Nr. 4/XIII, 1977, S. 177–189 und 287–316.

13 R. Todd et al., «Neanderthal face is not cold adapted», *Journ. of Hum. Evol.*, Nr. 60, 2011, S. 234–239.

14 B. Vernot & J. M. Akey, «Resurrecting Surviving Neandertal Lineages from Modern Human Genomes», *Science*, 29. Januar 2014, S. 1017–1021; S. Sankararaman et al., «The genomic landscape of Neanderthal ancestry in present-day humans», *Nature*, Nr. 507/7492, 2014, S. 354–357; F. Savatier, «Des gènes néandertaliens inégalement répartis», *Pour la Science (actualités)*, 12. Februar 2014.

5 | Der Neandertaler – Aasfresser, Jäger und Kannibale

1 Michel de Montaigne (1533–1592), *Essais*: Buch 1, Kap. 30 (übers. v. Paul Sakmann, Leipzig o. J., S. 196).

2 A. Arcelin, *Solutré ou les chasseurs de rennes de la France centrale*, Nabu Press (22. April 2010), Download: https://archive.org/details/solutrouleschasooarcegoog.

3 Um diese wahren ‹Archive› zu retten, verfügt das Inrap über mehr als zweitausend Forscher, Spezialisten verschiedener Fachrichtungen, die vor solchen Arbeiten tätig werden, um im Notfall das möglicherweise im Boden verborgene kulturelle Erbe retten, analysieren und erforschen zu können.

4 F. Savatier, «Le Mammouth de Changis-sur-Marne», *Pour la Science*, 15. Dez. 2012.

5 L. Binford, *Bones. Ancient Men and Modern Myths*, Academic Press Inc., 1981.

6 Der Text «Wen gibt es heute Abend zu essen?» nimmt Bezug auf K. Gorjanović-Kramberger, *Der Diluviale Mensch von Krapina in Kroatien*, Wiesbaden, 1906.

7 A. Defleur et al., «Neanderthal Cannibalism at Moula-Guercy, Ardèche, France»,

Science, Nr. 286, 1999, S. 128–131; A. Ross et al., «Paleobiology and comparative morphology of a late Neandertal sample from El Sidrón, Asturias, Spain», *PNAS,* Nr. 103/51, 2006, S. 19 266–19 271; C. Mussini, *Les restes humains moustériens des Pradelles (Marillac-le-Franc, Charente, France): étude morphométrique et réflexions sur un aspect comportemental des Neandertaliens,* Diss. Univers. Bordeaux, 2011; H. Rougier et al., «Neandertal cannibalism and Neandertal bones used as tools in Northern Europe», *Scientific Reports,* Nr. 6/29005, 2016.

8 E. Carbonell et al., «Cultural cannibalism as a paleoeconomic system in the European Lower Pleistocene», *Current Anthropology,* Nr. 51/4, 2010, S. 539–549.

9 N. Goren-Inbar et al., «Evidence of Hominin Control of Fire at Gesher Benot Ya'aqov, Israel», *Science,* Nr. 304/5671, 2004, S. 725–727; N. Alperson-Afil & N. Goren-Inbar, «Out of Africa and into Eurasia with controlled use of fire: evidence from Gesher Benot Ya'aqov, Israel», *Archaeology, Ethnology and Anthropology of Eurasia,* Nr. 4, 2006, S. 63–78. N. Alperson-Afil et al., «Phantom hearths and the use of fire at Gesher Benot Ya'aqov, Israel», *Paleo-Anthropology,* 2007, S. 1–15; W. Roebroeks & P. Villa, «On the Earliest Evidence for Habitual Use of Fire in Europe», *PNAS,* Nr. 108/13, 2011, S. 5209–5214.

10 A. Tuffreau, «Les débuts du Paléolithique moyen dans la France septentrionale», *Bull. de la Soc. préh. française,* Nr. 76/5, 1999, S. 140–142.

11 P. Auguste, «Chasse et charognage au Paléolithique moyen: l'apport du gisement de Biache-Saint-Vaast (Pas-de-Calais)», *Bull. de la Soc. préh. française,* Nr. 92/2, 1995, S. 155–168.

12 Im MIS 11 und im MIS 9.

13 H. Thieme, «Schoningen Lower Paleolithic hunting speers from Germany», *Nature,* Nr. 385, 1997, S. 807–810. Vgl. H. Thieme (Hrsg.), *Die Schöninger Speere. Mensch und Jagd vor 400 000 Jahren,* Stuttgart 2007.

14 J. Speth, *The Paleoanthropology and Archaeology of Big-Game Hunting, Interdisciplinary Contribution to Archaeology,* Springer, 2010; J. Speth, «Thoughts about hunting: Some things we know and some things we don't know», *Quaternary International,* Nr. 297, 2013, S. 176–185; J. Shea, «Neandertals and Early *Homo sapiens* in the Near East», in E. Garcea (Hrsg.), *South-Eastern Mediterranean Peoples Between 130,000–10,000 Years ago,* Oxbow Books, 2010, S. 126–143.

15 Zum Thema «Klebstoff auf Lanzen im Nahen Osten»: E. Boëda et al., «A Levallois point imbedded in the vertebra of a wild ass *(equus Africanus)*; hafting, projectile, mousterian hunting weapon», *Antiquity,* Nr. 73, 1999, S. 394–402.

6 | Fleisch, Fleisch, noch mal Fleisch und … Datteln

1 L. Sepúlveda (Ovalle, Chile 1949), *Der Alte, der Liebesromane las*, München, 2000, S. 76.

2 T. W. Holliday, «Body proportions in Late Pleistocene Europe and modern human origins», *Journal of Human Evolution*, Nr. 32, 1997, S. 423–447; C. B. Ruff et al., «Body mass and encephalization in Pleistocene *Homo*», *Nature*, Nr. 387, 1997, S. 173–176.

3 J. Jaubert et al., *Les chasseurs d'aurochs de La Borde – un site du Paléolithique moyen (Livernon, Lot)*, MSH, *Documents d'archéologie française*, Nr. 27, 1990.

4 J. Jaubert et al., «Coudoulous I (Tour-de-Faure, Lot), site du Pleistocène moyen en Quercy. Bilan pluridisciplinaire», in Molines et al. (Hrsg.), *Données récentes sur les modalités de peuplement et sur le cadre chronostratigraphique, géologique et paléogéographique des industries du Paléolithique inférieur et moyen en Europe*, *BAR International Series*, Nr. 1364, 2005, S. 227–251.

5 Die Jagd fand in einer gemäßigten Klimaperiode des MIS 5 statt (123 000 bis 71 000).

6 Diese Höhle im irakischen Teil von Kurdistan ist heute für Forscher unzugänglich, ebenso wie die Fossilien, die sich im irakischen Nationalmuseum in Bagdad befinden; sie war im MIS 4 (71 000 bis 57 000) besiedelt.

7 T. D. Berger & E. Trinkaus, «Pattern of Trauma among the Neandertals», *Journal of Archaeological Science*, Nr. 22, 1995, S. 841–852.

8 S. E. Churchill, *Thin on the Ground: Neandertal Biology, Archeology and Ecology*, Wiley-Blackwell, 2014.

9 M. V. Sorensen & W. Leonard, «Neandertal energetics and foraging efficiency», *Journ. of Hum. Evol.*, Nr. 40/6, 2001, S. 483–495.

10 J. J. Snograss et al., «The energic of encephalisation in early hominids», in J.-J. Hublin & M. P. Richards (Hrsg.), *The Evolution of Hominin Diets: Integrating Approaches to the Study of Palaeolithic Subsistence*, Springer, 2009, S. 15–29.

11 H. Bocherens et al., «News and Views. New isotopic evidence for dietary habits of Neandertals from Belgium», *Journ. of Hum. Evol.*, Nr. 40, 2001, S. 497–505; H. Bocherens et al., «Isotopic evidence for diet and subsistence pattern of the Saint-Césaire I Neanderthal: review and use of a multi-source mixing model», *Journ. of Hum. Evol.*, Nr. 49, 2005, S. 71–87; M. P. Richards & E. Trinkaus, «Isotopic evidence for the diets of European Neanderthals and early modern humans», *Proceedings of the National Academy of Sciences of the United States of America*, Nr. 1064/38, 2009, S. 16 034–16 039.

12 Datiert zwischen MIS 5 c (um 100 000) und MIS 3 (57 000 bis 29 000).

13 M. Pathou-Mathis, *Pour la Science*, Nr. 76 (Dossier *L'Homme de Néandertal et l'invention de la culture)*, Juli–September 2012; M. Pathou-Mathis, *Mangeurs de viande. De la préhistoire à nos jours*, Edition Perrin, 2009.

14 Bajondillo war besiedelt von der Kaltzeit des MIS 6 (191 000 bis 130 000) bis zur gemäßigten Periode des MIS 3 (57 000 bis 29 000). M. Cortés-Sánchez et al., «Earliest Known Use of Marine Resources by Neanderthals», *PloS ONE*, Nr. 6/9, 2011, e24 026.

15 B. L. Hardy & M. H. Moncel, «Neanderthal Use of Fish, Mammals, Birds, Starchy Plants and Wood 125–250 000 years ago», *PloS ONE*, Nr. 6/8, 2011, e23 768. In Payre lebten Präneandertaler zwischen dem Ende des MIS 8 (300 000 bis 243 000) und dem Ende des MIS 6 (191 000 bis 130 000).

16 N. Höbig et al., «60 ka lacustrine record from Lake Banyoles (NE Spain): Environmental change with respect to human occupation», *Geophysical Research Abstracts*, Nr. 14, 2012, S. 7625; diese Neandertaler lebten zu Beginn des MIS 3 (57 000 bis 29 000).

17 C. B. Springer et al., «Neanderthal exploitation of marine mammals in Gibraltar», *Proc. Nat. Acad. Sc. USA*, Nr. 105/38, 2008, S. 14 319–14 324.

18 A. Testart, *Les chasseurs-cueilleurs ou l'origine des inégalités*, Paris: Société d'Ethnographie (Université Paris X-Nanterre), 1982.

19 M. Madella et al., «The exploitation of plant resources in Amud Cave, Israel: the evidence from phytolith studies», *Journ. Arch. Sci.*, Nr. 29, 2002, S. 703–719; E. Lev et al., «Mousterian vegetal food in Kebara Cave. Mt. Carmel», *Journ. Arch. Sci.*, Nr. 32, 2005, S. 475–484.

20 C. Lalueza et al., «Microscopic study of the Banyoles mandible (Girona, Spain) diet, cultural activity and tooth pick use», *Journ. of Hum. Evol.*, Nr. 24, 1993, S. 281–300.

21 B. L. Hardy & M. H. Moncel, «Neanderthal Use of Fish, Mammals, Birds, Starchy Plants and Wood 125–250 000 Years Ago», *PloS ONE*, Nr. 6/8, 2011, e23 768.

22 A. G. Henry et al., «Microfossils in calculus demonstrate consumption of plants and cooked foods in Neanderthal diets (Shanidar II, Iraq; Spy I and II, Belgium)», *PNAS*, 108/2, 2011, S. 486–491.

23 P. J. Heyes et al., «Selection and Use of Manganese Dioxide by Neanderthals», *Sci. Rep.*, Nr. 6, 2016, 22 159.

24 Heute weiß man, dass der für die Verdauung benötigte Energiebedarf beim Verzehr gekochter Nahrung weit geringer ist als bei roher Nahrung. Ein von der Körpermasse unabhängiges Gehirnwachstum ist bei Fossilien zu verzeichnen, die 500 000 Jahre alt oder jünger sind. Die Forscher vermuten, dass dies mit dem geringeren Energieverbrauch für die Verdauung zusammenhängt, was darauf hinweist, dass die Beherrschung des Feuers eine bedeutende Rolle in der Evolution des Menschen spielte, weil dadurch Energie für die Arbeit des Gehirns freigesetzt

wurde. Diese Hypothese ist gut dargestellt in R. W. Wrangham & R. N. Carmody, «Human adaptation to the control of fire», *Evolutionary Anthropology*, Nr. 19/5, 2010, S. 187–199.

25 K. Hardy et al., «Neanderthal medics? Evidence for food, cooking, and medicinal plants entrapped in dental calculus», *Naturwissenschaften*, 99/8, 2012, S. 617–626.

26 S. L. Kuhn & M. C. Stiner, «What's a Mother to Do? The Division of Labor among Neandertals and Modern Humans in Eurasia», *Current Anthropology*, Nr. 47/6, 2006, S. 953–980.

7 | Der Neandertaler hätte eigentlich nicht überleben dürfen

1 François-René de Chateaubriand (1768–1848), *Erinnerungen von jenseits des Grabes*, Berlin, 2017, S. 153.

2 L. Orlando et al., «Revisiting neandertal diversity with a 100 000 year old mt DNA sequence», *Current Biology*, Nr. 16/1, 2006, S. 400–402.

3 Die des Interglazials MIS 3 (57 000 bis 29 000).

4 J. P. Bocquet Appel & A. Degioanni, «Neanderthal demographic estimates», *Current Anthropology*, Wenner-Gren sup. Nr. 8, *Alternative Pathways to Complexity*, 213, S. 202–213.

5 A. W. Briggs et al., «Targeted retrieval and analysis of multiple Neandertal mt DNA genomes», *Science*, Nr. 325, 2009, S. 218–321; F. Savatier, «Peu de diversité génétique chez les Néandertaliens», *Pour la Science* (actualités), 31. Juli 2009.

6 B. Vandermeersch, «Le peuplement du Poitou-Charentes au Paléolithique inférieur et moyen», in H. Laville (Hrsg.), *Préhistoire du Poitou-Charentes – Problèmes actuels*, Éditions du CTHS, 1987, S. 7–17; S. Condemi, *Les Néandertaliens de la Chaise*, Éditions du CHTS (Documents préhistoire: 15), 2001; S. Condemi, «The Neanderthal from Le Moustier and European Neanderthal Variability», in H. Ullrich (Hrsg.), *The Neandertal Adolescent Le Moustier 1. New Aspects, New Results*, Berliner Beiträge zur Vor- und Frühgeschichte, Nr. 12, 2005, S. 317–327; C. Verna et al., «Two new hominin cranial fragments from the Mousterian levels at La Quina (Charente, France)», *Journ. of Hum. Evol.*, Nr. 58, 2010, S. 273–278; A. Hambucken, «La variabilité géographique des néandertaliens: apport de l'étude du membre supérieur», *Anthropologie et Préhistoire*, 108, 1997, S. 109–120.

7 S. Sergi, *Saccopastore 1*. Paleontolografia italica, 42/25, 1948; M. A. Lumley (de), *Les Néandertaliens de l'Hortus, Études quaternaires 3*, Université de Provence, 1978; G. Giacobini & M. A. Lumley (de), «Les Néandertaliens de la Caverna delle Fate (Finale, Ligurie italienne)», *Journ. of Hum. Evol.*, Nr. 13, 1984, S. 687–707; B. Maureille & F. Houet, «Variabilité au sein de la population néandertalienne, existe-t-il

un groupe géographique méditerranéen», in J. Jouvert & J. Barbaza (Hrsg.), *Territoires, déplacements, mobilités, échanges durant la préhistoire*, Éditions du CHTS, 2005, S. 85–94; S. Condemi et al., «Revisiting the Question of Neanderthal Variability. A view from the Rhone Valley Corridor», *Collegium Anthropologium*, Nr. 34/3, 2010, S. 787–796.

8 M. Jarry et al., «Introduction – Cultures et environnements paléolithiques: mobilité et gestion des chasseurs-cueilleurs en Quercy», in *Modalités d'occupation et exploitation des milieux au Paléolithique dans le Sud-Ouest de la France: l'exemple du Quercy, PALEO*, sup. Nr. 4, 2013, S. 13–19.

9 K. Ruebens, «Regional behaviour among late Neanderthal groups in Western Europe: A comparative assessment of late Middle Paleolithic bifacial tool variability», *Journ. of Hum. Evol.*, Nr. 65/4, 2013, S. 341–362.

10 V. Fabre et al., «Genetic Evidence of Geographical Groups among Neanderthals», *PLoS ONE*, Nr. 4/4, 2009, e5151.

11 Hierzu zwei Beispiele: Alfons III. von Spanien (1886–1941), der Großvater von Juan Carlos und Urgroßvater von Felipe, dem derzeitigen König, hatte elf Generationen nach seinem Urahn Ludwig IX. (1214–1270) nur 111 Vorfahren, während ein Maximum von 1024 (2^{10}) möglich wäre. Ludwig XIV., der Maria Teresa von Spanien (1638–1683) heiratete, die Nichte seines Vaters, die zugleich die Tochter seiner Tante war (sie waren doppelt Cousins) – sein Vater (Ludwig XIII., 1601–1643) und seine Mutter (Elisabeth von Frankreich, 1602–1644) entstammten selbst blutsverwandten Ehen –, hatte mit ihr sieben Kinder, von denen ein Einziger, der Kronprinz, überlebte und Kinder hatte. So viele seiner Nachkommen starben, dass der einzige direkte Nachkomme Ludwigs XIV., sein Nachfolger, sein Urenkel war: Ludwig XV. (1710–1774).

12 C. Lévi-Strauss, *Die elementaren Strukturen der Verwandtschaft*, Frankfurt am Main, 1981.

13 C. Lalueza-Fox et al., «Genetic evidence for patrilocal mating behaviour among Neanderthal groups», *PNAS*, Nr. 108, 2011, S. 250–253.

14 K. Prüfer et al., «The complete genome sequence of a Neanderthal from the Altai Mountains», *Nature*, Nr. 505, 2014, S. 43–49.

15 J. Henrich, «Demography and Cultural Evolution: Why adaptive cultural processes produced maladaptive losses in Tasmania», *American Antiquity*, Nr. 69/2, 2004, S. 197–121.

16 Dieses Modell wurde in Frage gestellt von K. Vaesen et al., «Population size does not explain past changes in cultural complexity», *PNAS*, Nr. 113/16, 2016, S. 2241–2247.

17 M. Barton & J. Riel-Salvatore, «Agents of change: Modeling biocultural evolution in Late Pleistocene Western Eurasia», *Advances in Complex Systems*, Nr. 15/1–2, 2012, S. 115 003–1-115 003–24; M. Barton & J. Riel-Salvatore, «Perception, interac-

tion, and extinction: A reply to Premo», *Human Ecology*, Nr. 40/5, 2012, S. 797–801.

18 K. Prüfer et al., a. a. O.

19 K. Prüfer et al., «A high-coverage Neandertal genome from Vindija Cave in Croatia», *Science*, Nr. 358, 2017.

20 J. Jaubert et al., «Early Neanderthal constructions deep in Bruniquel Cave in southwestern France», *Nature*, Nr. 534, 2016, S. 111–114; J. Jaubert, «Que faisait Néandertal dans la grotte de Bruniquel?», *Pour la Science*, Nr. 465, Juli 2016; F. Savatier, «D'étranges structures néandertaliennes découvertes dans la grotte de Bruniquel», *Pour la Science* (actualités), 25. Mai 2016.

8 | Ein komplexes kulturelles Leben

1 M. Boule & H. Victor Vallois, *Fossile Menschen. Grundlinien menschlicher Stammesgeschichte*, Baden-Baden, 1954, S. 212.

2 O. Bar Osef & B. Vandermeersch (Hrsg.), *Le squelette moustérien de Kébara 2, Cahiers de Paléoanthropologie*, Éd. du CNRS, 1991.

3 R. D'Anastasio et al., «Micro-Biomechanics of the Kebara 2 Hyoid and Its Implications for Speech in Neanderthals», *PLoS ONE* 8/12, 2013, e82 261.

4 J. Krause et al., «The Derived FOXP2 Variant of Modern Humans Was Shared with Neandertals», *Current Biology*, Nr. 17/21, 2007, S. 1908–1912.

5 J. A. Hurst, «An extended family with a dominantly inherited speech disorder», *Dev Med Child Neurol.*, Nr. 32/4, 1990, S. 352–355.

6 E. Spiteri et al., «Identification of the transcriptional targets of FOXP2, a gene linked to speech and language, in developing human brain», *Am. J. Hum. Genet.*, Nr. 81/6, 2007, S. 1144–1157; S. C. Vernes et al., «High-throughput analysis of promoter occupancy reveals direct neutral targets of FOXP2, a gene mutated in speech and language disorders», *Am. J. Hum. Genet.*, 81/6, 2007, S. 1232–1250.

7 A. Leroi-Gourhan, *Hand und Wort*, Frankfurt am Main, 1995.

8 http://www.sciencephoto.com/media/154206/view.

9 K. Valoch, «La variabilité typologique du Paléolithique moyen de la grotte de Kulna en Moravie», *Paléo*, sup. 1, 1955, S. 73–77.

10 P. J. Texier et al., «La Combette (Bonnieux, Vaucluse, France): a Mousterian sequence in the Luberon mountain chain, between the plains of the Durance and Cavalon rivers», *Preistoria Alpina*, Nr. 39, 2003, S. 77–90.

11 L. Meignen (Hrsg.), *L'Abri des Canalettes: un habitat moustérien sur les Grands Causses, Nant (Aveyron)*, Éditions du CNRS, 1993.

12 H. Lumley (de) (Hrsg.), *La Grotte moustérienne de l'Hortus (Valflaunès, Hérault)*, Université de Provence, *Études quaternaires*, mémoire Nr. 1, 1972.

13 Datiert auf MIS 4 und 3, also nach 71 000 und vor 29 000 Jahren vor heute. A. Leroi-Gourhan, «Étude des restes humains fossiles provenant des Grottes d'Arcy-sur-Cure», *Annales de paléontologie*, Nr. 44, 1958, S. 87–146.

14 M. Peresani et al., «Late Neandertals and the intentional removal of feathers as evidenced from bird bone taphonomy at Fumane cave 44ky BP, Italy», *PNAS*, Nr. 108, 2011, S. 3888–3893.

15 D. Radovič et al., «Evidence for Neandertal jewelry: modified white-taled eagle claws at Krapina», *PloS ONE*, Nr. 10/3, 2015, e0 119 802.

16 C. Finlayson at al., «Correction: Birds of a Feather: Neanderthal Exploitation of Raptors and Corvids», *PloS ONE*, Nr. 7/10, 2012, e45 927.

17 Im MIS 3 (57 000 bis 29 000 Jahre vor heute).

18 T. W. Deacon, *The Symbolic Species – the Co-evolution Language and the Brain*, Norton & Company, 1997.

19 J. J. Hublin et al., «A late Neanderthal associated with Upper Palaeolithic artefacts», *Nature*, Nr. 381, 1996, S. 224–226; S. Bailey & J. J. Hublin, «Dental remains from the Grotte du Renne at Arcy-sur-Cure (Yonne)», *Journ. of Hum. Evol.*, Nr. 50, 2006, S. 485–508.

20 W. Roebroeks et al., «Use of red ochre by early Neandertals», *PNAS*, Nr. 109/6, 2012, S. 1889–1894; F. Savatier, «L'ocre rouge des premiers Néandertaliens», *Pour la Science (Actualité)*, 8. Februar 2012.

21 C. Henshilwood et al., «A 100,000-Year-Old Ochre-Processing Workshop at Blombos Cave, South Africa», *Science*, Nr. 334, 2011, S. 219–222.

22 E. Hovers et al., «An Early Case of Color Symbolism: Ochre Use by Modern Humans in Qafzeh Cave», *Current Anthropology*, Nr. 44/4, 2003, S. 491–522.

23 J. Zilhão et al., «Symbolic use of marine shells and mineral pigments by Iberian Neandertals», *PNAS*, Nr. 107/3, 2010, S. 1023–1028.

24 M. Garcia-Diez et al., «Uranium series dating reveals a long sequence of rock art at Altamira Cave (Santillana del Mar, Cantabria)», *Journ. of Archeol. Sc.*, Nr. 40/11, 2013, S. 4098–4106.

25 http://www.hominides.com/html/actualites/nouvelles-datations-art-rupestre-parietal-lorblanchet-0624.php.

26 J. Jaubert et al., «Early Neanderthal constructions deep in Bruniquel Cave in southwestern France», *Nature*, Nr. 534, 2016, S. 111–114; J. Jaubert, «Que faisait Néandertal dans la grotte de Bruniquel?», *Pour la Science*, Nr. 465, Juli 2016; F. Savatier, «D'étranges structures néandertaliennes découvertes dans la grotte de Bruniquel», *Pour la Science (Actualité)*, 25. Mai 2016.

27 http://www.hominides.com/html/actualites/nouvelles-datations-art-rupestre-parietal-lorblanchet-0624.php.

28 W. Rendu et al., «Evidence supporting an intentional Neandertal burial at La Chapelle-aux-Saints», *PNAS*, Nr. 111/1, 2013, S. 81–86.

29 Tatsächlich könnte es in Tabun (Naher Osten) ein 120 000 Jahre altes Neandertalergrab geben. Nach Meinung mancher Forscher (vor allem O. Bar Yosef) stammt dieses Grab allerdings nicht aus jener Zeit: Es handle sich sehr wohl um ein Neandertalergrab, sei jedoch jüngeren Datums (wie das von Kebara), das in 120 000 Jahre alten Schichten ausgehoben worden war.

30 Im MIS 5 (130 000 bis 71 000) finden sich Nachweise für Kannibalismus an mehreren Fundstätten, insbesondere im Abri Moula in der Ardèche und in der Krapina-Höhle in Kroatien. Im MIS 4 (71 000 bis 57 000) beobachtet man diese Praxis in Frankreich am Fundort Marillac-les-Pradelles und in Spanien in El Sidrón am Ende von MIS 4 (die dortigen Fossilien werden auf ein Alter zwischen 45 200 und 51 600 Jahren datiert). Erst kürzlich ergab die Untersuchung von Neandertaler-Knochen aus der im 19. Jahrhundert entdeckten Höhle von Goyer in Belgien (datiert auf ein Alter von 40 500 Jahren), dass die Praxis des Kannibalismus weit verbreitet war. An diesem Fundort wurden sogar menschliche Knochen bearbeitet! Vgl. Kapitel 5, Anm. 6 und 7, sowie den Textkasten «Wen gibt es heute Abend zu essen?».

31 A. M. Tillier, *L'Homme et la Mort. L'émergence du geste funéraire durant la préhistoire*, CNRS Éditions, 2013.

9 | Die Ankunft des Störenfrieds *Homo sapiens* im Leben des Neandertalers

1 Jean-Jacques Rousseau, *Emile oder Von der Erziehung*, München, 1979, S. 9.

2 H. Moller, «Foods and foraging behaviour of Red (Sciurus vulgaris) and Grey (Sciurus carolinensis) squirrels», *Mammal Review*, Nr. 13/2–4, 1983, S. 81–98.

3 Textkasten: J. Krause et al., «The complete mitochondrial DNA genome of an unknown hominin from southern Siberia», *Nature*, Nr. 464/7290, 2010, S. 894–897.

4 B. Vandermeersch, *Les Hommes fossiles de Qafzeh*, Les Éditions du CNRS, 1981.

5 H. Valladas et al., «Thermoluminescence dating of Mousterian Proto-Cro-Magnon remains from Israël and the Origin of modern man», *Nature*, Nr. 331, 1988, S. 614–616; C. B. Stringer et al., «ESR dates for the hominid burial of Es Skhul in Israel», *Nature*, Nr. 338, 1989, S. 756–758.

6 F. Savatier, «Expansion de l'homme moderne: la voie arabe», http://www.pourlascience.fr, 8. Februar 2011; S. J. Armitage et al., «The southern route ‹Out of Africa›: Evidence for an early expansion of modern humans into Arabia», *Science*, Nr. 331, 2011, S. 453–456; A. Lawler, «Did Modern Human travel Out of Africa via Arabia?», *Science*, Nr. 331, 2011, S. 387.

7 L. Wu et al., «Human remains from Zhirendong, South China, and modern human emergence in East Asia», *PNAS*, Nr. 107/45, 2010, S. 19 201–19 206; X. Song et

al., «Hominin Teeth From the Early Late Pleistocene Site of Xujiayao, Northern China», *AJPA*, 156, 2015, S. 224–240.

8 S. Condemi, «Le peuplement moustérien du Proche-Orient. À propos de la présence de Néandertaliens au Proche-Orient», *Bull. du CRFJ*, Nr. 5, 1999, S. 10–20.

9 Im MIS 5 (123 000 bis 109 000 vor heute). H. Valladas et al., «Thermoluminescence dates for the Neanderthal burial site at Kebara in Israël», *Nature*, Nr. 330, 1997, S. 159–160; R. Grün et al., «ESR dating of teeth from Garrod's Tabun cave collection», *Journ. of Hum. Evol.*, Nr. 20, 1991, S. 231–248; N. Mercier et al., «TL Dates of Burnt Flints from Jelineks Excavations at Tabun and their Implications», *Journ. of Arch. Sc.*, Nr. 12, 1995, S. 495–590.

10 O. Bar Osef & B. Vandermeersch (Hrsg.), *Le Squelette moustérien de Kébara* 2, Éditions du CNRS, 1991; H. Suzuki & F. Takai, *The Amud Man and his Cave Site*, The University of Tokyo, 1970.

11 Y. Dodo et al., «Anatomy of the Neandertal Infant Skeleton from Dederiyeh Cave, Syria», in T. Akasawa et al., (Hrsg.), *Neandertals and Modern Humans in Western Asia*, Plenum Press, 1998, S. 323–338; E. Trinkaus, *The Shanidar Neandertals*, Academic Press, 1993.

12 N. Teyssandier, *Les débuts de l'Aurignacien en Europe. Discussion à partir des sites de Geissenklösterle, Willendorf II, Krems-Hundssteig et Bacho Kiro*, Université de Paris X-Nanterre, Diss., 2003; T. Tsanova, *Les débuts du Paléolithique supérieur dans l'est des Balkans. Réflexions à partir de l'étude taphonomique et techno-économique des ensembles lithiques des sites de Bacho Kiro (couche 11), Temnate (couches VI et 4) et Kozarnika (niveau VII)*, Université de Bordeaux 1, Diss., 2006.

13 S. Benazzi et al., «Early dispersal of modern humans in Europe and implications for Neanderthal behaviour», *Nature*, Nr. 479, 2011, S. 525–528.

14 C. Finlayson et al., «Late survival of Neanderthals at the southernmost extreme of Europe», *Nature*, Nr. 443, 2006, S. 850–853.

15 L. Longo et al., «Did Neandertals and Anatomically Modern Humans coexist in Northern Italy during the late Oxigen Isotope Stage 3?», *Quaternary International*, Nr. 259, 2012, S. 102–112.

16 Die Proto-Aurignacien-Industrie dominierte zwischen 40 000 und 35 000 vor heute, gefolgt von der Aurignacien-Industrie; gegen 28 000 breitete sich die Gravettien-Industrie aus und wurde bis etwa 20 000 vor heute praktiziert, tatsächlich jedoch bis 10 000 vor heute, denn in Osteuropa dauerte das Epigravettien noch an, während sich im Westen die Solutréen-Industrie in der Extrem-Eiszeit zwischen 22 000 und 17 000 vor heute entfaltete, bevor auch sie durch das Magdalénien gegen Ende der Kaltzeit, also um 17 000 vor heute, in der Epoche der Höhle von Lascaux abgelöst werden sollte. Zwar scheinen die verschiedenen Kulturen mehr oder minder unvermittelt nacheinander aufgetaucht zu sein, in Wirklichkeit aber

überlappten sie sich und bestanden manchmal nebeneinander an geographisch nahen oder auch fern voneinander gelegenen Stellen.

17 S. Baune (de), *Chasseurs-cueilleurs. Comment vivaient nos ancêtres du Paléolithique supérieur,* CNRS Éditions, 2013.

18 L. Fernando et al., «The Divergence of Neandertal and Modern Human Y Chromosomes», *AJHE*, Nr. 98/4, 2016, S. 728–734.

19 N. Sala et al., «Lethal Interpersonal Violence in the Middle Pleistocene», *PLoS ONE*, Nr. 10/5, 2015, e0126589.

20 S. Churchill et al., «Shanidar 3 Neandertal rib puncture wound and paleolithic weaponery», *Journ. of Hum. Evol.*, Nr. 57/2, 2009, S. 163–178; C. P. E. Zollikofer et al., «Evidence for interpersonal violence in the St. Césaire Neanderthal», *PNAS*, Nr. 99/9, 2002, S. 6444–6448.

21 N. Pinjon Brown, *Choc et échange épidémiologique: Espagnols et Indiens au Mexique (1520–1596)*, Diss. Université Paris IV, Sorbonne, 2006.

22 J. P. Valet & L. Valladas, «The Laschamp-Mono lake geomagnetic events and the extinction of Neanderthal: a causal link or a coincidence?», *Quatern. Sci. Rev.*, Nr. 29, 2010, S. 3887–3893.

23 E. Morin, *Reassessing Paleolithic Subsistence. The Neandertal and Modern Human Foragers of Saint-Césaire*, Cambridge Academic Press, 2012.

24 B. Giaccio et al., «The Campanian Ignimbrite and Codola tephra layers: two temporal/stratigraphic markers for the Early Upper Paleolithic in southern Italy and eastern Europe», *Journal of Volcanology and Geothermal Research*, Nr. 177, 2008, S. 208–226; L. V. Golovanova et al., «Significance of Ecological Factors in the Middle to Upper Paleolithic Transition, *Current Anthropology,* Nr. 51/5, 2010, S. 655–691.

25 P. Shipman, «Do the Eyes Have It? *American Scientist,* Nr. 100/3, 2012, S. 198; P. Shipman, *The Invaders – How Humans and Their Dogs Drove Neanderthals to Extinction*, Belknap Press, 2015.

26 R. E. Frisch, «The right weight: body fat, menarche and ovulation», *Baillière's Clinical Obstetrics and Gynaecology,* Nr. 4/3, 1990, S. 419–439.

27 P. Eiluned et al., «New insights into differences in brain organization between Neanderthals and anatomically modern humans», *Proc. R. Soc.*, Nr. 280, 2013, S. 1758.

28 P. Gunz et al., «Virtual Reconstruction of the Le Moustier 2 newborn. Implications for Neandertal ontogeny», *Paleo,* Nr. 22, 2011, S. 155–172; P. Gunz et al., «A uniquely modern human pattern of endocranial development. Insights from a new cranial reconstruction of the Neandertal newborn from Mezmaiskaya», *Journ. of Hum. Evol.*, Nr. 62/2, 2012, S. 300–313.

29 P. Mellars & J. C. French, «Tenfold Population Increase in Western Europe at the Neandertal-to-Modern Human Transition», *Science,* Nr. 333, 2011, S. 623–627.

30 R. Caspari & S. H. Lee, «Older age becomes common late in human evolution»,

PNAS, Nr. 101/30, 2014, S. 10 895–10 900; R. Caspari & S. H. Lee, «Are OY Ratios Invariant? A Reply to Hawkes and O'Connell», *Journ. of Hum. Evol.*, Nr. 49, 2005, S. 654–659; R. Caspari & S. H. Lee, «Taxonomy and Longevity: A reply to Minichillo», *Journ. of Hum. Evol.*, Nr. 49, 2005, S. 646–649.

31 F. Ramirez Rossi et al., «Surprisingly rapid growth in Neanderthals», *Nature*, Nr. 428, 2004, S. 936–939; A. Mann et al., «Décomptes de périkymaties chez les enfants néandertaliens de Krapina», *Bull. et Mém. de la SAP*, Nr. 2, 1990, S. 213–220.

32 T. D. Weaver & J. J. Hublin, «Neandertal birth canal shape and the evolution of human childbirth», *PNAS*, 106/20, 2009, S. 8151–8156.

33 R. Caspari & S. H. Lee, «Is human longevity a consequence of cultural change or modern biology?», *Am. J. Phys. Anthropol.*, Nr. 129/4, 2006, S. 512–517.

34 B. Chiarelli et al., *I Neandertaliani. Comparsa e scomparsa di una specie*, Edizioni Altra Vista (Systema Naturae), 2009.

10 | Und wenn der Neandertaler immer noch in uns schlummer sollte?

1 Ch. Darwin's gesammelte Werke, aus dem Engl. übersetzt von J. Victor Carus, Stuttgart, 1899, S. 235.

2 M. H. Wolpoff et al., «Modern *Homo sapiens* Origins: A General Theory of Hominid Evolution Involving the Fossil Evidence from East Asia», in F. H. Smith & F. Spencer (Hrsg.), *The Origins of Modern Humans: A World Survey of the Fossil Evidence*, Liss, 1994, S. 411–483; M. H. Wolpoff, «*Modern Human Origins*», *Science*, Nr. 241/4867, 1988, S. 772–774; M. H. Wolpoff, «Multiregional evolution: The fossil alternative to Eden», in P. Mellars & C. B. Stringer (Hrsg.), *The Human Revolution: Behavioural and Biological Perspectives on the Origins of Modern Humans*, Edinburgh University Press, 1989, S. 62–108;
M. H. Wolpoff, «Theories of Modern human origins», in G. Bräuer & F. H. Smith (Hrsg.), *Continuity and Replacement, Controversies in Homo sapiens Evolution*, Rotterdam Balkema, 1992, S. 65–74; M. H. Wolpoff, *Human Evolution* (1996–1997 edition), The McGraw-Hill Companies, College Custom Series, 1997.

3 R. L. Cann et al., «Evolution of human mitochondrial DNA: a preliminary report», *Prog. Clin. Biol. Res.*, Nr. 103, 1982, S. 157–165; R. L. Cann & A. C. Wilson, «Length mutations in human mitochondrial DNA», *Genetics*, Nr. 104/4, 1983, S. 699–711.

4 M. H. Wolpoff et al., «Multiregional, not multiple origins», *American Journal of Physical Anthropology*, Nr. 112/1, 2000, S. 129–136.

5 C. B. Stringer et al., «The origin of anatomically modern humans in western Europe», in F. H. Smith & F. Spencer (Hrsg.), *The Origin of Modern Humans*, New York, Alan Liss, 1984, S. 51–135; P. Mellars, «The impossible coincidence: a single

species model for the origin of modern human behavior in Europe», *Evolutionary Anthropology*, Nr. 14, 2005, S. 12–27; P. Mellars, «Archeology and the dispersal of modern humans in Europe: Deconstructing the ‹Aurignacian›», *Evolutionary Anthropology*, Nr. 15, 2006, S. 167–182; P. Mellars, «Why did modern human populations disperse from Africa ca. 60 000 years ago? A new model», *PNAS*, Nr. 103, 2006, S. 9381–9386.

6 R. E. Green et al., «A complete Neanderthal mitochondrial genome sequence determined by high-throughput sequencing», *Cell*, Nr. 134, S. 416–426.

7 R. E. Green et al., «A draft sequence of the Neandertal genome», *Science*, Nr. 328, 2010, S. 770–722.

8 B. Vermot & J. M. Akey, «Resurrecting Surviving Neandertal Lineages from Modern Human Genomes», *Science*, Nr. 343, 2014, S. 1017–1021; S. Sankararaman et al., «The genomic landscape of Neanderthal ancestry in present-day humans», *Nature*, Nr. 507/7492, 2014, S. 354–357.

9 M. Kuhlwilm et al., «Ancient gene flow from early modern humans into Eastern Neanderthals», *Nature*, Nr. 530, 2016, S. 429–433; F. Savatier, «Le très vieux métissage des néandertaliens de l'Altaï», *Pour La Science* (*SciLogs*), 06.03.2016.

10 J.-J. Hublin et al., «New fossils from Jebel Irhoud, Morocco and the pan-African origin of *Homo sapiens*», *Nature*, Nr. 546, 2017, S. 289–292; D. Richter et al., «The age of hominin fossils from Jebel Irhoud, Morocco, and the origins of Middle Stone Age», *Nature*, Nr. 546, 2017, S. 293–296.

11 I. Hershkovitz et al., «The earliest modern human outside Africa», *Science*, 359, 2018, S. 456–459.

12 Eleanor Scerri et al., «Did Our Species Evolve in Subdivided Populations across Africa, and Why Does It Matter?», *Trend in Ecolology & Evolution*, 33/8, 2018, S. 582–594.

13 Q. Fu et al., «An early modern human from Romania with a recent Neanderthal ancestor», *Nature*, Nr. 524, 2015, S. 216–219.

14 Es wird auf 54 700 ± 5500 Jahre datiert, und zwar nach der Uran-Thorium-Datierung anhand eines hauchdünnen Films aus Kalzit, der den Schädel überzieht; I. Hershkovitz et al., «Levantine cranium from Manot Cave (Israel) foreshadows the first European modern humans», *Nature*, Nr. 520/7546, 2015, S. 216–219.

15 A. Seguin Orlando et al., «Genomic structure in Europeans dating back at least 36 000 years», *Science*, Nr. 346/6213, 2014, S. 1113–1118.

16 S. Benazzi et al., «Early dispersal of modern humans in Europe and implications for Neanderthal behavior», *Nature*, Nr. 479, 2011, S. 525–528.

17 F. H. Smith et al., «The assimilation model, modern human origins in Europe, and the extinction of Neandertals», *Quaternary International*, Nr. 137, 2005, S. 7–19; D. Frayer & M. H. Wolpoff, «Neanderthal dates debated», *Nature*, Nr. 356, 1992, S. 200–201; D. Frayer, «The persistence of Neanderthal features in post-Neander-

thal Europeans», in G. Bräuer & F. H. Smith (Hrsg.), *Continuity or Replacement: Controversies in Homo sapiens Evolution*, Rotterdam: Balkema, 1992, S. 179–188; D. Frayer et al., «Multiregional evolution: A world-wide source for modern human populations», in M. H. Nitecki & D. V. Nitecki (Hrsg.), *Origins of Anatomically Modern Humans*, New York: Plenum. 1994, S. 176–200; D. Frayer, «Perspectives on Neanderthals as ancestors», in G. A. Clark & C. M. Willermet (Hrsg.), *Conceptual Issues in Modern Human Origins Research*, New York: Aldine de Gruyter, 1997, S. 220–235; D. Frayer & D. L. Martin, *Troubled Times: Violence and Warfare in the Past*, Amsterdam: Gordon and Breach, 1997; D. Frayer et al., «Modern human ancestry at the peripheries: A test of the replacement theory», *Science*, 291, 2001, S. 293–297; D. Frayer, «Testing theories and hypotheses about modern human origins», in P. N. Peregrine et al. (Hrsg.), *Physical Anthropology. Original Readings in Method and Practice*, Englewood Cliffs: Prentice-Hall, 2002, S. 174–189.

18 F. H. Smith, «Additional Upper Pleistocene human remains from Vindija Cave, Croatia, Yugoslavia», *Am. J. phys. Anthrop.*, Nr 68, 1985, S. 375–383; F. H. Smith, «The role of continuity in modern human origins», in G. Bräuer & F. H. Smith (Hrsg.), *Continuity or Replacement: Controversies in Homo sapiens Evolution*, Rotterdam: Balkema, 1992, S. 145–155; J. C. M. Ahern, «The late Neandertal supraorbital fossils from Vindija Cave, Croatia: a biased sample?», *Journal of Human Evolution*, Nr. 43, 2002, S. 419–432.

19 C. Duarte et al., «The early upper Paleolithic human skeleton from the Abrigo do Lagar Velho (Portugal) and modern human emergence in Iberia», *PNAS*, Nr. 96, 1999, S. 7604–7609.

20 I. Tattersall & J. H. Schwarz, «Hominids and hybrids: the place of Neanderthals in human evolution», *PNAS*, Nr. 96, 1999, S. 7117–7119.

21 E. Trinkaus & J. Zilhão, «A Correction to the Commentary of Tattersall and Schwartz Concerning the Interpretation of the Lagar Velho 1 Child», 1999, http://www.ipa.mincultura.pt/docs/eventos/lapedo/lvfaq_corr.htm.

22 E. Trinkaus et al., «An early modern human from the Peştera cu Oase, Romania», *PNAS*, Nr. 100/20, 2003, S. 11 231–11 236.

23 Fu et al., An early modern human from Romania with a recent Neandertal ancestor, *Nature*, Nr. 524, 2015, S. 216–219.

24 T. Higham et al., «The timing and spatiotemporal patterning on Neanderthal disappearance», *Nature*, Nr. 512, 2014, S. 306–309.

25 A. G. M. Neves und M. Serva, «Extremely Rare Interbreeding Events Can Explain Neanderthal DNA in Living Humans», *PLoS ONE*, 7/10, 2012, e77 076; M. Serva, «A stochastic model for the interbreeding of two populations continuously sharing the same habitat», *Bulletin of Mathematical Biology*, Nr. 77, 2015, S. 2354–2365.

26 L. Fernando et al., «The Divergence of Neandertal and Modern Human Chromosomes», *The American Journal of Human Genetics*, Nr. 98/4, 2016, S. 728–734.

27 F. L. Mendez, «The Divergence of Neandertal and Modern Human Chromosomes», *The American Journal of Human Genetics*, Nr. 98/4, 2016, S. 728–734.
28 E. Zubrow, «The demographic modelling of Neanderthal extinction», in P. Mellars & C. B. Stringer (Hrsg.), *The human revolution: Behavioral and biological perspectives on the origin of modern humans*, 1989, S. 212–231.
29 P. Shipman, *The invaders*, Harvard University Press, 2014.
30 P. Jouventin, «La domestication du loup», *Pour la Science*, Nr. 423, 2013.
31 Mündliche Mitteilung an F. Savatier.
32 R. Caspari & S. H. Lee, «Older age becomes common late in human evolution», *PNAS*, Nr. 101/30, 2004, S. 10 895–10 900.

Das Testament des Neandertalers

1 Ein Beispiel, das veranschaulicht, wie der Begriff des Wachstums unser zentrales Anliegen ist, findet sich auf folgender Seite des INSEE (Institut National de la Statistique et des Études économiques): http://www.insee.fr/themes/document.asp.?reg_id=O&ref_id=ECOFRA09c oder auch im Bericht des Conseil d'analyse économique: http://www.cae-eco.fr/Le-partage-des-fruits-de-la-croissance-en-France.html.
2 Um zu beweisen, dass die Vereinigung zwischen den beiden Spezies unfruchtbar bleibt, wurden angeblich Prostituierte dafür bezahlt, sich mit Schimpansen zu paaren.
3 Jeremy Button war ein vierzehnjähriger Feuerländer, der für einen Perlmuttknopf gekauft und 1830 von Kapitän FitzRoy an Bord der *HMS Beagle* mit drei anderen Mitgliedern seiner Ethnie, der Yámana, nach England verschleppt wurde. Fünf Jahre lang wurde er zusammen mit zwei anderen Gefährten erzogen und zum Christentum bekehrt. Man brachte ihm Englisch und gute Manieren bei. Er wurde König William IV. und Königin Adelaide vorgestellt. Nach diesen fünf Jahren stach Kapitän FitzRoy wieder auf der *Beagle* in See (an Bord war auch Charles Darwin auf seiner Weltreise) und brachte Jeremy und zwei der anderen Yámana wieder zurück. Sehr schnell legte er seine Kleidung und seine europäischen Sitten ab. Ein paar Monate nach seiner Rückkehr lehnte er, nun abgemagert, langhaarig und mit einem Lendenschurz bekleidet, das Angebot, nach England zurückzukehren, ab. Trotzdem sprach er sein Leben lang gut Englisch. Angeblich spielte er eine Rolle bei dem Massaker an einer Gruppe von Missionaren in der Bucht von Wulaia im Jahr 1859. Er starb 1866, und einer seiner Söhne, bekannt unter dem Namen Threeboy, wurde von einem Missionar nach England verbracht.
4 Seit 2007 plant ein breit angelegtes Forschungsprojekt namens *Human Microbiome Project*, alle Gene oder Genome der Mikroorganismen, die normalerweise

den Menschen besiedeln, zu sequenzieren, und zwar anhand von Gewebeproben aus Mund, Hals und Nase, der Haut, dem Verdauungstrakt und dem männlichen und weiblichen Urogenitaltrakt: Human Microbiome Jumpstart Reference Strains Consortium, «A catalog of reference genomes from the human Microbiome», *Science*, Nr. 328, 2010, S. 994–999.

5 Neandertaler-Exkremente sind äußerst selten, was darauf schließen lässt, dass der Neandertaler es vermied, sein Lager zu verunreinigen; zwar wurden einige bereits identifiziert, allerdings müssten sie auch Reste der DNA von im Darm lebenden Organismen aufweisen.

Nachwort zur 2. Auflage

Seit der ersten Veröffentlichung dieses Buches werden regelmäßig neue Erkenntnisse über die Neandertaler gewonnen. So konnten wir unser Wissen über deren afrikanische Vorfahren wie auch über ihre Beziehungen zu den anderen damals lebenden Menschenarten weiter festigen: dem aus Afrika stammenden *Homo sapiens* und dem Denisova-Menschen, der wie *H. neanderthalensis* von Afrikanern abstammte, die bereits wesentlich früher ausgewandert waren. Auch wissen wir mittlerweile mehr über ihre je unterschiedlichen Anpassungsstrategien an die Lebensräume Eurasiens, an die dort virulenten Krankheitserreger sowie über die Art ihres Aussterbens.

Auf diesem Feld hat die Paläogenetik einen enormen Beitrag geleistet. Sie hat die Paläoanthropologie bereichert und ihre Erkenntnisse verfeinert, wie es allein durch die anatomische und morphometrische Untersuchung von Zähnen und Knochen nicht möglich gewesen wäre. All diese Forschungsarbeiten haben die in unserem Buch vorgelegte Synthese zu den Neandertalern weiter bestätigt:

Ja, die Vorfahren der Neandertaler kamen tatsächlich aus Afrika. Wie aus ihrer Zellkern-DNA abgeleitet werden konnte, weist ihr Herz-Kreislauf-System Varianten auf, die in Afrika noch heute häufig vorkommen, in Eurasien jedoch nicht.

Ja, die Neandertaler waren in der Tat anpassungsfähige Jäger und Sammler, die alle verfügbaren Ressourcen ihres Lebensraums zu nutzen wussten: Fische und Schalentiere an den Ufern von Gewässern, Früchte und Pflanzen in den Wäldern, Fleisch von fettreichen Pflanzenfressern in den Steppen. Letztere jagten sie mit effizienten Waffen, die sie mit Schnüren, Klebstoff oder sogar Pech an Stöcken befestigten.

Ja, die Neandertaler aßen gern verwesendes Fleisch, das sie zusammen mit Tausenden von nahrhaften kleinen Würmern genossen.

Und ja, im Vergleich zu den afrikanischen *Sapiens* waren die europäischen Neandertaler tatsächlich anfälliger, da ihre geringere Anzahl und genetische Vielfalt zu einer hohen Inzuchtrate führten, was letztlich zu ihrem Aussterben beitrug.

Die in dichter Abfolge publizierten neuen Forschungsergebnisse bestätigen lediglich die von uns beschriebene Lebensweise der Neandertaler, aber was nach wie vor niemand zu rekonstruieren vermag ist ihre Weltanschauung. Woran glaubten die Neandertaler? Wir wissen es nicht und werden es wohl auch nie mit Sicherheit erfahren: Sollten die wenigen Zeichen, die sie uns an Felswänden oder auf Steinen hinterlassen haben, wirklich auf ihr Geistesleben hinweisen, bleiben sie uns dennoch rätselhaft. Wie könnte es auch anders sein?

Auswahl der bedeutendsten neueren Publikationen

B. L. Hardy et al., «Direct evidence of Neanderthal fibre technology and its cognitive and behavioral implications», *Scientific Reports*, 10, 2020, Nr. 4889.

S. Condemi et al., «Blood groups of Neandertals and Denisova decrypted», *PloS ONE* 16/7, 2021, https://doi.org/10.1371/journal.pone.0254175.

A. Pitarch Martí et al., «The symbolic role of the underground world among Middle Palaeolithic Neanderthals», *PNAS*, Nr. 118/33, 2021, e2 021 495 118.

L. Skov et al., «Genetic insights into the social organization of Neanderthals», *Nature*, Nr. 610, 2022, S. 519–525.

Schmidt, P., et al., «Production method of the Königsaue birch tar documents cumulative culture in Neanderthals», *Archaeological and Anthropological Sciences* 15, 2023, Nr. 84.

Register der Fundorte